本书前身《农村建筑工匠知识读本》(第二版)入选国家新闻出版署《农家书屋重点出版物推荐目录》

农村建筑工匠知识导读

卜良桃　侯　琦　于　丽　编著

中国建筑工业出版社

图书在版编目（CIP）数据

农村建筑工匠知识导读 / 卜良桃，侯琦，于丽编著
. — 北京 ：中国建筑工业出版社，2024.2
ISBN 978-7-112-29642-2

Ⅰ. ①农… Ⅱ. ①卜… ②侯… ③于… Ⅲ. ①农业建筑一建筑施工 Ⅳ. ①TU745.6

中国国家版本馆 CIP 数据核字(2024)第 052020 号

责任编辑：王华月　范业庶
责任校对：张　颖
校对整理：赵　菲

农村建筑工匠知识导读
卜良桃　侯　琦　于　丽　编著
*
中国建筑工业出版社出版、发行（北京海淀三里河路 9 号）
各地新华书店、建筑书店经销
北京红光制版公司制版
天津安泰印刷有限公司印刷
*
开本：787 毫米×1092 毫米　1/32　印张：9¾　字数：220 千字
2024 年 1 月第一版　　2024 年 1 月第一次印刷
定价：**38.00** 元
ISBN 978-7-112-29642-2
(41927)

本书从农村建筑工匠的知识水平出发，力求贴近农村建筑工程实际，切实满足农村建筑工匠的学习需要。主要介绍了农村建筑工匠需要了解和掌握的与房屋建造有关的基本知识，包括：建筑施工图识图、结构施工图识图、室内设备施工图识图、房屋建筑构造、常用建筑材料、房屋建造施工技术、村镇装配式建筑、村镇建筑防灾减灾、村镇建筑鉴定与加固等内容，较为系统又简明扼要地解答了目前农村房屋建造过程中应掌握及了解的主要技术问题，且引用了新农村房屋建筑施工的实例。

本书采用一问一答的形式，文字简练，通俗易懂，系统性、实用性强，可作为农村建筑工匠的培训教材，也可作为农村建筑管理人员、施工操作人员的培训教材及相关人员自学时的辅导材料。

前　　言

为了不断满足适应新形势下农村建设发展的需求，新的施工技术、新材料、新技术以及新的建筑相关规范的实施，同时为力求贴近农村建筑工程实际，切实满足农村建筑工匠的学习需要，我们编写了本书。

全书共分为 9 章，前 3 章简要介绍了房屋建筑各专业施工图的识图内容，第 4 章对建筑的构造做了详细的介绍，包括基础、墙体、屋面及楼地面，第 5 章介绍了常用的建筑材料的分类及选用，第 6 章系统介绍了建筑工程施工技术，包括土方工程、基础工程、砌体工程、钢筋混凝土工程、屋面防水工程等，第 7 章对村镇装配式建筑的发展现状及其存在的问题进行了阐述，第 8 章介绍了村镇建筑防灾的基本要求，最后一章介绍了村镇建筑鉴定与加固的相关规定。

本书作为农村建筑工匠培训教材，旨在提高农村房屋建筑的施工质量和工匠的建造技术水平，促使社会主义新农村建设朝着正规化、规范化的方向发展。

本书文字简练、通俗易懂，且引用了新农村住宅结构和施工的实例进行了介绍，实用性强，适合作为农村建筑管理人员、施工操作人员培训的教材，也可作为阅读的工具书。

本书由卜良桃、侯琦、于丽编著，参加编写的还有研究生杜国强、何平、刘娟、刘港平、陆备新、洪俊鹏、张志伟、岳慧、叶好焰。于丽对全书进行了统编。编写过程中参考了相关文献，在此表示感谢。

由于编者知识水平有限，阅历经历局限，书中难免有不妥之处，敬请广大读者提出宝贵意见。

编著者

2023 年 5 月

目　　录

第1章　建筑施工图识图

第2章　结构施工图识图

第3章 室内设备施工图识图

第4章 房屋建筑构造

第 5 章　常用建筑材料

第6章 房屋建造施工技术

第7章　村镇装配式建筑

第 8 章 村镇建筑防灾减灾

第9章 村镇建筑鉴定与加固

第1章　建筑施工图识图

1.1　房屋建筑施工图的内容包括哪些？

房屋建筑施工图按专业不同可分为建筑施工图（简称建施）、结构施工图（简称结施）和设备施工图（如给水排水、采暖通风、电气等，简称设施）。一套房屋施工图一般包括：首页图、建筑施工图、结构施工图、设备施工图等。

建筑施工图主要表示房屋的建筑设计内容，如房屋的总体布局、内外形状、大小、构造等，包括总平面图 、平面图、立面图、剖面图、详图等。

结构施工图主要表示房屋的结构设计内容，如房屋承重构件的布置、构件的形状、大小、材料、构造等，包括结构平面布置图、构件详图、节点详图等。

设备施工图主要表示建筑物内管道与设备的位置与安装情况，包括给水排水、采暖通风、电气照明等各种施工图，其内容有各工种的平面布置图、系统图等。

1.2　什么是建筑施工图的首页图和建筑总平面图？

首页图是建筑施工图的第一页，它的内容一般包括：图纸目录、设计总说明、工程做法以及简单的总平面图等。

建筑总平面图简称总平面图，是用水平投影的方法和相应的图例，画出新建建筑物在基地范围内的总体布置图，称为总平面图（或称总平面布置图）。总平面图反映新建建筑物的平面形状、层数、位置、标高、朝向及其周围的总体情况。它是新建建筑物定位、施工放线、土方施工及作施工总平面设计的重要依据。

1.3 如何识读总平面图?

示例：现以某村镇农宅区中的总平面图为例，如图 1-1 所示，说明总平面图的识读方法。

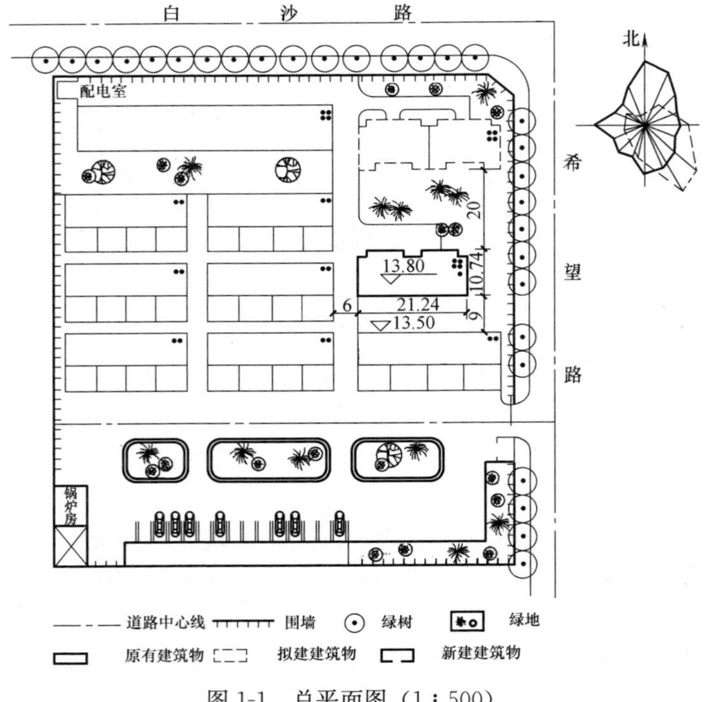

图 1-1 总平面图（1∶500）

从图1-1可以看出这是总平面图，比例为1∶500。总平面图由于所绘区域范围较大，所以一般绘制时，采用较小的比例，如1∶500、1∶1000、1∶2000等，总平面图上标注的尺寸，一律以米为单位。图1-1中使用的总平面图例应采用《总图制图标准》GB/T 50103—2010中所规定的图例。

从图1-1中可知图中用粗实线画出的为新建的村镇住宅楼，图形右上角的四个黑点表示该住宅楼为四层，总长和总宽分别为21.24m和10.74m。该住宅楼坐北朝南，位于生活区的东边，其南墙面和西墙面与原有住宅的距离分别为9.00m和6.00m，可据此对房屋进行定位。室外地面和室内地面的绝对标高分别为13.50m和13.80m，室内外高差为0.30m。

生活区四周设有围墙，二面临路。生活区的前边为车库，大门设在东边，小区内有配有一个锅炉房和配电室分别位于西南角和西北角。

总平面图上一般均画有指北针或风向频率玫瑰图，以指明房屋的朝向和该地区的常年风向频率。风向频率玫瑰图是根据当地风向资料，将当年中不同风向的天数用同一比例画在一个十六方位线上，然后用实线连接成多边形（虚线表示夏季的风向频率），其箭头表示北向，最大数值为主导风向。如图1-1中右上角所示，该全年最大主导风向为北风。

同时根据总平面图了解新建房屋的四周的道路、绿化规划及管线布置等情况。

1.4 如何识读建筑平面图?

用一个假想的水平剖切平面沿房屋略高于窗台的部位剖切，移去上面部分，向下作剩余部分的正投影而得到的水平投影图，称为建筑平面图，简称平面图。

示例：现以某村镇农房住宅楼建筑平面图（图 1-2～图 1-5）为例，说明平面图的识读方法。

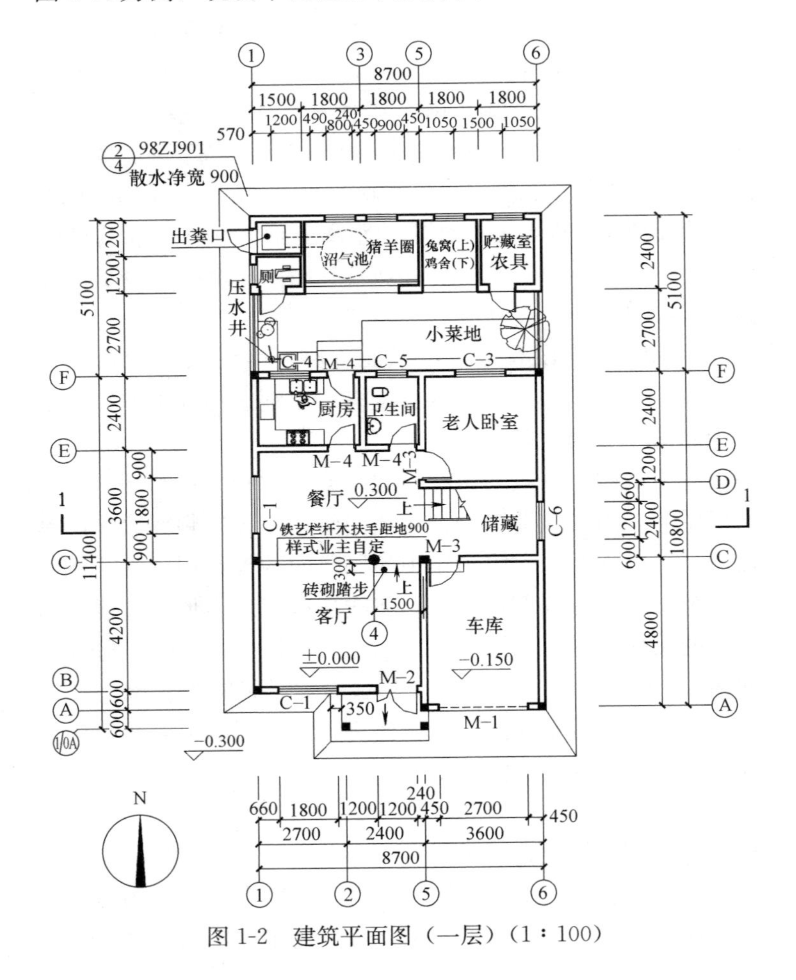

图 1-2　建筑平面图（一层）（1∶100）

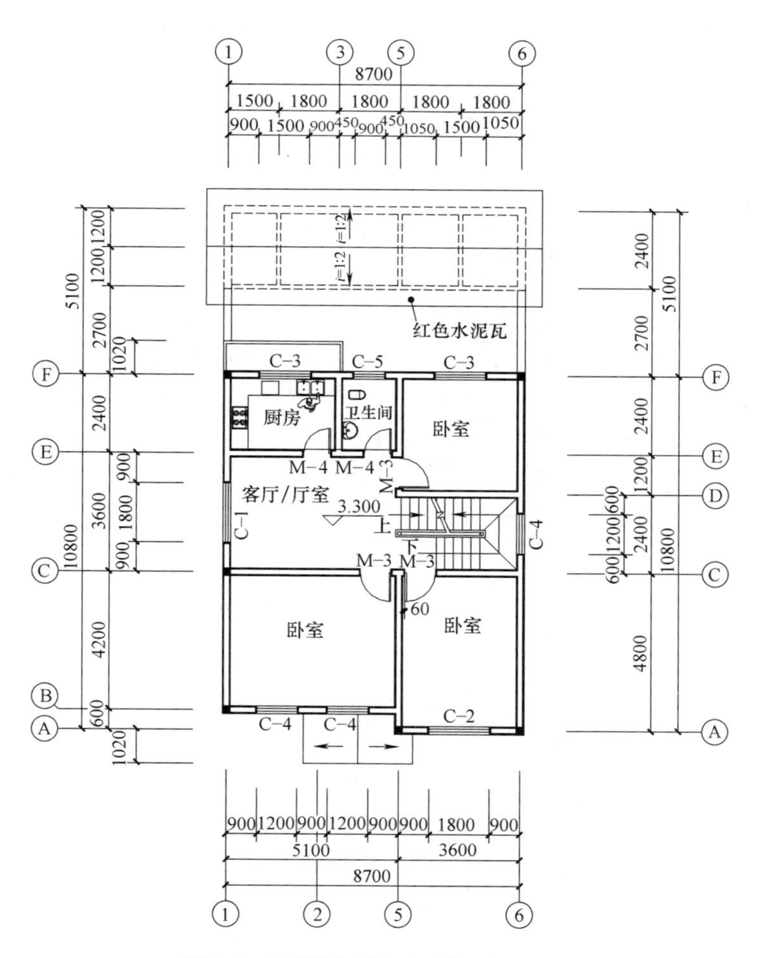

图 1-3　建筑平面图（二层）（1∶100）

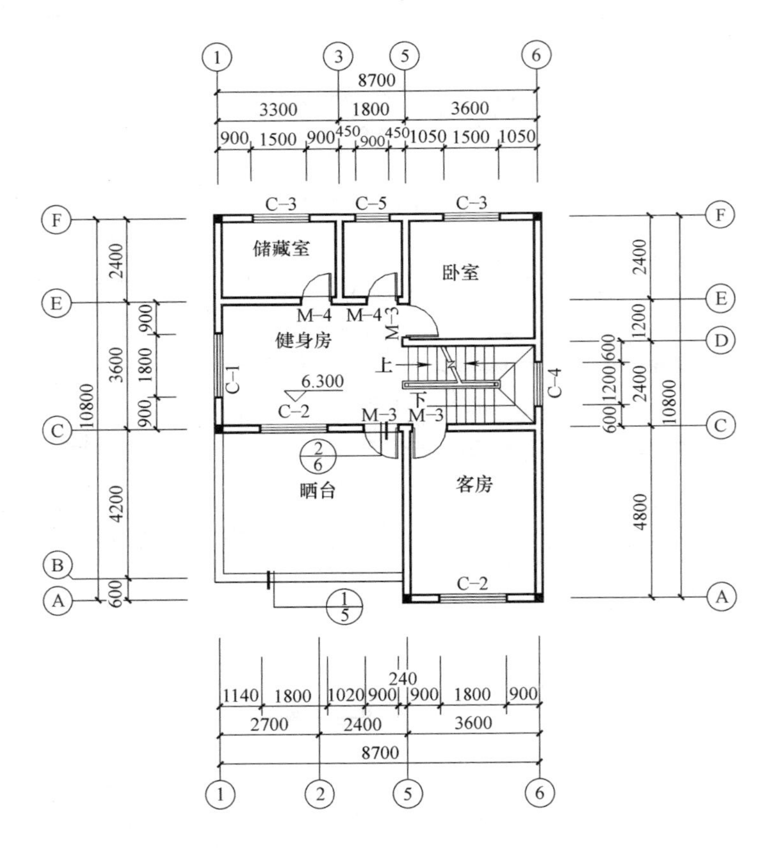

图 1-4 建筑平面图（三层）（1：100）

（1）了解图名、比例及有关文字说明

由图 1-2 可知，该图为某农宅一层平面图，比例为1：100。

（2）了解平面图的形状与外墙总长、总宽尺寸

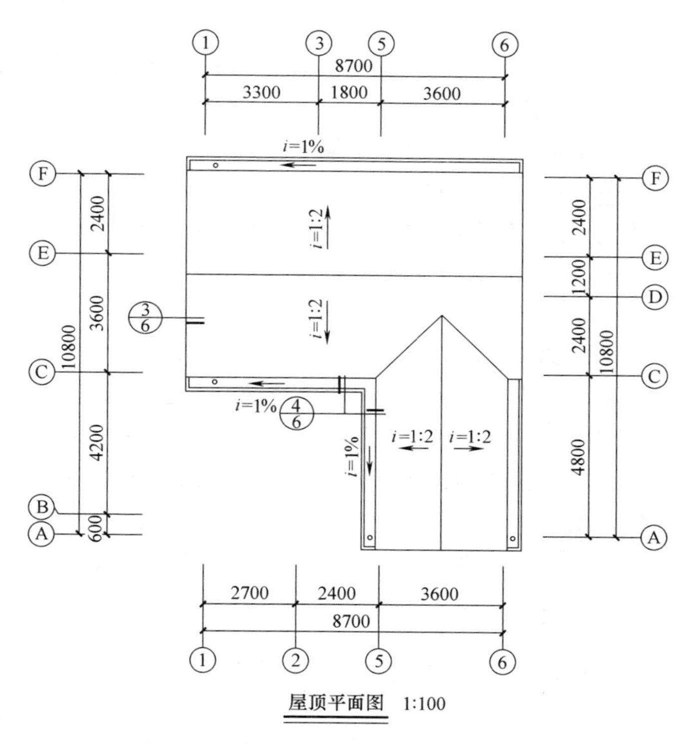

图 1-5　建筑平面图（屋面）（1∶100）

该住宅楼平面基本形状为一矩形，外墙总长 11400mm，总宽 8700mm，由此可计算出房屋的用地面积。

（3）了解定位轴线的编号和其间距

图 1-2 中墙体的定位轴线，内外墙均在墙中心，即轴线距室内 120mm，距室外 120mm。定位轴线之间的距离，横向的称为开间，竖向的称为进深。

图 1-2 中横向轴线从①到⑥轴分为上开间与下开间，其

中下开间共三个，每个开间分别为 2700、2400、3600；上开间为三个，分别为 3300、1800、3600，竖向轴线从Ⓐ到Ⓕ，也分为左进深和右进深。其中左进深，Ⓐ～Ⓑ轴房屋墙线中心距 600mm，Ⓑ～Ⓒ为客厅进深 4200mm，Ⓒ～Ⓔ为餐厅的进深尺寸 3600mm，Ⓔ～Ⓕ为厨房进深 2400mm，而右进深分别表面为Ⓐ～Ⓒ车库 4800mm，Ⓒ～Ⓓ储藏室 2400mm，Ⓓ～Ⓕ为老人卧室进深 3600mm。图 1-2 中进深尺寸 5100mm 为院子杂房部分做贮藏室、猪羊圈等。

（4）了解房屋内部各房间的位置、用途及其相互关系

图 1-3～图 1-5 分别为该住宅楼的二、三层和屋面平面图。二层内部平面布置基本同一层，但在绘制方面，二层平面图与底层平面图相比较，减去了坡道、散水等附属设施及指北针，增加了门洞上的雨篷，楼梯的表示方法与底层平面图也不相同。屋顶平面图，表明了屋顶形状、屋面檐沟排水方向及排水坡度、雨水管的位置等，另标注了天沟的构造做法另有详图表示。

（5）了解平面各部分的尺寸

平面图尺寸以毫米为单位，标高以米为单位。平面图的尺寸标注有外部尺寸和内部尺寸两部分。外部尺寸为便于识图及施工，建筑平面图的下方及侧向一般标注三道尺寸。

第一道尺寸是细部尺寸，它表示门、窗洞口宽度尺寸和门窗间墙体以及各细小部分的构造尺寸（从轴线标注）。

第二道尺寸是轴线间的尺寸，它表示房间的开间和进深。

第三道尺寸是外包尺寸，它表示房屋外轮廓的总尺寸，

即从一端的外墙边到另一端的外墙边总长和总宽的尺寸。

另外，台阶（或坡道）、花池及散水等细部的尺寸，可单独标注。

三道尺寸线间的距离一般为7～10mm，第一道尺寸线应离图形最外轮廓线10mm以上。如果房屋平面图前后或左右不对称时，则平面图的上下左右四边都应注写三道尺寸。如有部分相同，另一些不相同，可只注写不同部分。

内部尺寸应注明室内门窗洞、孔洞、墙厚和设备的尺寸与位置。

此外，建筑平面图中的标高，通常都采用相对标高，并将底层室内主要房间地面定为±0.000，车库平面处标高为-0.150，室外地坪标高为－0.300～－0.450。

1.5 如何识读建筑立面图?

在与房屋立面平行的投影面上所作出的房屋正投影图，称为建筑立面图，简称立面图。建筑立面图主要反映了房屋的外貌、各部分配件的形状、相互关系以及立面装修做法等，它是施工的重要图样。立面图有三种命名方式：

按房屋的朝向来命名，如南立面图、东立面图、西立面图。

按立面图中首尾轴线编号来命名，如①～⑩立面图、⑩～①立面图、Ⓐ～Ⓓ立面图、Ⓓ～Ⓐ立面图。

按房屋立面的主次来命名，如正立面图、背立面图、左侧立面图、右侧立面图。

现以某村镇农房住宅楼的正立面图为例。如图1-6所示，说明立面图的识读方法。

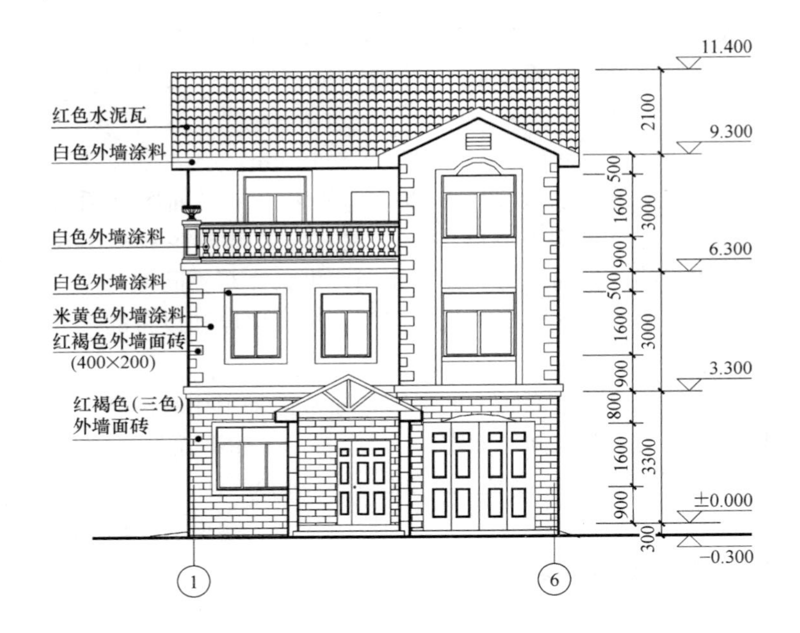

图 1-6 建筑正立面图

（1）了解图名和比例

从图名或轴线的编号可知，该图表示房屋南向的立面图（或①～⑥立面图），比例 1∶100。

（2）了解立面图与平面图的对立关系

对照平面图上的指北针或定位轴线编号，可知南立面图的左端轴线编号为①，右端轴线编号为⑥，与建筑平面图相对应。

（3）了解房屋的整个外貌形状

从图 1-6 中可以看到，该房屋主要入口在建筑物中部，出入口处设有前廊带雨篷。

（4）了解尺寸标注

立面图中的尺寸，主要以标高的形式注出。一般标注室内外地坪、檐口、女儿墙、雨篷、门窗、台阶等处的标高。其标注方法，如图 1-6 所示。

（5）了解房屋外墙面的装修做法

从图 1-6 中文字说明可知，外墙面为贴红褐色外墙面砖，上部为白色及米黄色外墙涂料。

1.6　如何识读建筑剖面图?

假想用一个或一个以上的垂直于外墙轴线的铅垂剖切平面将房屋剖开，移去靠近观察者的部分，对剩余部分所作的正投影图，称为建筑剖面图，简称剖面图。建筑剖面图主要反映房屋内部垂直方向的高度、分层情况、楼地面和屋顶的构造以及各构配件在垂直方向的相互关系。它与平面图、立面图相配合，是建筑施工图的主要图样，是施工中的主要依据之一。

建筑剖面图有横剖面图和纵剖面图。

横剖面图：沿房屋宽度方向垂直剖切所得到的剖面图。

纵剖面图：沿房屋长度方向垂直剖切所得到的剖面图。

现以某村镇农房住宅楼 1-1 剖面图为例，如图 1-7 所示，说明剖面图的识读方法。

（1）了解图名及比例

由图 1-7 可知，该图为 1-1 剖面图，比例为 1∶100，与平面图、立面图相同。

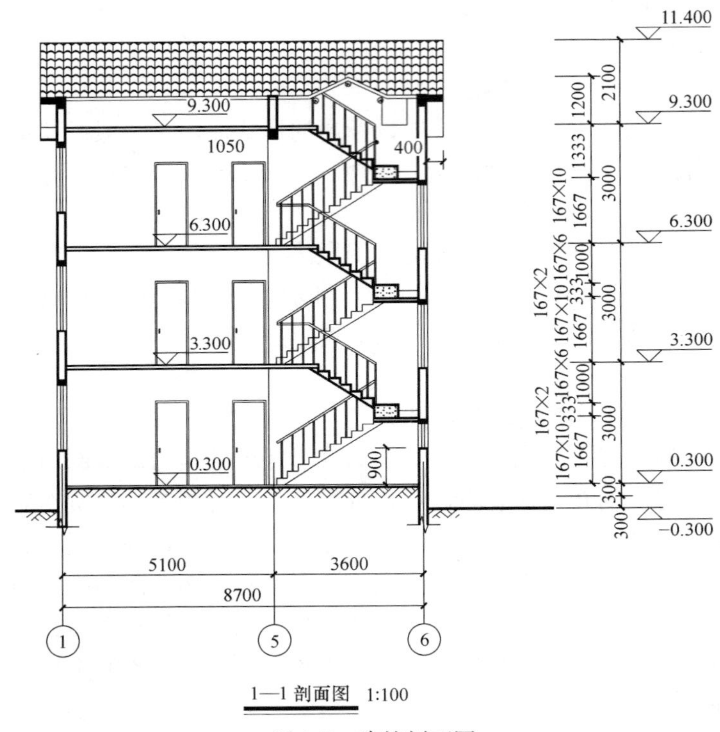

图 1-7 建筑剖面图

（2）了解剖面图与平面图的对应关系

将图名和轴线编号与平面图上的剖切位置和轴线编号相对照，可知 1-1 剖面图是横剖面图，剖切位置在Ⓒ～Ⓓ轴之间的楼梯间处，剖切后向后投影得到。

（3）了解房屋的结构形式和内部构造

由图 1-7 可知，此房屋的垂直方向承重构件是用砖砌成的，而水平方向承重构件是由钢筋混凝土构成的，所以它属于混合结构。从图 1-7 中可以看出墙体及门窗洞、梁板与墙体的连接等情况。

（4）了解房屋各部位的尺寸和标高情况

在剖面图中画出了主要承重墙的轴线、编号以及轴线的间距尺寸，在外侧竖向注出了房屋主要部位，即室内外地坪、楼层、檐口顶面等处的标高的尺寸。

1.7 如何识读建筑详图?

建筑详图是建筑细部的施工图。由于建筑平、立、剖面图通常采用较小的比例绘制，这样房屋的许多细部构造做法就无法在平、立、剖面图中表达清楚。为了满足施工需要，房屋的局部构造应当用较大的比例详细地画出，这些图样称为建筑详图，简称详图。

绘制详图的比例，一般采用 1：20、1：10、1：5、1：2等。详图的图示方法，应视该部位构造的复杂程度而定。有的只需一个剖面详图就能表达清楚（如墙身详图）；有的则需另加平面详图（如楼梯间、厕所等）或立面详图（如阳台详图）；有时还要在详图中补充比例更大的详图。

对于套用标准图或通用图的建筑构配件和节点，只需注明所套用图集的名称、型号或页次，可不必另画详图（如木门窗）。详图具有比例较大、图示详尽清楚、尺寸标注齐全的特点。一般房屋的详图主要有外墙身详图，楼梯详图，厨房、阳台、花格、建筑装饰、雨篷、台阶等详图。

示例：楼梯详图的识读。

楼梯是楼房上下层之间的主要交通构件，一般由楼梯段、休息平台和栏板（栏杆）等组成。楼梯详图主要反映楼梯的类型、结构形式、各部位的尺寸及踏步、栏板等装修做法，是楼梯施工放样的主要依据。

楼梯详图一般包括楼梯平面图、剖面图和节点详图。

现以某村镇农房住宅楼楼梯平面图为例，如图 1-8 所示，说明楼梯详图的识读方法。

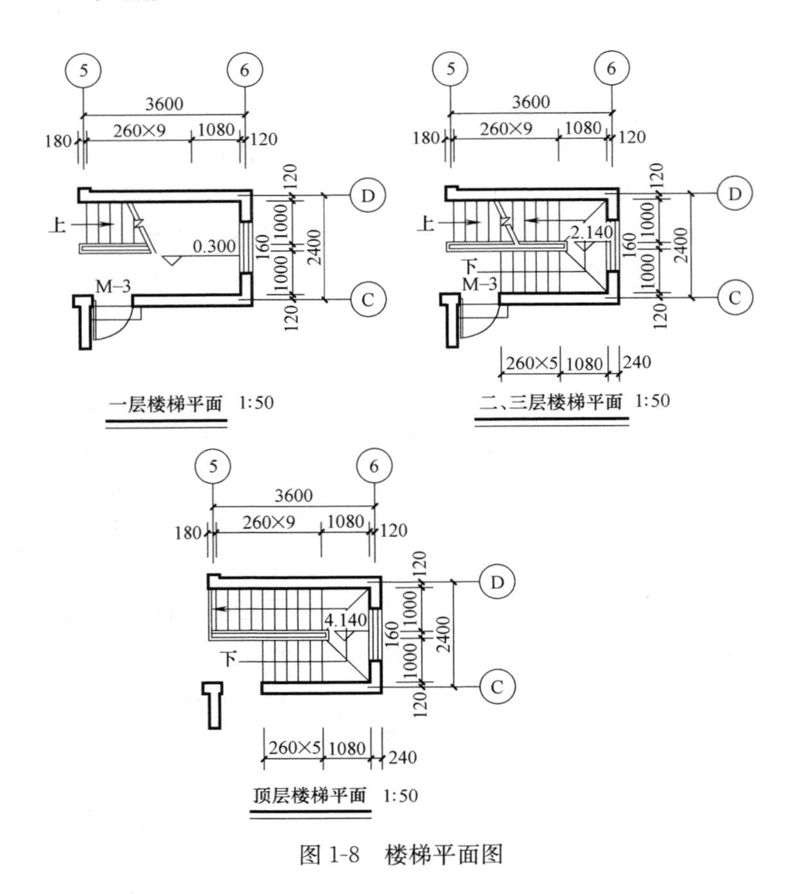

图 1-8 楼梯平面图

（1）了解楼梯在建筑平面图中的位置、开间、进深及墙体的厚度

对照平面图可知，此楼梯位于横向⑤～⑥、纵向Ⓒ～Ⓓ之间。开间 2400mm、进深 3600mm，墙体的厚度为 240mm。

（2）了解楼梯段及梯井的宽度

图 1-8 中，楼梯段的宽度为 1000mm、梯井的宽度为 160mm。

（3）了解楼梯的走向及起步位置

由各层平面图上的指示线，可以看出楼梯的走向。第一个梯段踏步的起步位置分别距⑤轴 120mm。

（4）了解休息平台的宽度、楼梯段长度、踏面宽和数量

图 1-8 中，休息平台的宽度为 1080mm。楼梯段长度尺寸为 9×260＝2340mm，表示该梯段有 9 个踏面，每一踏面宽为 260mm。

（5）了解各部位的标高

各部位的标高在图 1-8 中均已标出。

第 2 章　结构施工图识图

2.1　结构施工图包括哪些内容？有何用途？

结构设计就是根据建筑各方面的要求，通过结构选型、材料选用、构件布置和力学计算等几个步骤，最后确定房屋各承重构件，如基础、承重墙、梁、板、柱等的布置、大小、形状、材料以及连接情况。将设计结果绘成图样，用以指导施工，这种图样称为结构施工图，简称结施。结构施工图通常由首页图（结构设计说明）、基础平面图及基础详图、结构平面图及节点结构详图、钢筋混凝土构件详图等组成。

结构施工图是施工放线、挖基坑、支模板、绑扎钢筋、设置预埋件、浇捣混凝土、安装梁板等预制构件、编制预算和施工组织计划的重要依据。

2.2　简述钢筋的作用和分类有哪些？

配置在钢筋混凝土结构中的钢筋，按其受力和作用分为下列几种，如图 2-1 所示。

（1）受力筋——承受拉、压等应力的钢筋。

（2）箍筋——用以固定受力钢筋位置，并承受一部分斜拉应力，一般用于梁和柱中。

（3）架立筋——用以固定箍筋的位置，构成构件内钢筋骨架。

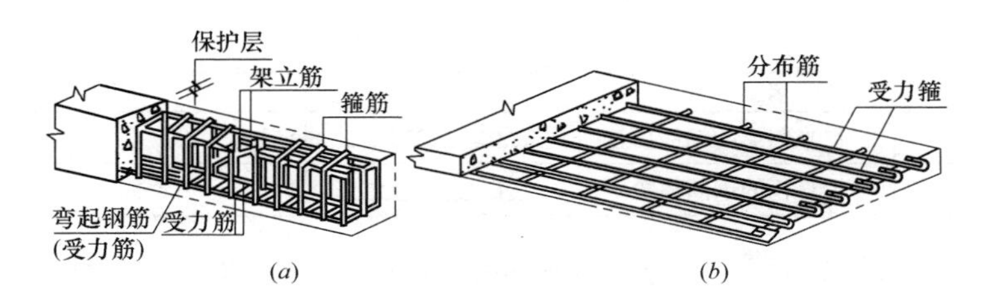

图 2-1　钢筋混凝土构件配筋示意

(a) 梁；(b) 板

(4) 分布筋——用以固定受力钢筋位置，使整体均匀受力，一般用于板中。

(5) 其他钢筋——因构件的构造要求和施工安装需要配置的钢筋，如腰筋、吊环等。

2.3 钢筋的一般表示方法有哪些？钢筋的标注内容有哪些？

钢筋的一般表示方法应符合表 2-1 的规定。

钢筋的一般表示方法　　表 2-1

序号	名　称	图　例	说　明
1	钢筋横断面	●	
2	无弯钩的钢筋端部		下图表示长、短钢筋投影重叠时，短钢筋的端部用 45°斜划线表示
3	带半圆形弯钩的钢筋端部		
4	带直钩的钢筋端部		
5	带丝扣的钢筋端部		
6	无弯钩的钢筋搭接		

续表

序号	名　　称	图　　例	说　　明
7	带半圆形的钢筋搭接		
8	带直钩的钢筋搭接		

钢筋的直径、根数或相邻钢筋中心距一般采用引出线方式标注，其标注形式及含义如图 2-2 所示。

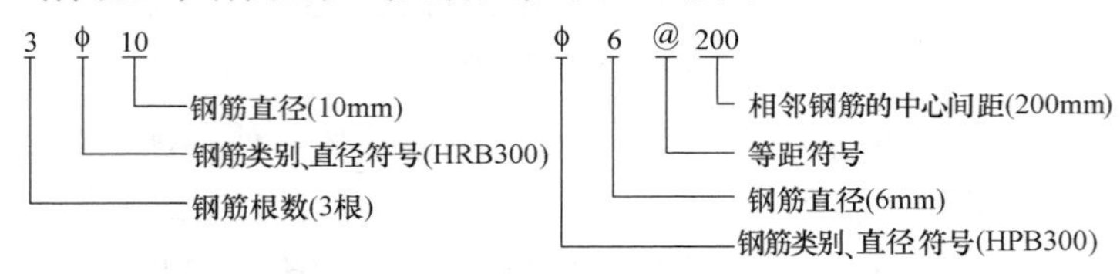

图 2-2　钢筋的标注形式

2.4　什么是基础平面施工图？包括哪些内容？如何识读？

基础施工图主要表示房屋在相对标高±0.000 以下基础结构的图样。它是施工时放灰线、开挖基坑、砌筑基础的依据。基础施工图一般包括基础平面图、基础详图及文字说明三部分。

基础平面图用假想的一个水平剖切面沿房屋底层室内地面下方与基础之间将建筑物剖开，移去上面部分和周围土层，向下投影所得的水平剖面图。基础平面表达剖切到墙、柱、基础梁及可见的基础轮廓。

示例：某村镇农房住宅楼的基础平面图，如图 2-3 所示，该房屋的基础为墙下条形基础。墙下条形基础平面图的图示方法和阅读要点如下：

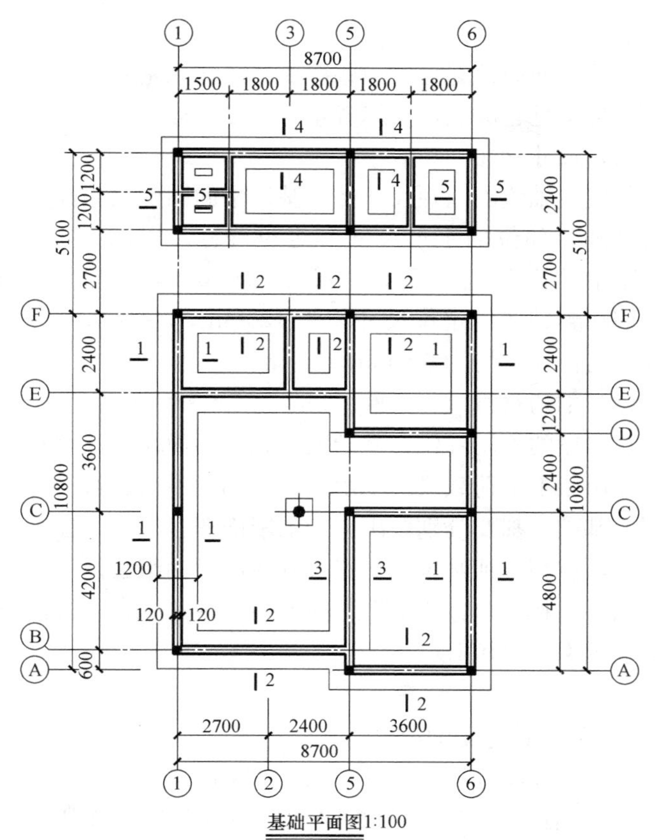

图 2-3　基础平面图

（1）主要图线

定位轴线两侧的粗线是基础墙的断面轮廓线，粗墙线是砌基础墙进而砌上部墙体的依据。两粗墙线外侧的细线是可见的基础底部轮廓线。在平面图上基底轮廓线也就是基坑的边线，它是基础施工放线、挖基坑的依据。这两种图线是基础平面图的主要图线。

为了图面简洁起见，一些次要的图线如基础大放脚的台阶等细部可见轮廓线，一律省略不画出。

（2）尺寸标注

除定位轴线的间距尺寸外、基础平面图的尺寸标注的对象就基础各部位的定形尺寸和定位尺寸。以图 2-3①轴为例，图中注出基础底面宽度尺寸 1200mm，墙厚 240mm，左右墙线到轴线的定位尺寸均为 120mm，左右基底边线到轴线的定位尺寸均为 600mm。

（3）剖切符号

在房屋的不同部位，基础的形式、断面尺寸、埋置深度都可能由于上部荷载或地基承载力不同而不同。对于每一种不同的基础，都要分别画出它们的断面图。因此，在基础平面图上，应相应地画出剖切符号并注明断面编号。

图 2-3 上涂黑的是钢筋混凝土构造柱（GZ），与柱相接的是基础圈梁（JQL）。

2.5 如何识读基础详图?

示例：如图 2-4 所示的 1-1 断面基础详图，它既适用于图2-3中①轴又适用于⑥轴的外横墙下的基础。读基础断面详图时，应先将图名号与基础平面图对照，找出它的剖切位置。也可由轴线编号找到相应的平面图的轴线位置。基础断面详图主要表示基础断面形状、尺寸、基底标高、基础材料及其他构造做法（如垫层、防潮层等）。画图的比例常用 1∶20、1∶50，也可用 1∶30 等。其图示内容包括：

1）与平面图相对应的轴线；

2）基础断面轮廓线和砖墙（柱）断面轮廓线，如没有地圈梁，应画出圈梁位置及断面配筋情况；

3）室内外地坪线及防潮层位置；

4）基础与轴线的关系尺寸（定位尺寸）以及基础各台阶的宽、高尺寸（细部定形尺寸）、室内外地坪标高和基础地面标高；

5）基础和墙（柱）的材料符号。

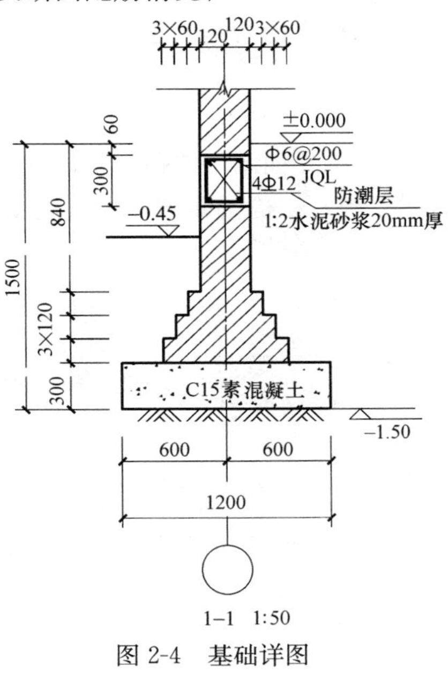

图 2-4 基础详图

图 2-4 的 1-1 断面详图是表示墙下刚性基础的一种。它不含有钢筋混凝土材料，通常可按建施图的图示方法，用粗实线表示基础（含基础墙）的轮廓线，并在断面上画上建筑材料的图例：基础墙及大放脚为砖，垫层为素混凝土。还用粗实线表示室内外地坪线和墙身防潮层。基础底面标高为−1.50m，室外地坪标高为−0.45m，室内地坪标高为±0.000m。混凝土垫层高 300mm、宽 1200mm，两侧基底边线（即基坑边线）距离轴线均为 600mm。垫层上面是三层砖砌大放脚，每层高 120mm（即两皮砖）、底层宽 60mm。墙厚 240mm，两墙缘距离轴线均为 120mm。

2.6 什么是结构平面图？包括哪些内容？

结构平面图是表示房屋上部各层平面承重构件（如梁、板、柱等）布置的图样。它是施工时布置和安放各层承重构件的依据。

结构平面图一般包括楼面（梁、板）结构平面图及屋面（梁、板）结构平面图。也可用结构标高来表示板、梁配筋图，如图 2-5 所示。

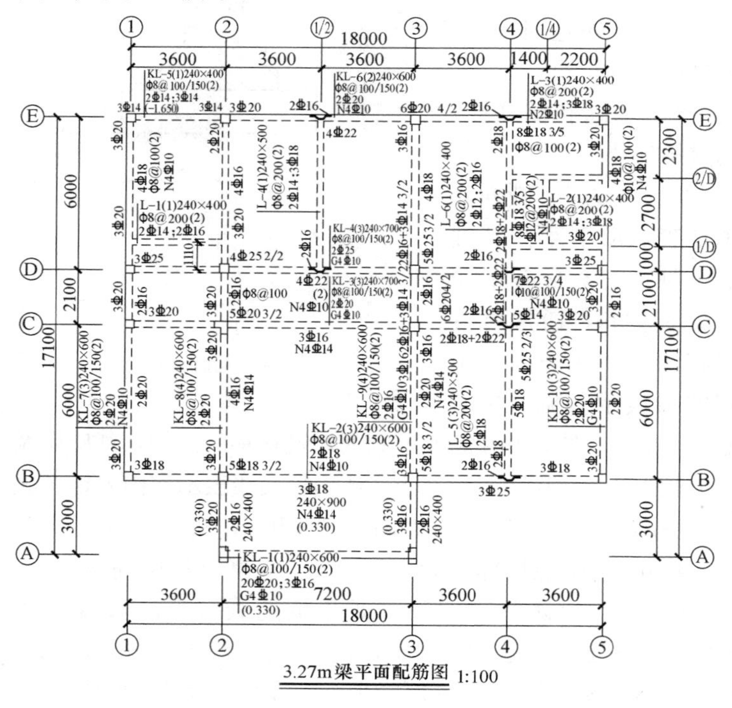

图 2-5　板、梁配筋图

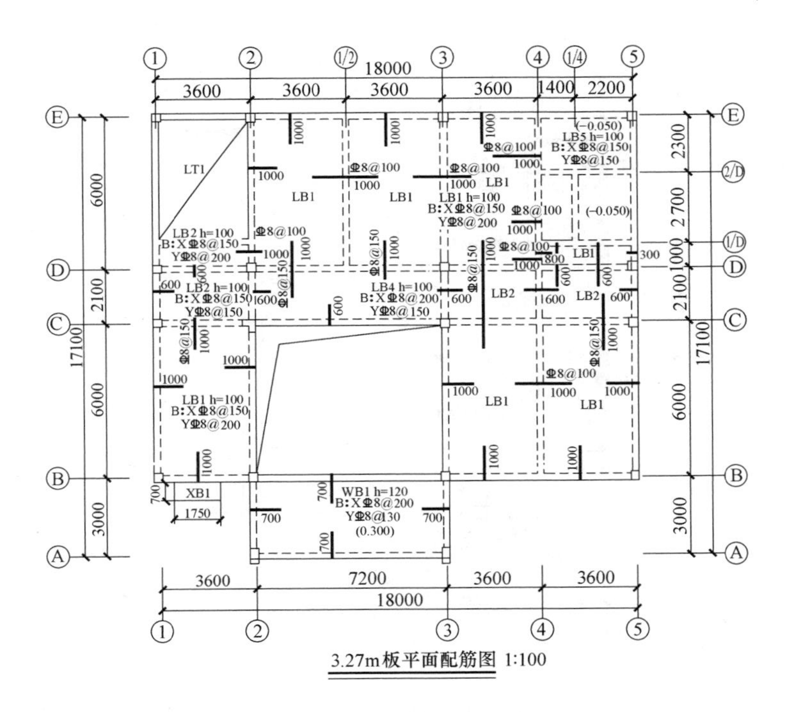

3.27m板平面配筋图 1:100

图 2-5　板、梁配筋图（续）

2.7　如何识读楼面结构平面图?

示例：以图 1-3 二层楼面建筑平面图为例，说明楼层结构布置平面图识图方法，如图 2-6 所示。

先看图名与比例。从图名可以看出是哪一层的结构布置图，比例与建筑平面图一样，一般采用 1：100。图 2-6 中除了卧室、厨房卫生间、雨篷处为现浇楼盖外，其他均为预制装配式楼盖。图 2-6 中的填充线表示剖切到的或看到的墙的

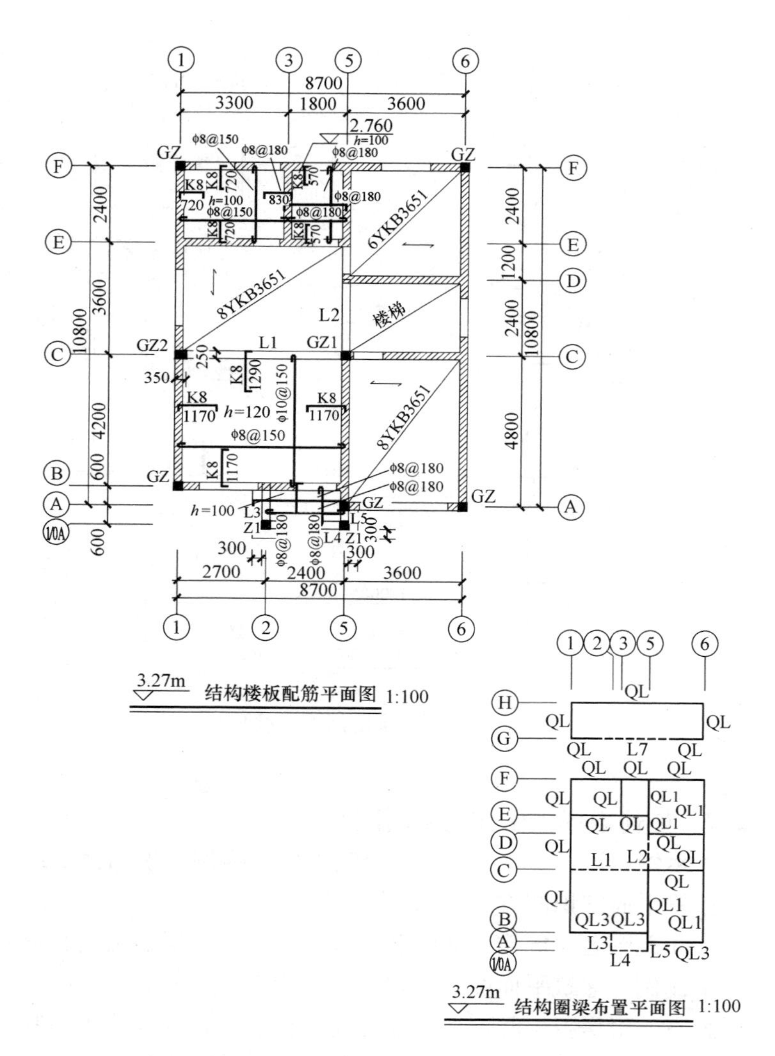

图 2-6 二层楼面结构布置平面图

轮廓线，双实线处为梁或门窗过梁。可见该房屋为一幢砖墙承重、钢筋混凝土梁板的砖混结构。预制楼板的画法可参照①～⑥轴线之间，如①～⑤轴线之间的 8YKB3651 表示 8 块预应力空心板跨度（板长）3600mm，板宽 500mm，板的荷载等级为 1 级。

现浇板中钢筋的布置情况，见图 2-6，在图中各类钢筋往往仅画一根示意，钢筋弯钩向上、向左表示底层钢筋，钢筋的弯钩向下、向右表示面层钢筋。另外图中 L1、L2、L3 等均表示为梁的布置，QL 为楼面圈梁布置。

2.8 什么是建筑结构施工图平面整体表示法（“平法”）?

《混凝土结构施工图平面整体表示方法制图规则和构造详图》（简称平法）。平法的表达形式是把结构构件的尺寸和配筋等，按照平面整体表示方法的制图规则，整体直接表达在各类构件的结构布置平面图上，再与标准构造详图相结合，从而构成一套新型完整的结构设计。

平法适用于各种现浇混凝土结构的柱、剪力墙、梁等构件的结构施工图设计，主要国家建筑设计图集有 22G101-1（现浇混凝土框架、剪力墙、梁、板）、22G101-2（现浇混凝土板式楼梯）、22G101-3（独立基础、条形基础、筏形基础及桩基承台）等。

梁平面注写包括集中标注与原位标注。集中标注表达梁的通用数值，原位标注表达梁的特殊数值。施工时，原位标注取值优先。下面以图 2-9 中的 KL2 为例说明梁平面注写及其含义，如图 2-7 所示。

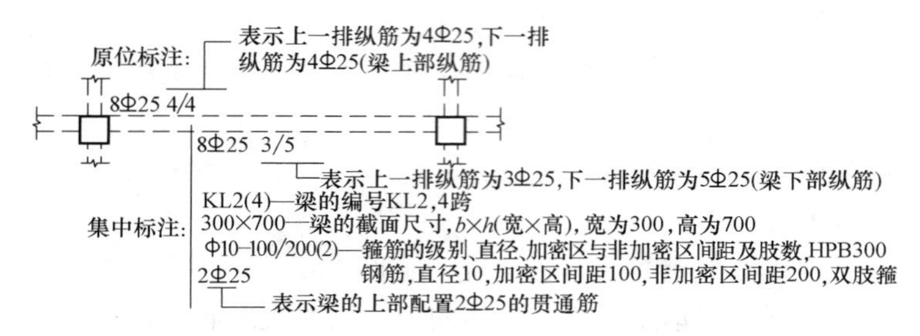

图 2-7 KL2 平面注写方式示例

板块集中标的内容包括板块编号、板厚、贯通纵筋以及当板面标高不同时的标高高差。板支座原位标注内容为：板支座上部非贯通纵筋和悬挑板上部受力钢筋。如图 2-8 所示。

柱平法包括列表注写形式与截面注写形式。图 2-9～图 2-12为框架梁、板、柱平法施工图平面注写方式示例。

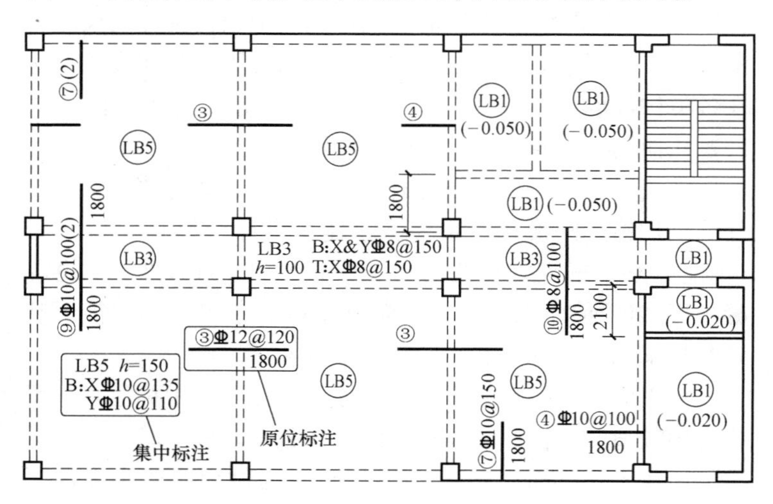

图 2-8 板平面表达方式

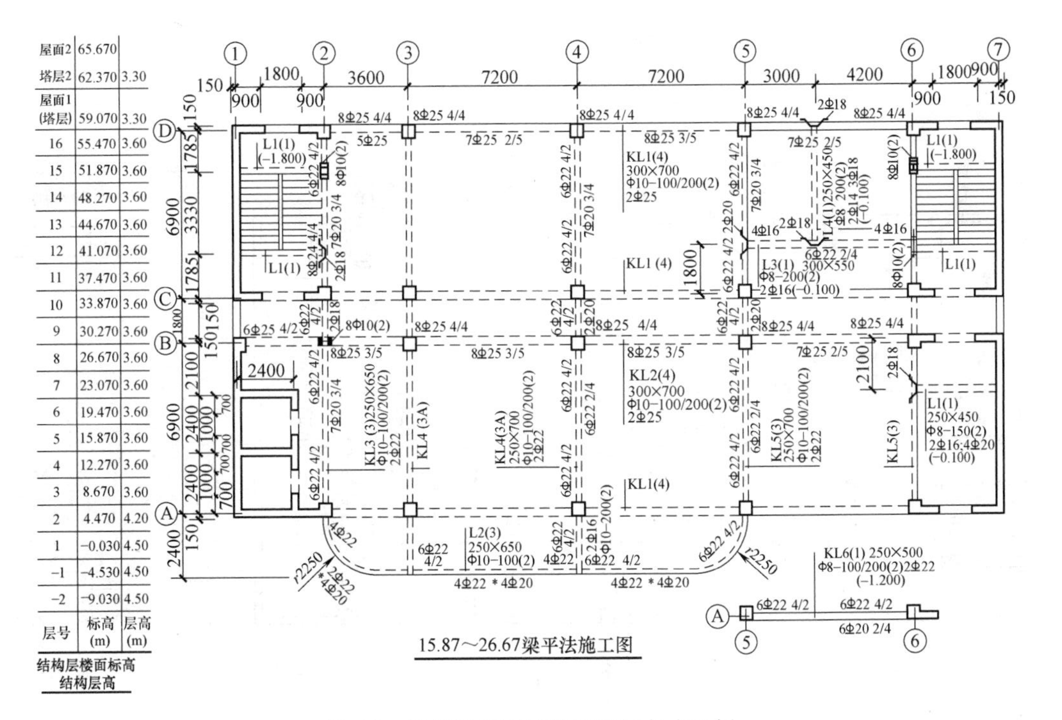

层号	标高（m）	层高（m）
屋面2	65.670	
塔层2	62.370	3.30
屋面1（塔层）	59.070	3.30
16	55.470	3.60
15	51.870	3.60
14	48.270	3.60
13	44.670	3.60
12	41.070	3.60
11	37.470	3.60
10	33.870	3.60
9	30.270	3.60
8	26.670	3.60
7	23.070	3.60
6	19.470	3.60
5	15.870	3.60
4	12.270	3.60
3	8.670	3.60
2	4.470	4.20
1	−0.030	4.50
−1	−4.530	4.50
−2	−9.030	4.50

结构层楼面标高
结构层高

图 2-9　梁平法施工图平面注写方式示例

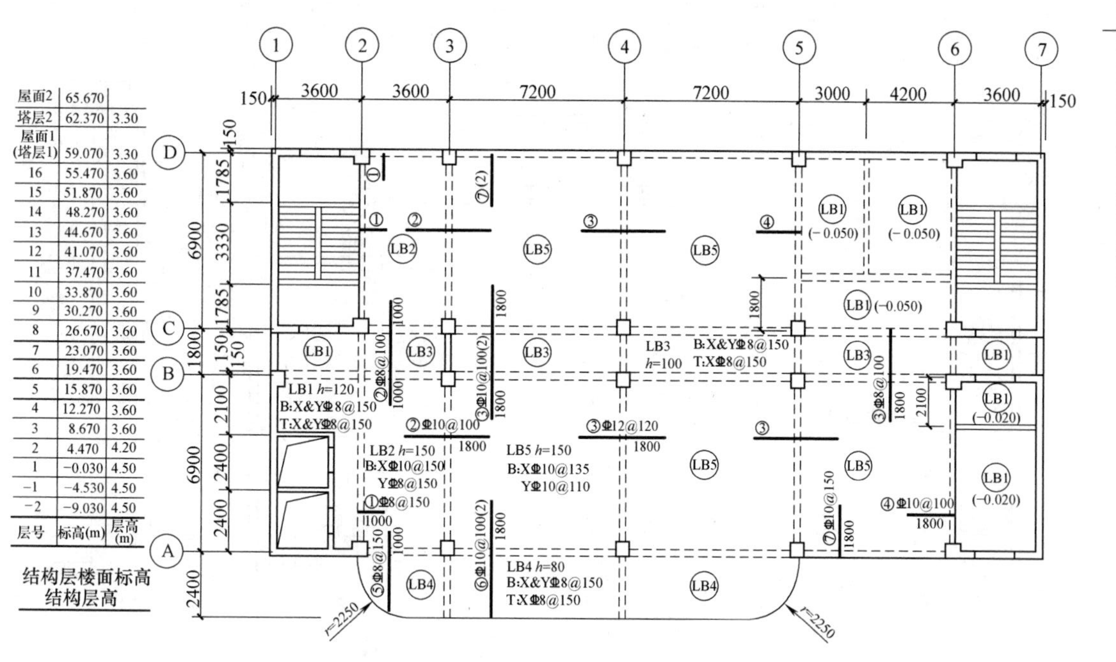

层号	标高(m)	层高(m)
屋面2	65.670	
塔层2	62.370	3.30
屋面1(塔层1)	59.070	3.30
16	55.470	3.60
15	51.870	3.60
14	48.270	3.60
13	44.670	3.60
12	41.070	3.60
11	37.470	3.60
10	33.870	3.60
9	30.270	3.60
8	26.670	3.60
7	23.070	3.60
6	19.470	3.60
5	15.870	3.60
4	12.270	3.60
3	8.670	3.60
2	4.470	4.20
1	-0.030	4.50
-1	-4.530	4.50
-2	-9.030	4.50

结构层楼面标高
结构层高

15.87~26.67板平法施工图

图 2-10 板平法施工图平面注写方式示例

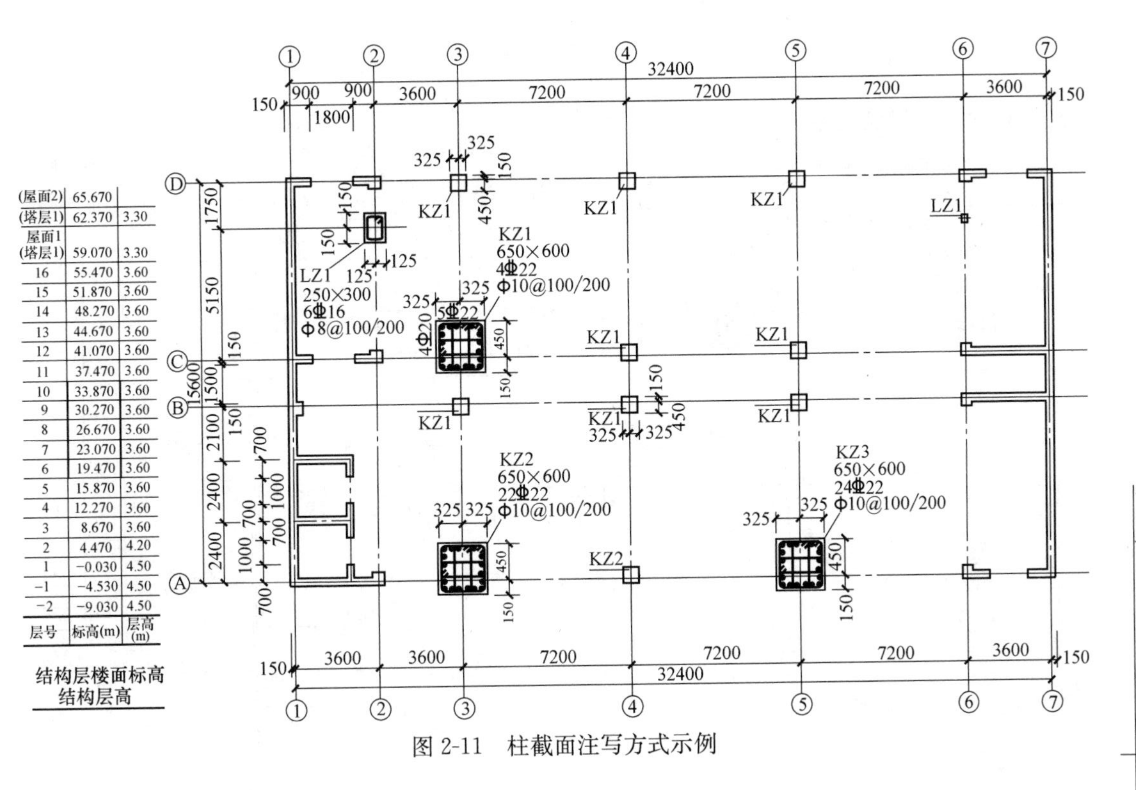

层号	标高(m)	层高(m)
(屋面2)	65.670	
(塔层1)	62.370	3.30
屋面1(塔层1)	59.070	3.30
16	55.470	3.60
15	51.870	3.60
14	48.270	3.60
13	44.670	3.60
12	41.070	3.60
11	37.470	3.60
10	33.870	3.60
9	30.270	3.60
8	26.670	3.60
7	23.070	3.60
6	19.470	3.60
5	15.870	3.60
4	12.270	3.60
3	8.670	3.60
2	4.470	4.20
1	−0.030	4.50
−1	−4.530	4.50
−2	−9.030	4.50

结构层楼面标高
结构层高

图 2-11　柱截面注写方式示例

屋面2	65.670	
塔层2	62.370	3.30
屋面1（塔层1）	59.070	3.30
16	55.470	3.60
15	51.870	3.60
14	48.270	3.60
13	44.670	3.60
12	41.070	3.60
11	37.470	3.60
10	33.870	3.60
9	30.270	3.60
8	26.670	3.60
7	23.070	3.60
6	19.470	3.60
5	15.870	3.60
4	12.270	3.60
3	8.670	3.60
2	4.470	4.20
1	−0.030	4.50
−1	−4.530	4.50
−2	−9.030	4.50
层号	标高/m	层高/m

结构层楼面标高
结构层高

上部结构嵌固部位：−0.030

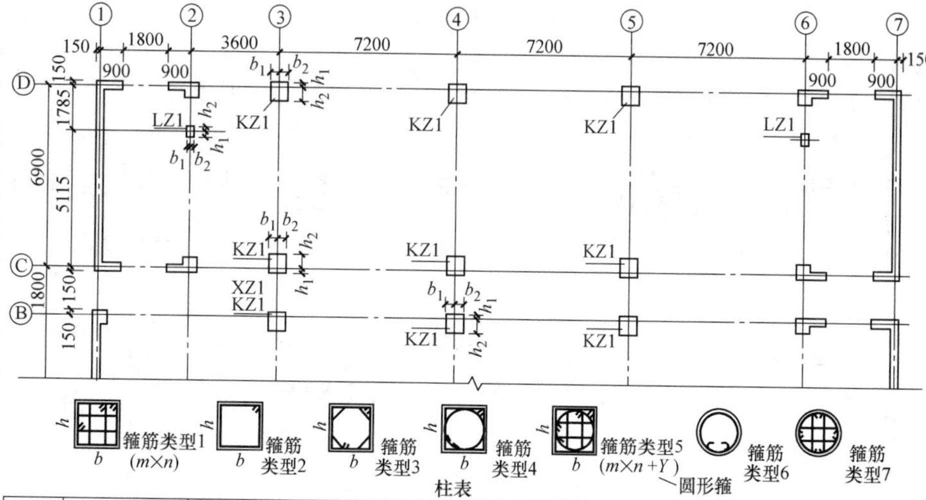

柱表

柱号	标高	$b\times h$（圆柱直径D）	b_1	b_2	h_1	h_2	全部纵筋	角筋	b边一侧中部筋	h边一侧中部筋	箍筋类型号	箍筋	备注
KZ1	−0.030～19.470	750×700	375	375	150	550	24Φ25				1(5×4)	Φ10@100/200	—
	19.470～37.470	650×600	325	325	150	450		4Φ22	5Φ22	4Φ20	1(4×4)	Φ10@100/200	
	37.470～59.070	550×500	275	275	150	350		4Φ22	5Φ22	4Φ20	1(4×4)	Φ8 @100/200	
XZ1	−0.030～8.670						8Φ25				按标准构造详图	Φ10@100	③×Ⓑ轴KZ1中设置

图 2-12　柱列表注写方式示例

2.9　装配式建筑平面标注如何识别？

2017年，我国住房和城乡建设部印发了《“十三五”装配式建筑行动方案》，全力部署推进装配式建筑工作。2022年党的二十大顺利召开，党的二十大报告提出：要实施全面节约战略，推动形成绿色低碳的生产方式和生活方式。随之，我国住房和城乡建设部发布的《“十四五”建筑业发展规划》对建筑行业提出“绿色建设、绿色发展”的发展框架，要求大力发展装配式建筑。构建装配式建筑标准化设计和生产体系，推动生产和施工智能化升级，扩大标准化构件和部品部件使用规模。

装配式钢筋混凝土建筑的构件主要分为：预制墙板、预制叠合板、预制楼梯、预制框架梁、预制框架柱等，如图2-13所示。为了规范装配式建筑的设计标准，广泛吸取经验意见，从15年开始陆续出版并实行《装配式混凝土结构技术规程》JGJ 1－2014、《装配式混凝土结构表示方法及

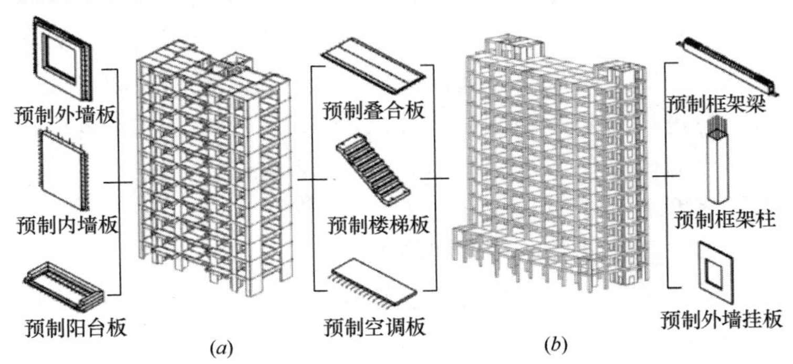

图2-13　装配式主体部件图示

(*a*) 剪力墙结构示例；(*b*) 框架-剪力墙结构示例

示例（剪力墙结构）》15G107-1、《装配式混凝土结构住宅建筑设计示例（剪力墙结构）》15J939-1、《装配式混凝土剪力墙结构住宅施工工艺图解》16G906、《〈装配式住宅建筑设计标准〉图示》18J820、《装配式混凝土建筑用预制部品通用技术条件》GB/T 40399—2021、《装配式混凝土结构连接节点构造（框架）》20G310-3 等国家标准与图集。

《装配式混凝土结构表示方法及示例（剪力墙结构）》15G107-1 对装配式结构施工图表示方法和预制构件编号规则作出统一规定：

（1）预制剪力墙施工图制图规则

预制剪力墙平面布置图应按标准层绘制，内容包括：预制剪力墙、现浇混凝土墙体、后浇带、现浇梁、楼面梁、水平后浇带或圈梁等。标准剪力墙平面布置图如图 2-14所示。

预制剪力墙分为外墙板（YWQ）和内墙板（YNQ）。外墙板有无洞口外墙、一个窗洞高窗台外墙、一个窗洞矮窗台外墙、两个窗洞外墙和一个门洞外墙等五种平面构件形式。内墙板有无洞口内墙、固定门垛内墙、中间门洞内墙、刀把内墙等 4 种平面构件形式。根据墙板宽度、层高、洞口尺寸等信息进行编号，例如：构件编号 WQC1-2430-1815 表示该预制外墙板设有一个窗洞，墙板宽度 2.4m，建筑层高 3.0m，窗洞宽度 1.8m，窗洞高度 1.5m。

（2）叠合楼盖施工制图规则

叠合楼盖施工图主要包括预制底板平面布置图、现浇层配筋图、水平后浇带或圈梁布置图，施工图示例详见图 2-15。

层号	标高(m)	层高(m)
屋面2	61.900	
屋面1	58.800	3.100
21	55.900	2.900
20	53.100	2.800
19	50.300	2.800
18	47.500	2.800
17	44.700	2.800
16	41.900	2.800
15	39.100	2.800
14	36.300	2.800
13	33.500	2.800
12	30.700	2.800
11	27.900	2.800
10	25.100	2.800
9	22.300	2.800
8	19.500	2.800
7	16.700	2.800
6	13.900	2.800
5	11.100	2.800
4	8.300	2.800
3	5.500	2.800
2	2.700	2.800
1	-0.100	2.800
-1	-2.750	2.650
-2	-5.450	2.700
-3	-8.150	2.700

底部加强部位

约束边缘构件区域

结构层楼面标高

结构层高

上部结构嵌固部位：-0.100

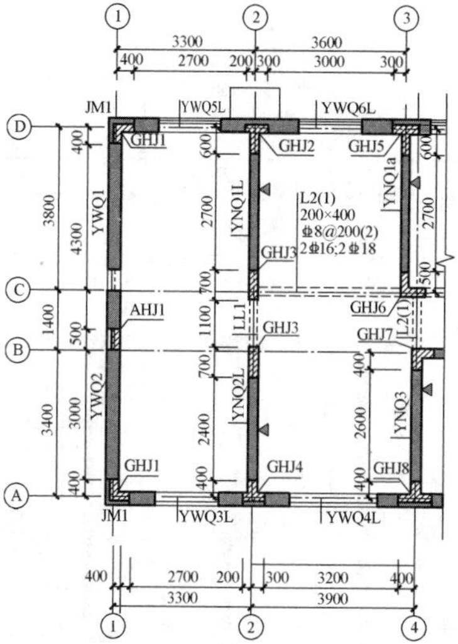

① ② ③ ④ Ⓐ Ⓑ Ⓒ Ⓓ

3300 3600 400 2700 200 300 3000 300

JM1 YWQ5L YWQ6L GHJ1 GHJ2 GHJ5 YWQ1 YNQ1L YNQ1a GHJ3 GHJ6 GHJ7 L2(1) AHJ1 LL1 YWQ2 YNQ2L YNQ3 GHJ4 GHJ8 YWQ3L YWQ4L

L2(1)
200×400
⌀8@200(2)
2⌀16;2⌀18

3800 4300 1400 500 3400 3000 400 600 2700 700 1100 2400 2600

400 2700 200 300 3200 400 3300 3900

8.300~55.900剪力墙平面布置图

剪力墙梁表

编号	所在层号	梁顶相对标高高差	梁截面 $b \times h$	上部纵筋	下部纵筋	箍筋
LL1	4~20	0.000	200×500	2⌀16	2⌀16	⌀8@100(2)

预制墙板表

平面图中编号	内叶墙板	外叶墙板	管线预埋	所在层号	所在轴号	墙厚(内叶墙)	构件重量(t)	数量	构件详图页码(图号)
YWQ1	——	——	见大样图	4~20	Ⓑ~Ⓓ/①	200	6.9	17	结施-01
YWQ2	——	——	见大样图	4~20	Ⓐ~Ⓑ/①	200	5.3	17	结施-02
YWQ3L	WQC1-3328-1514	wy-1 a=190 b=20	低区X=450 高区X=280	4~20	①~②/Ⓐ	200	3.4	17	15G365-1，60、61
YWQ4L	——	——	见大样图	4~20	②~④/Ⓐ	200	3.8	17	结施-03
YWQ5L	WQC1-3328-1514	wy-2 a=20 b=190 c_R=590 d_R=80	低区X=450 高区X=280	4~20	①~②/Ⓓ	200	3.9	17	15G365-1，60、61
YWQ6L	WQC1-3628-1514	wy-2 a=290 b=290 c_L=590 d_L=80	低区X=450 高区X=430	4~20	②~③/Ⓓ	200	4.5	17	15G365-1，64、65
YNQ1	NQ-2728	——	低区X=150 高区X=450	4~20	Ⓒ~Ⓓ/②	200	3.6	17	15G365-1，16、17
YNQ2L	NQ-2428	——	低区X=450 中区X=750	4~20	Ⓐ~Ⓑ/②	200	3.2	17	15G365-2，14、15
YNQ3	——	——	见大样图	4~20	Ⓐ~Ⓑ/④	200	3.5	17	结施-04
YNQ1a	NQ-2728	——	低区X=150 中区X=750	4~20	Ⓒ~Ⓓ/③	200	3.6	17	15G365-2，16、17

预制外墙模板表

平面图中编号	所在层号	所在轴号	外叶墙板厚度	构件重量(t)	数量	构件详图页码(图号)
JM1	4~20	Ⓐ/① Ⓓ/①	60	0.47	34	15G365-1，228

图2-14　标准剪力墙平面布置图

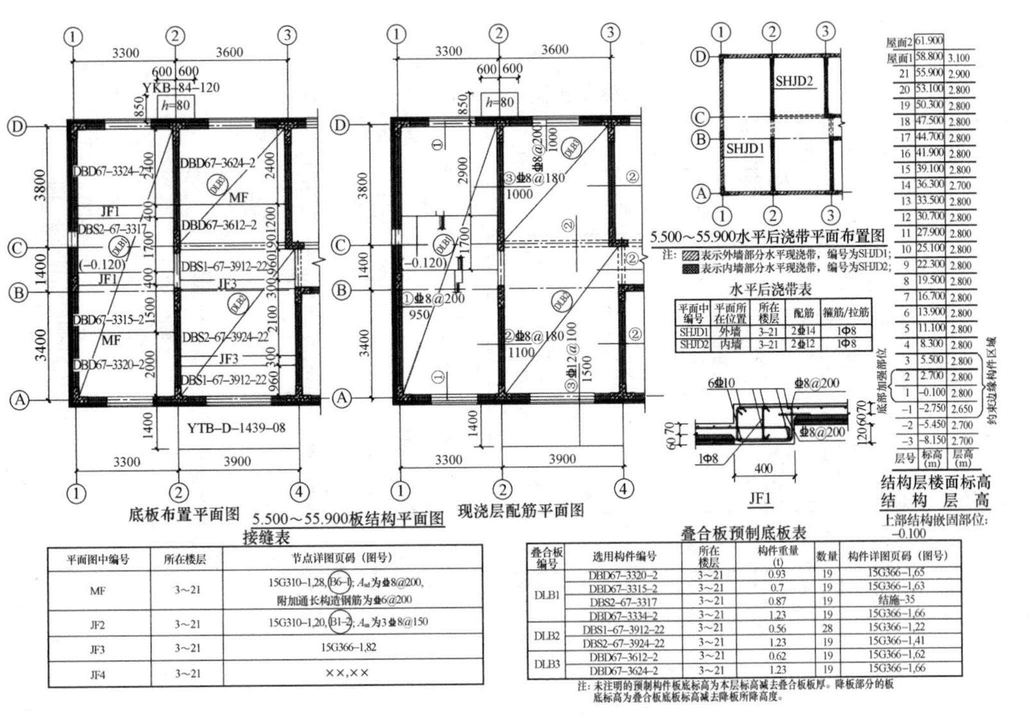

水平后浇带表

平面中编号	平面所在位置	所在楼层	配筋	箍筋/拉筋
SHJD1	外墙	3-21	2⍉14	1Φ8
SHJD2	内墙	3-21	2⍉12	1Φ8

结构层楼面标高
结构层高

层号	标高(m)	层高(m)
屋面2	61.900	
屋面1	58.800	3.100
21	55.900	2.900
20	53.100	2.800
19	50.300	2.800
18	47.500	2.800
17	44.700	2.800
16	41.900	2.800
15	39.100	2.800
14	36.300	2.700
13	33.500	2.800
12	30.700	2.800
11	27.900	2.800
10	25.100	2.800
9	22.300	2.800
8	19.500	2.800
7	16.700	2.800
6	13.900	2.800
5	11.100	2.800
4	8.300	2.800
3	5.500	2.800
2	2.700	2.800
1	-0.100	2.800
-1	-2.750	2.650
-2	-5.450	2.700
-3	-8.150	2.700

接缝表

平面图中编号	所在楼层	节点详图页码（图号）
MF	3～21	15G310-1,28,(B6-1); A_{sd}为⍉8@200,附加通长构造钢筋为⍉6@200
JF2	3～21	15G310-1,20,(B1-2); A_{sa}为3⍉8@150
JF3	3～21	15G366-1,82
JF4	3～21	××,××

叠合板预制底板表

叠合板编号	选用构件编号	所在楼层	构件重量(t)	数量	构件详图页码（图号）
DLB1	DBD67-3320-2	3～21	0.93	19	15G366-1,65
	DBD67-3315-2	3～21	0.7	19	15G366-1,63
	DBS2-67-3317	3～21	0.87	19	结施-35
	DBD67-3334-2	3～21	1.23	19	15G366-1,66
DLB2	DBS1-67-3912-22	3～21	0.56	28	15G366-1,22
	DBS2-67-3924-22	3～21	1.23	19	15G366-1,41
DLB3	DBD67-3612-2	3～21	0.62	19	15G366-1,62
	DBD67-3624-2	3～21	1.23	19	15G366-1,66

注：未注明的预制构件板底标高为本层标高减去叠合板板厚。降板部分的板底标高为叠合板底板标高减去降板所降高度。

图 2-15 叠合楼盖平面布置图示例

（3）预制钢筋混凝土板式楼梯施工图绘制规则

在住宅建筑中，预制楼梯是最容易实现标准化的构件，《预制钢筋混凝土板式楼梯》15G367-1 根据实际使用情况给出双跑楼梯和剪刀楼梯两类构件形式；采用高端支承为固定铰支座，低端支承为滑动铰支座的连接方式；并配套墙板图集指定层高为 2.8m、2.9m、3.0m 三种情况，对于双跑楼梯编制了最常用的开间尺寸 2.4m、2.5m 两种情况，对于剪刀楼梯编制了最常用的开间尺寸 2.5m、2.6m 两种情况。双跑楼梯构件示意见图 2-16，剪刀楼梯构件示意见图 2-17。

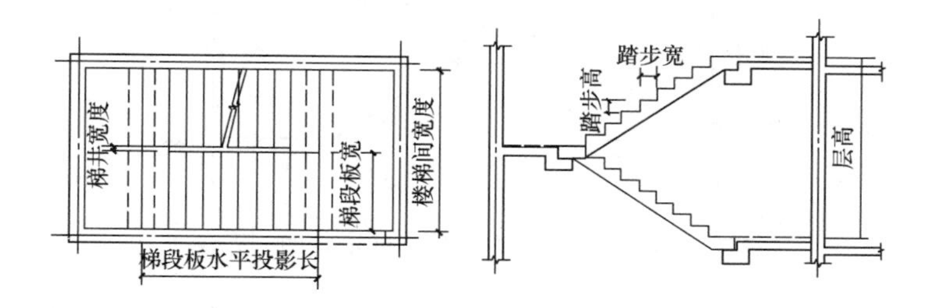

图 2-16　双跑楼梯构件示意图

预制楼梯编号规则如图 2-18 所示。例如：预制楼梯板编号 ST-28-25，表示双跑楼梯建筑层高 2.8m，楼梯间净宽 2.5m 所对应的混凝土板式双跑楼梯预制梯段板。

（4）预制钢筋混凝土阳台板、空调板及女儿墙施工图绘制规则

预制钢筋混凝土阳台板编号示例：YTB-B-1433-04，YTB 表示预制阳台板，B 表示全预制板式阳台，14 表示阳台板相对剪力墙外表面挑出长度为 1400mm，33 表示阳台对应房间开间轴线尺寸为 3300mm，04 表示阳台封边高度为 400mm

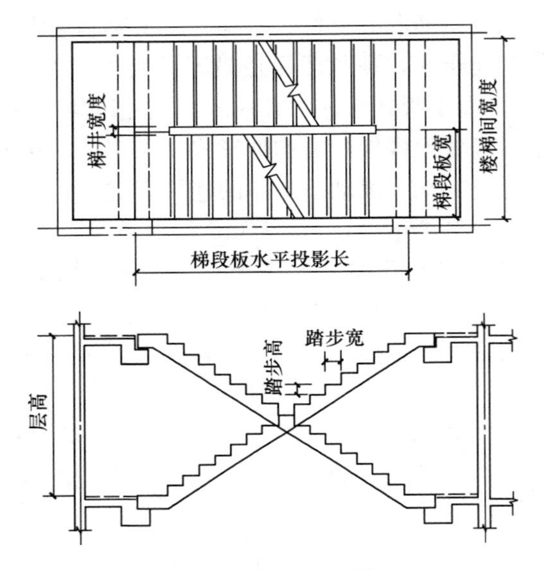

图 2-17　剪刀楼梯构件示意图

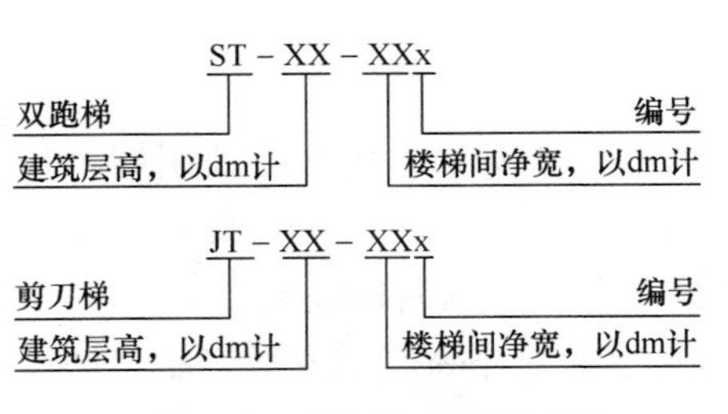

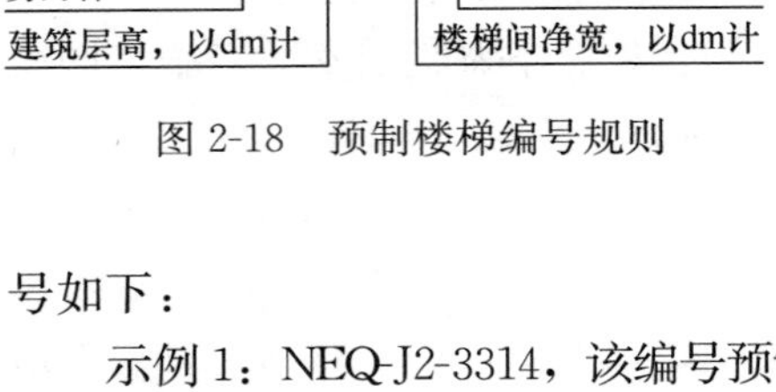

图 2-18　预制楼梯编号规则

[图 2-19（*a*）]。

2）预制空调板编号示例：KTB-84-130，表示预制空调板构件长度(*L*)为 840mm，预制空调板构件宽度(*B*)为 1300mm[图 2-19(*b*)]。

3）预制女儿墙编号如下：

示例 1：NEQ-J2-3314，该编号预制女儿墙是指夹心保温式女儿墙(转角板)，单块女儿墙放置的轴线尺寸为 3300mm，（女儿墙长度为：直段 3520mm，转角段 590mm)，高度为 1400mm [图 2-19(*c*)]。

示例 2：NEQ-Q1-3006，该编号预制女儿墙是指全预制式女儿墙（直板），单块女儿墙长度为 2980mm，高度为 600mm。

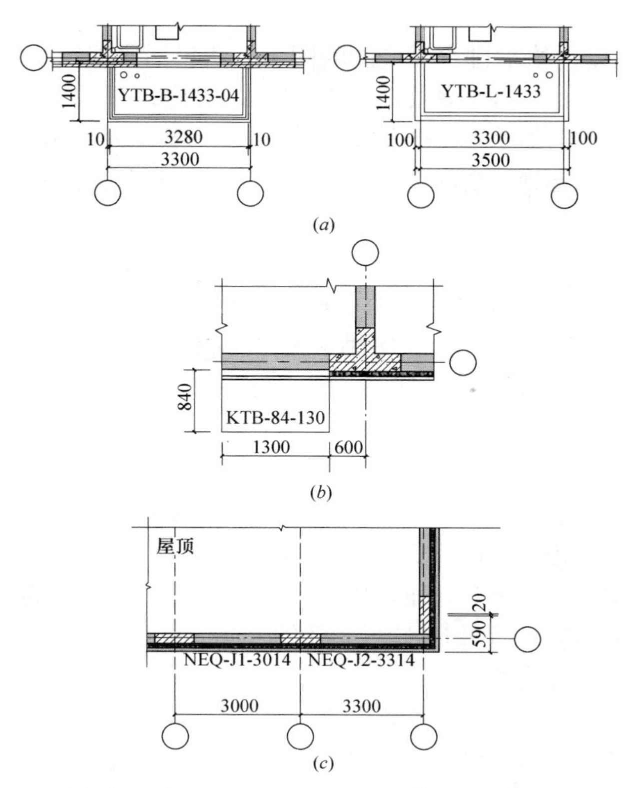

图 2-19　预制钢筋混凝土阳台板、空调板及女儿墙平面注写示例

(*a*) 标准预制阳台板；(*b*) 标准预制女儿墙；(*c*) 标准预制空调板

第3章　室内设备施工图识图

3.1　室内给水排水系统图的图示方法包括哪些?

室内给水排水系统图是给水排水工程施工图中的主要图纸，它分为给水系统图和排水系统图，分别表示给水管道系统和排水管道系统的空间走向，各管段的管径、标高、排水管道的坡度，以及各种附件在管道上的位置，图示方法为:

（1）轴向选择

室内给水排水系统图一般采用正面斜等轴测图绘制，OX 轴处于水平方向，OY 轴一般与水平线呈 45°（也可以呈 30°或 60°），OZ 轴处于铅垂方向。三个轴向伸缩系数均为 1。

（2）比例

1）室内给水排水系统图的比例一般采用与平面图相同的比例，当系统比较复杂时也可以放大比例。

2）当采用与平面图相同的比例时 OX、OY 轴方向的尺寸可直接从平面图上量取，OZ 轴方向的尺寸可依层高和设备安装高度量取。

（3）室内给水排水系统图的数量

室内给水排水系统图的数量按给水引入管和污水排出管的数量而定，各管道系统图一般应按系统分别绘制，即每一个给水引入管或污水排出管都对应着一个系统图。每一个管道系统图的编号都应与平面图中的系统编号相一致。建筑物内垂直楼层的立管，其数量多于一个时，用拼音字母和阿拉伯数字为管道进出口编号，如图 3-1 所示。

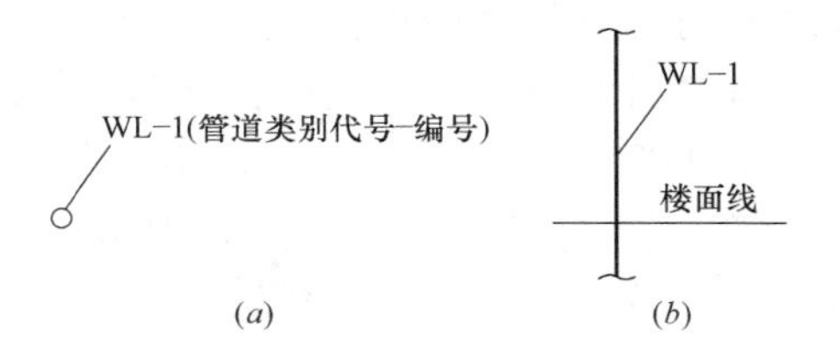

图3-1　给水系统和排水系统编号

（a）平面图；（b）立面图系统图

（4）室内给水排水系统图中的管道

1）系统图中管道的画法与平面图中一样，给水管道用粗实线表示，排水管道用粗虚线表示；给水、排水管道上的附件（如闸阀、水龙头、检查口等）用图例表示。用水设备不画出。

2）当空间交叉管道在图中相交时，在相交处将被挡在后面或下面的管线断开。

3）当各层管道布置相同时，不必层层重复画出，只需在管道省略折断处标注“同某层”即可。各管道连接的画法具有示意性。

4）当管道过于集中，无法表达清楚时，可将某些管段断开，移至别处画出，在断开处给以明确标记。

（5）室内给水排水系统图中墙和楼层地面的画法

在管道系统图中还应用细实线画出被管道穿过的墙、柱、地面、楼面和屋面，其表示方法如图 3-1 所示。

（6）尺寸标注

1）管径：管道系统中所有管段均需标注管径。当连续几段管段的管径相同时，仅标注两端管段的管径，中间管段管径可省略不用标注，管径的单位为“毫米”。水煤气输送钢管（镀锌、非镀锌）、铸铁管等管材，管径应以公称直径“DN”表示（如 DN50）；耐陶瓷管、混凝土管、钢筋混凝土管、陶土管等，管径应以内径 d 表示（如 $d380$）；焊接钢管、无缝钢管等，管径应以外径×壁厚表示（如 $D108\times4$）。

管径在图纸上一般标注在以下位置：①管径变径处；②水平管道标注在管道的上方；斜管道标注在管道的斜上方；立管道标注在管道的左侧，如图 3-2 所示。当管径无法按上述位置标注时，可另找适当位置标注；③多根管线的管径可用引出线进行标注，如图 3-3 所示。

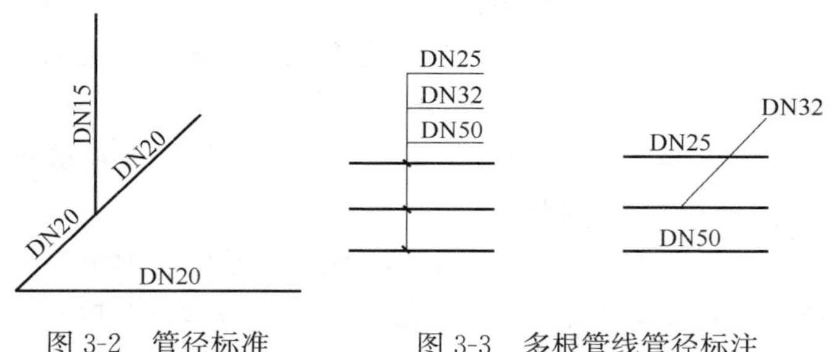

图 3-2　管径标准　　图 3-3　多根管线管径标注

2）标高：室内管道系统图中标注的标高是相对标高。给水管道系统图中给水横管的标高均标注管中心标高，一般要注出横管、阀门、水龙头和水箱各部位的标高。此外，还要标注室内地面、室外地面、各层楼面和屋面的标高。

排水管道系统图中排水横管的标高也可标注管中心标

高，但要注明。排水横管的标高由卫生器具的安装高度所决定，所以一般不标注排水横管的标高，而只标注排水横管起点的标高。另外，还要标注室内地面、室外地面、各层楼面和屋面、立管管顶，检查口的标高。管径标高的标注如图3-4所示。

3）凡有坡度的横管都要注出其坡度。管道的坡度及坡向表示管道的倾斜程度和坡度方向。标注坡度时，在坡度数字下应加注坡度符号。坡度符号的箭头一般指向下坡方向，如图3-5所示。一般室内给水横管没有坡度，室内排水横管有坡度。

（7）图例

平面图和系统图应列出统一的图例，其大小要与平面图中的图例大小相同。

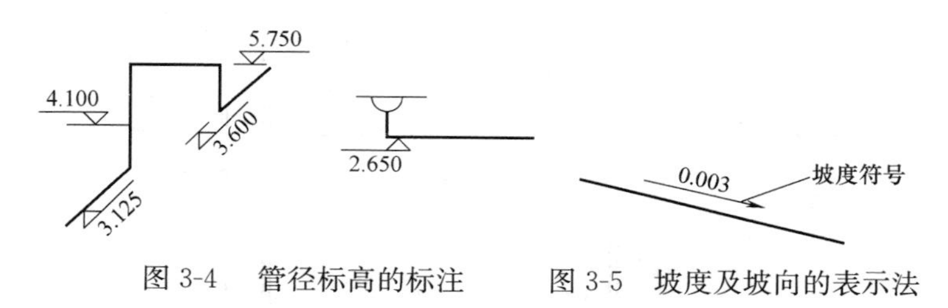

图3-4　管径标高的标注　　图3-5　坡度及坡向的表示法

3.2 如何识读室内给水排水施工图?

室内给水排水施工图中的管道平面图和管道系统图相辅相依、互相补充，共同表达房屋内各种卫生器具和各种管道以及管道上各种附件的空间位置。在读图时要按照给水和排水的各个系统把这两种图纸联系起来互相对照，反复阅读，才能看懂图纸所表达的内容。

示例：现仍以某村镇农房住宅楼中的一层给水排水平面图（图 3-6）、给水系统图（图 3-7）、排水系统图（图 3-8）为例，说明室内给水排水施工图的识读方法。

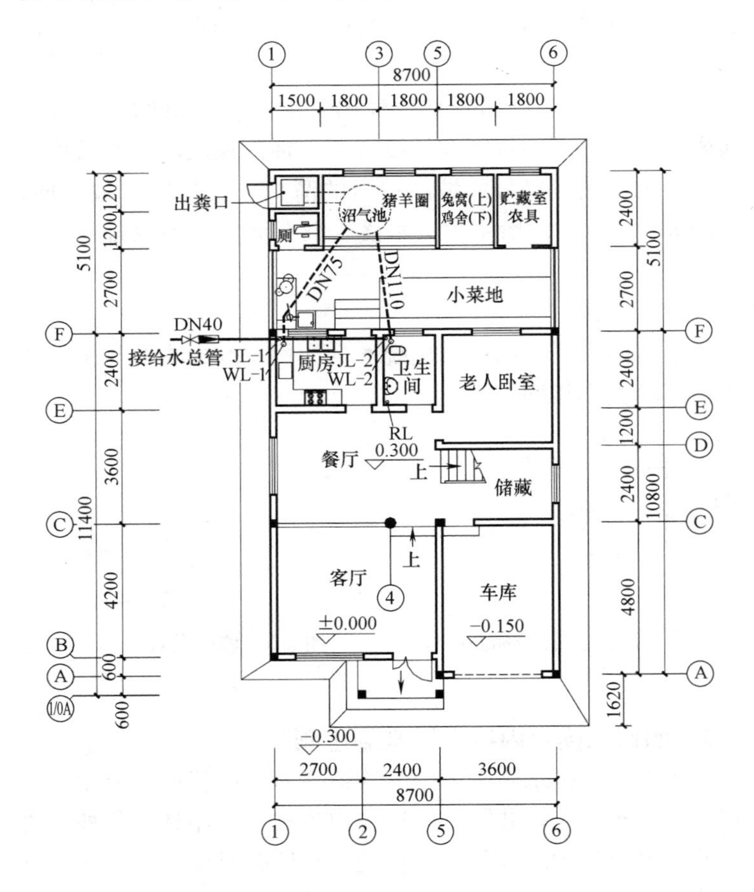

图 3-6　一层给水排水平面图

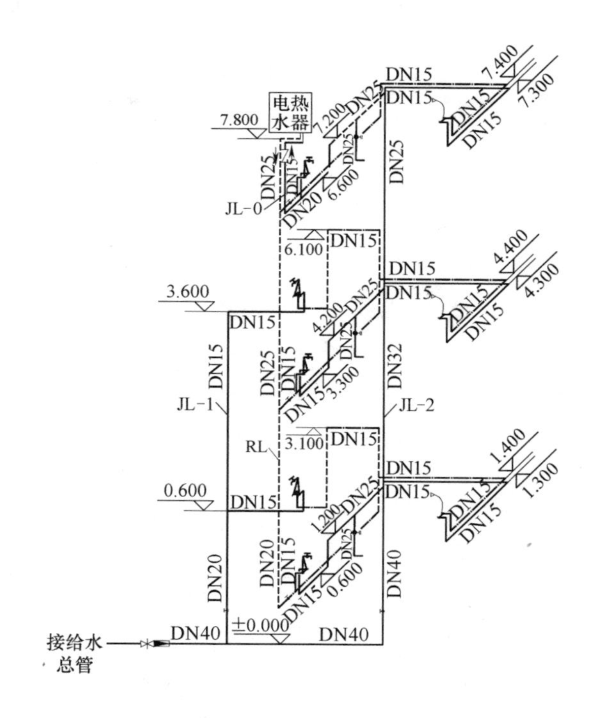

图 3-7　给水系统图

（1）了解平面图中哪些房间布置有卫生器具，卫生器具的具体位置，地面和各层楼面的标高。

各种卫生器具通常是用图例画出来的，它只能说明设备的类型，而不能具体表示各部分尺寸及构造。因此识读时必须结合详图或技术资料，搞清楚这些设备的构造、接管方式和尺寸。

通过对给水排水平面图的识读可知：该农房住宅楼共有

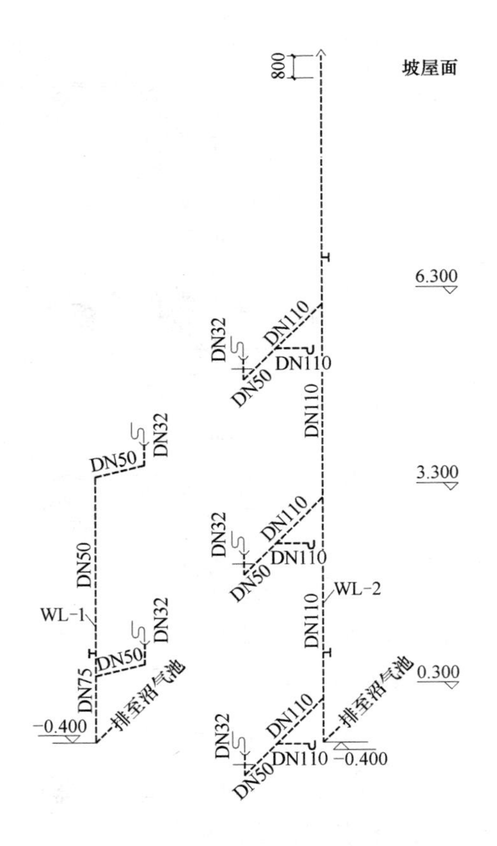

图 3-8 排水系统图

三层。每层厨房内含有一个热水和冷水龙头的洗涤盆。每层厕所内有一个蹲式大便器、一个洗手盆。

（2）弄清有几个给水系统和几个排水系统，分别识读给水系统（用粗实线表示），给水系统的引入管分别自东向西穿过①号轴线的墙体进入室内，供给厨房及厕所间的用水。识读给水系统图时，按水流方向沿引入管——立管——横支管——用水设备的顺序识读，还有热水立管及横支管。

排水系统（用粗虚线表示）共有两个系统。其中一个污水排放系统是排放各层厨房间内及洗手盆产生的污水为WL-1；另一个污水排放系统（WL-2）是排放各层厕所间内的大便器、水池产生的污水；识读排水系统图时，按水流方向沿用水设备的存水弯——横支管——立管——排出管的顺序识读。

3.3　如何识读室内电气施工图?

示例：现以某村镇农房住宅楼中的一层电气平面图(图3-9～图3-11）为例，说明电气施工图的识读方法。

在图3-9中的照明及插座平面图中可以看出，在楼梯间有配电箱，暗装在墙内，为总配电箱。从配电箱中分出N1、N2、N3、N4、N5、N6、N7七个支路。其中N1接各房间的照明灯具；N2、N3、N4分别接卧室、餐厅、客厅的空调插座；N5为接各房间的二、三极电源插座；N6、N7为接厨房、卫生间的电源插座。每段线路的电线数都表示在线路旁边，少于2根电线不表示，3根电线用短划线表示，3根电线以上用数字表示。

通过户内配电箱系统图（图3-12）可以看出，配电箱一端是每层的总进线，为2根10mm^{2}的塑料绝缘铜芯线，穿40mm的钢管，埋地暗敷（BV-2×10-SC40-FC）。配电箱的另一端2AL、3AL分别为二层、三层配电箱的分支线路，另

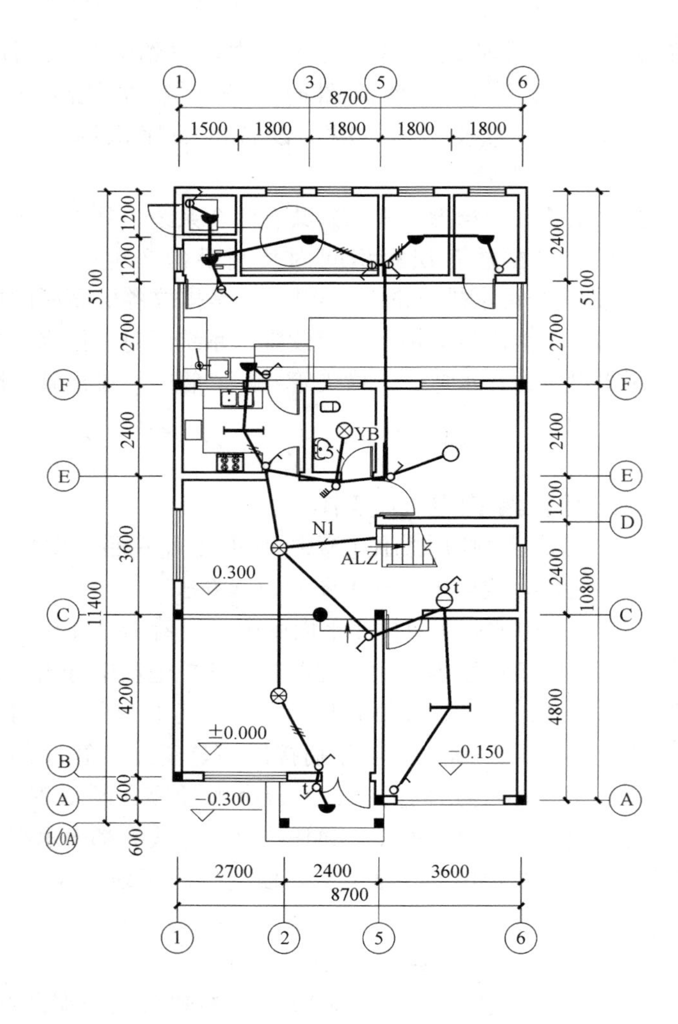

1
3
5
6
8700
1500
1800
1800
1800
1800
1200
1200
5100
2700
2400
2400
2700
5100
F
E
D
C
B
A
1/0A
2400
3600
1200
2400
11400
10800
4200
4800
600
600
YB
N1
ALZ
0.300
±0.000
-0.150
-0.300
2700
2400
3600
8700
1
2
5
6

图 3-9　一层照明平面图

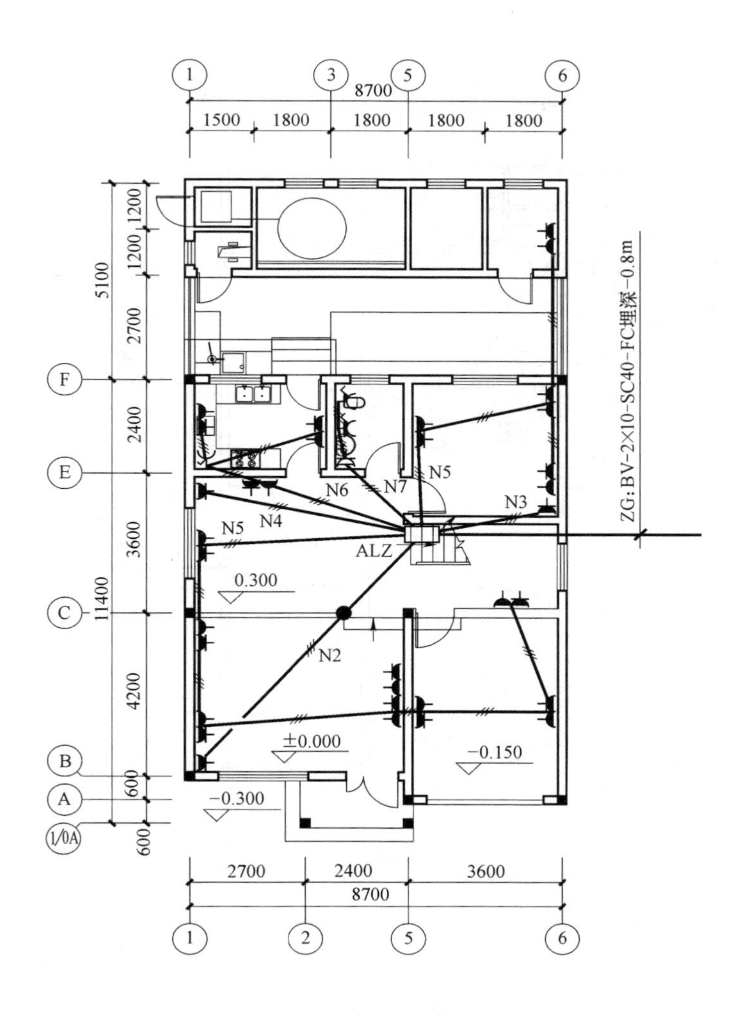

图 3-10 一层插座平面图

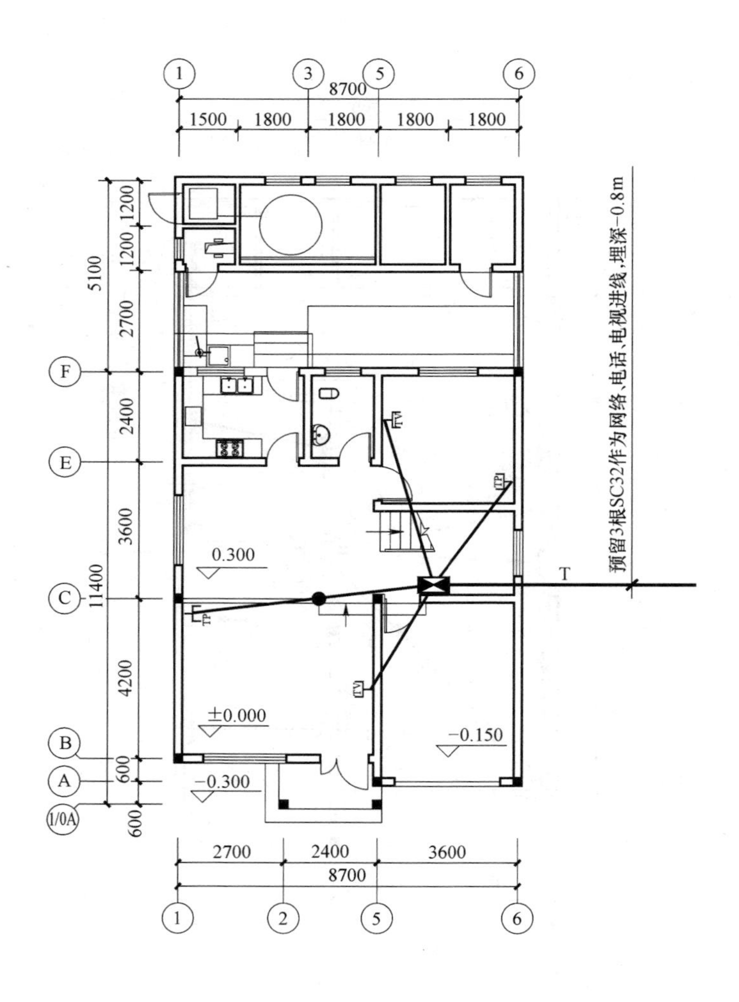

图 3-11 一层弱电平面图

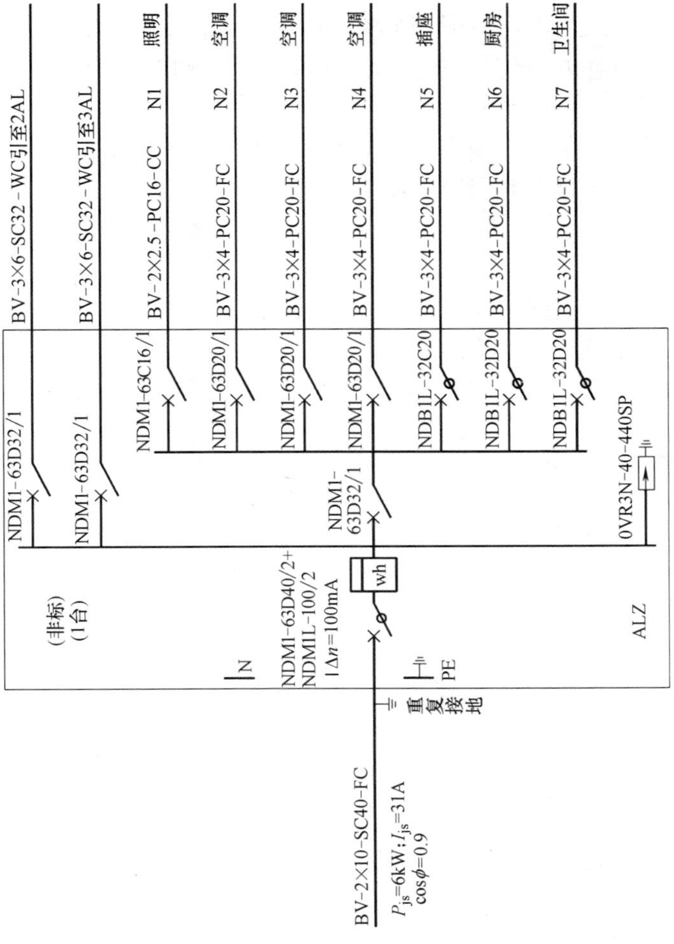

(非标)
(1台)
NDM1-63D32/1
BV-3×6-SC32-WC引至2AL
NDM1-63D32/1
BV-3×6-SC32-WC引至3AL
NDM1-63C16/1
BV-2×2.5-PC16-CC N1 照明
NDM1-63D20/1
BV-3×4-PC20-FC N2 空调
NDM1-63D20/1
BV-3×4-PC20-FC N3 空调
NDM1-63D20/1
BV-3×4-PC20-FC N4 空调
NDB1L-32C20
BV-3×4-PC20-FC N5 插座
NDB1L-32D20
BV-3×4-PC20-FC N6 厨房
NDB1L-32D20
BV-3×4-PC20-FC N7 卫生间
N
NDM1-63D40/2+
NDM1L-100/2
$I\Delta n$=100mA
NDM1-
63D32/1
wh
BV-2×10-SC40-FC
P_{js}=6kW; I_{js}=31A
cosϕ=0.9
重复接地
PE
ALZ
0VR3N-40-440SP

图 3-12 一层照明配电箱系统图

外是 7 条线路，自上而下对应平面图所示的 N1、N2、N3、N4、N5、N6、N7 号线路。每条线路分别标明了线路材料、敷设方式等，N1 照明线路为 2 根 $2.5mm^2$ 的塑料绝缘铜芯线，穿 16mm 的 PC 电线管（阻燃型塑料管），沿柱暗敷（BV-2×2.5-PC16-CC）。

电气安装，一般都按“电气施工安装图”施工，如有不同的安装方法和构造时，需绘制详图。

第 4 章　房屋建筑构造

4.1　新农村住宅建设有哪些基本特征？农村住宅结构主要有哪些类型？

农村住宅建设，既要兼顾新农村特色又能满足现代生活方式的需求，符合各地区的农村生活习惯及农业生产要求。除集镇建房有规划等方面的要求外，农村住宅主要由住房和院落两部分组成。住房中主要包括堂屋、卧室、厨房、杂屋等。院落主要有厕所、家禽家畜杂房等。由于卫生条件的改善，也有将厕所设于住房，杂屋设于院落的。但必须注意使用功能，这是农村住宅建设的首要条件。另外节约建设用地、保护耕地是我国的一项基本国策。在有限的土地上，满足房屋功能要求，就需要做好精心的设计。建筑节能是国家对建筑业的强制性要求，也是当前新农村建设的主要任务。

农村住宅结构主要类型：

（1）横长方形住宅：从北方地区农村住宅的平面形式来看，院落为纵长方形；住宅为横长方形，如图 4-1 所示。

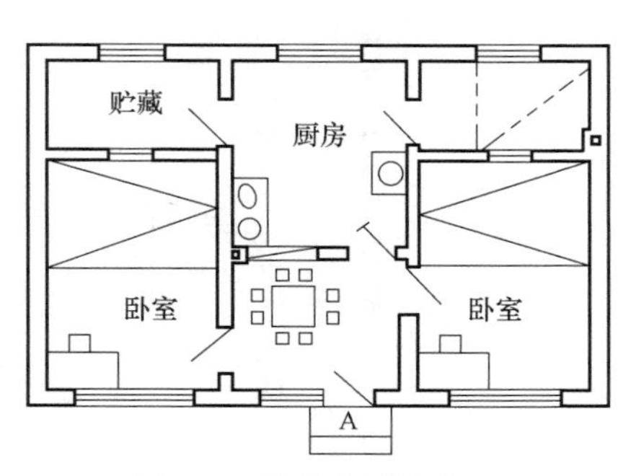

图 4-1　横长方形住宅

这种住宅形式多在长江以北地区。在平面布局上，为了接受更多的阳光和避开北面袭来的寒流，应将房屋的正面朝南，门和窗户均设于朝南的一面。在住室的布局上，多将卧室布置在房屋的朝阳面，将储藏室、厨房布置在背阳的一面。

（2）南方地区住宅：南方地区农村住宅的平面布置比较自由通透。院子采用东西横长的天井院，平面比较紧凑。房屋的后墙上部开小窗，围墙及院墙开设漏窗。一般住房的楼层较高，进深较大。这样有利于通风、散热、去潮。图 4-2 是浙江农村住宅的一种平面布置图。

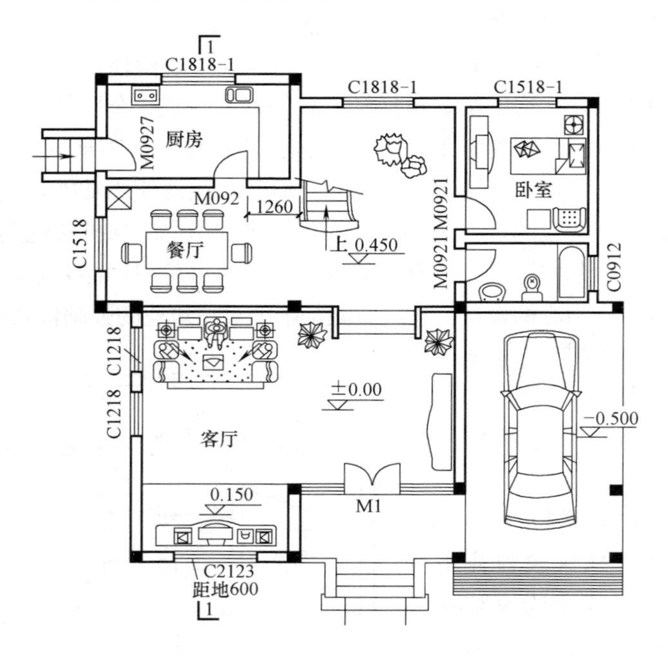

图 4-2 浙江农村住宅的平面布置

江南水乡的农村住宅，大多依水而居，房屋平面布置多依据地形及功能要求进行，一般多取不对称的自由形式。由于河网密布，最好的建筑居住模式是临河而建，一边出口毗邻街道，一边出口毗邻河道。由于人多地少，通常会形成开间小、纵深长的住宅形式。

4.2 新农村住宅的构造由哪些部分组成？农房建造时应考虑哪些因素？

农村住宅一般由以下这些部分组成：基础、主体结构（墙、柱、梁、板、屋架等）、门窗、屋面（包括保温、隔热、防水层或瓦屋面）、楼面和地面（地面和楼面的各层构造，也包括人流交通的楼梯）及各种装饰。除了以上六个部分外，人们为了生活、生产的需要还要安装给水、排水、动力、照明、采暖和空调等系统，农村住宅还应考虑炊事燃料的供应系统以提供生活需要。

房屋构造上要考虑各种影响使用的因素，采取各种措施来保证房屋安全、低耗正常的使用。所以在进行农村住宅设计和建造时，必须考虑以下主要因素：

（1）房屋受力的作用。房屋受力的作用是指房屋整个主体结构在受到外力后，能够保持稳定，没有不正常变形，没有结构性裂缝，能承受该类房屋所应受的各种力。在结构上把这些力称为荷载。荷载又分为永久荷载（亦称恒载）和可变荷载（亦称活荷载），有的还要考虑偶然荷载。

永久荷载是指房屋本身的自重，及地基给房屋土的反力或土压力。

可变荷载是指在房屋使用中人群的活动、家具、设备、物资、风压力、雪荷载等一些经常变化的荷载。

偶然荷载如地震、爆炸、撞击等非经常发生的，而且时间较短的荷载。

（2）自然界给予的影响因素。房屋是建造在大自然的环境中，它必然受到日晒雨淋、冰冻、地下水、热胀、冷缩等影响。因此在设计和建造时要考虑温度伸缩、地基压缩下沉、材料收缩、徐变，采取结构、构造措施，以及保温、隔热、防水、防温度变形的措施，从而避免由于这些影响而引起房屋的破坏，保证房屋的正常使用。

（3）各种人为因素的影响。人们从事生产、生活、工作、学习时，也会对房屋产生影响。如机械振动、化学腐蚀、装饰时拆改、火灾及可能发生的爆炸和冲击。为了防止这些有害影响，房屋设计和建造时要在相应部位采取防震、防腐、防火、防爆的构造措施，并对不合理的装饰拆改提出警告。

因此农房构造在设计和施工中，也应防范这些不利的影响因素，做好工作。如受力上，设计和施工必须保证工程质量；自然和人为影响上，设计必须采取措施，施工必须按图施工，并保证施工质量；进行装饰时，防止乱拆乱改。农宅建筑的施工，应注意对施工人员的培训，以提高建筑方面的知识，以杜绝后患。

4.3 农村建筑中常用的基础类型有哪几种?

农村建筑中常用的基础类型主要有下列 4 种。

（1）条形基础

当建筑物上部结构为砖墙时，其基础多采用与墙体形式相同的长条形，这种基础就称为条形基础或带形基础。条形基础是墙下基础的基本形式，也是农村建筑最常用的一种建筑结构，如图 4-3 所示。

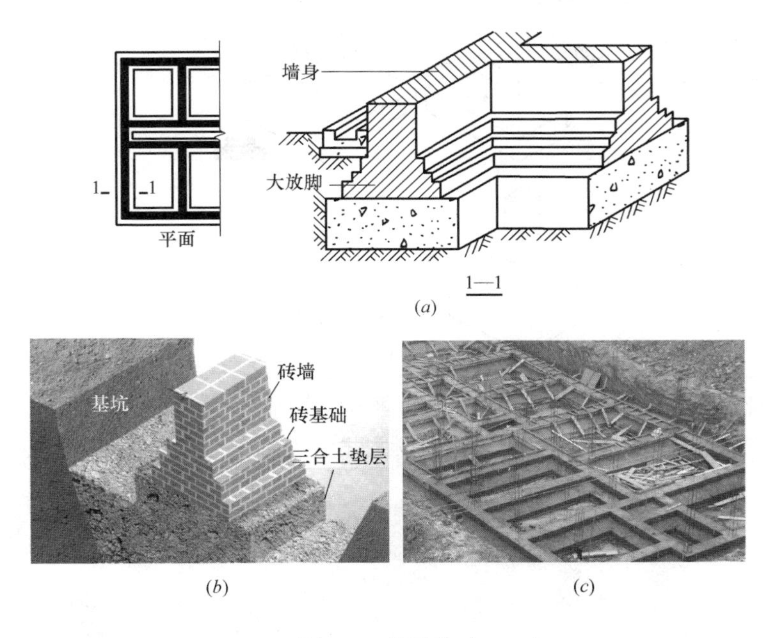

图 4-3 条形基础

(2) 独立基础

当建筑物上部结构采用框架结构或单层排架及门架结构承重时，其基础常采用方形或矩形的单独基础，这种基础称独立基础或柱式基础如图 4-4(*a*) 所示。独立基础是柱下基础的基本形式。当柱采用预制构件时，则基础做成杯口形，然后将柱子插入、并嵌固在杯口内，故称杯形基础如图 4-4

(*b*) 所示，图 4-4(*c*) 为阶梯形和锥形独立基础，图 4-5 为阶梯基础施工示意图。

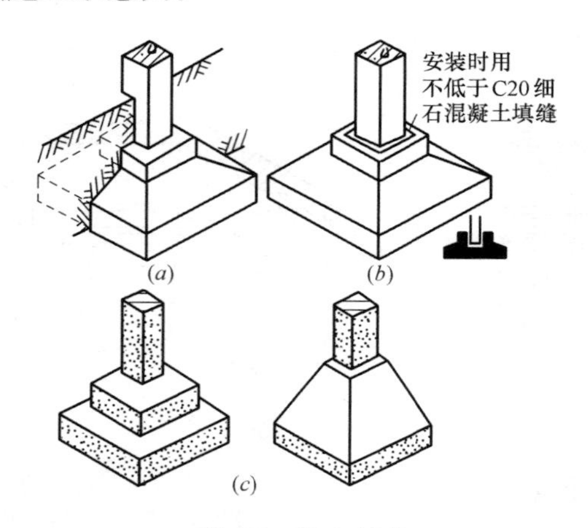

图 4-4 独立基础

(*a*) 现浇基础；(*b*) 杯形基础；(*c*) 阶梯形、锥形基础

图 4-5 阶梯形基础施工示意图

(3) 井格式基础

当框架结构处在地基条件较差的情况时，为了提高建筑

物的整体性，以免各柱子之间产生不均匀沉降，常将柱下基础沿纵、横方向连接起来，做成十字交叉的井格基础，故又称十字带形基础，如图 4-6 所示。

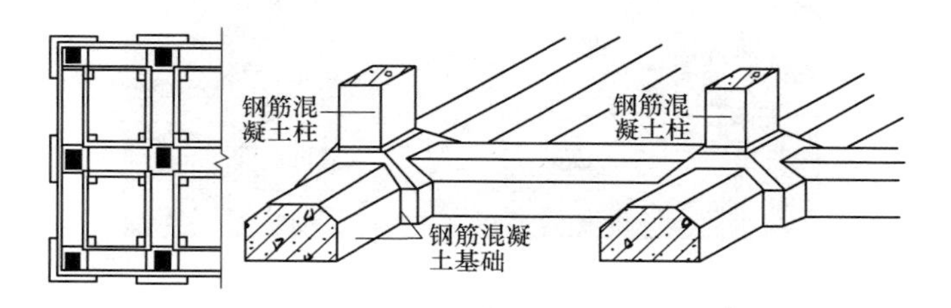

图 4-6　井格式基础

（4）筏形基础

当建筑物上部荷载较大，而所在地的地基承载能力又比较弱，采用简单的条形基础或井格式基础已不能适应地基变形的需要时，常将墙或柱下基础连成一片，使整个建筑物的荷载承受在一块整板上，这种满堂式的板式基础称筏形基础。筏形基础有平板式和梁板式之分，图 4-7 为梁板式筏形基础。

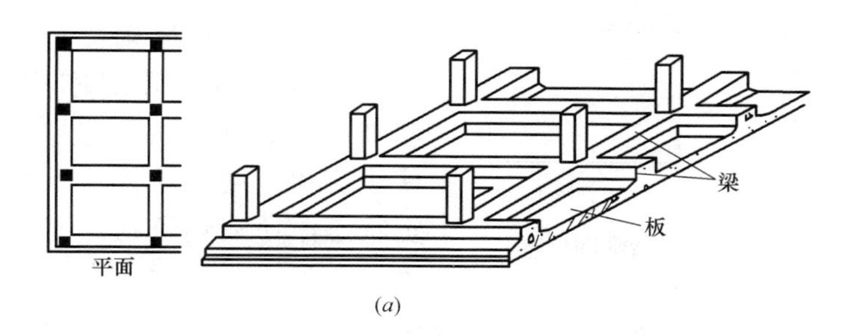

(*a*)

图 4-7　梁板式筏形基础

(b)

图 4-7 梁板式筏形基础（续）

4.4 什么是基础的埋置深度?

从室外设计地坪至基础底面的垂直距离称基础的埋置深度，简称基础的埋深，如图 4-8 所示。基础的埋深会对基础的稳定性造成一定的影响。地面以下的冰冻土与非冰冻土的分界线称为冰冻线，土的冻结深度取决于当地的气候条件。

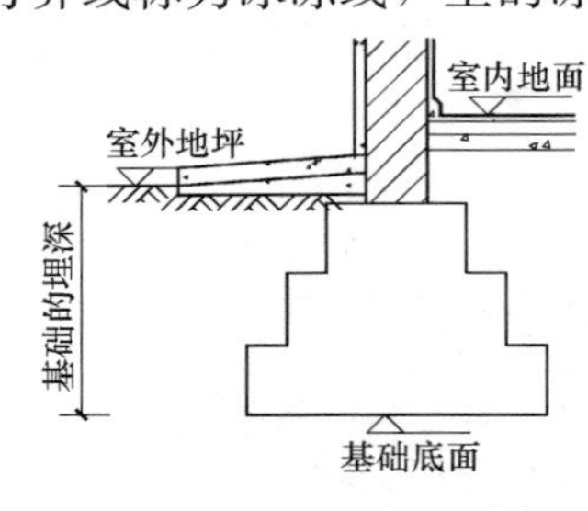

图 4-8 基础的埋深

气温越低，低温持续时间越长，冻结深度就越大。在冰冻时期，土的冻胀则会将基础抬起，气温回升解冻后，基础则会重新下沉，这样会使建筑物周期性地处于不稳定状态，导致建筑物产生较大的变形，严重时还会引起墙体开裂，建筑物倾斜甚至倒塌。所以处于严寒地区的农村地区基础埋深一定要考虑土壤冻胀的影响。一般情况下，严寒地区的基础应埋置在冰冻线以下大约 200mm 的深度。

4.5　如何确定砖基础大放脚的形式？

对于条形基础，它是由基础墙与大放脚构成。基础墙与墙身同厚，基础墙下部的扩大部分称为大放脚。砖基础按大放脚砖的收皮不同，分为间隔式和等高式，如图 4-9 所示。等高式大放脚一般每二皮砖向内收 1/4 砖，也就是大放脚台阶的宽高比为 1/2。间隔式大放脚一般是二皮一收与一皮一收相间隔轮流进行，两边各进 1/4 砖长，但最下边为两皮砖。这种构造方法在保证基础刚性角度的前提下，可以减少用砖量，比较经济。大放脚顶面应低于地面不小于 150mm。

大放脚下是基础的垫层。垫层一般为 3∶7 灰土，有的也使用不小于 C15（C 是混凝土强度等级的代号）强度等级的混凝土做垫层。

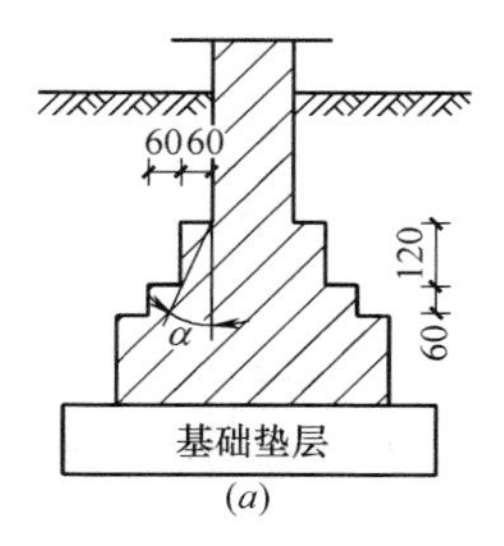

(a)

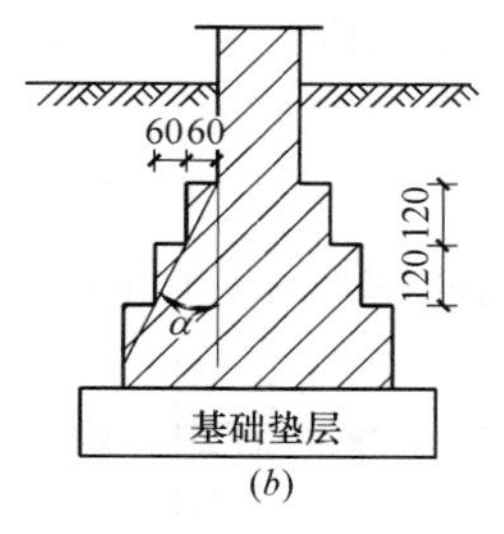

(b)

图 4-9　砖基础大放脚
（a）间隔式；（b）等高式

垫层的厚度根据基础的类型和所用材料的不同而不同。当条形基础使用 3∶7 灰土时，垫层厚度为 300mm，采用碎石混凝土时一般不小于 200mm。如为独立基础时，灰土垫层为 300～400mm，而混凝土垫层则为 100mm。图 4-10 为砖基础大放脚施工示意图。

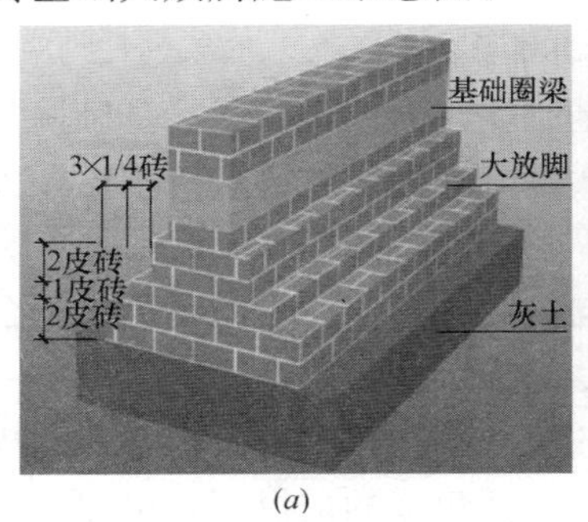

(*a*)

(*b*)

图 4-10　砖基础大放脚施工示意图

4.6　钢筋混凝土基础的类型包括哪些?

农村房屋建筑中，除了砖基础以外，应用最多的还有钢筋混凝土基础，它的类型主要有以下两种。

（1）独立基础

图 4-11 所示是钢筋混凝土独立基础的配筋构造，它主要由钢筋网片和柱子的插筋两部分组成。

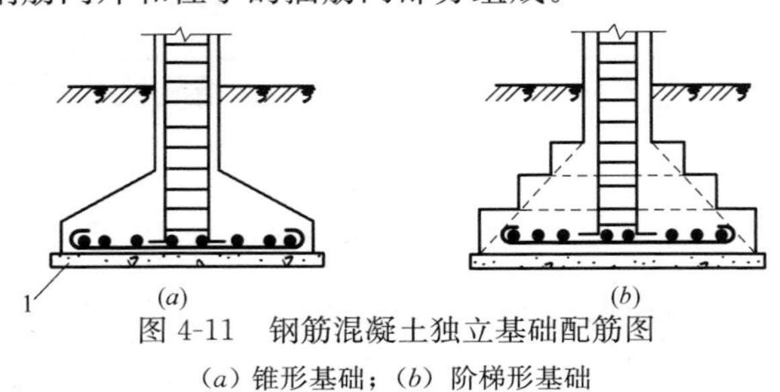

图 4-11　钢筋混凝土独立基础配筋图

（*a*）锥形基础；（*b*）阶梯形基础

1—垫层，厚 70～100mm

图 4-12 为钢筋混凝土独立基础施工配筋示意图。

(*a*)

(*b*)

图 4-12　钢筋混凝土独立基础施工配筋示意图

独立基础是柱下基础的基本形式，当柱的荷载偏心距不大时，常用方形；偏心距较大时，则用矩形。

钢筋混凝土部分由垫层和柱基组成，垫层比柱基每边宽 100mm。锥形基础边缘的高度 h_1 不宜小于 200mm。当基础高度在 900mm 以内时，柱子的插筋应伸至基础底部的钢筋网片内，并在端部做成直弯钩；当基础高度较大时，位于柱四角的插筋应伸入底部，其余的钢筋只需伸入基础达到锚固长度即可。柱插筋长方范围内应设置箍筋。

当独立基础为阶梯形时，每阶高度一般为 300～500mm；基础高度小于等于 350mm 时用一个梯阶；当基础高度大于 350mm 而小于 900mm 时用两个梯阶，大于 900mm 时用三个梯阶。梯阶的尺寸应为整数，一般在水平及垂直方向均用 50mm 的倍数。

（2）条形基础

当条形基础采用混凝土材料时，混凝土垫层厚度一般为 100mm。条形基础钢筋，是由底板钢筋网片和基础梁钢筋骨架组成，但有的也只配置钢筋网片。底板钢筋网片的铺设与独立基础相同。骨架钢筋的直径和截面高度应根据标准图集和设计要求选用。

4.7 墙体的类型包括哪些?

墙体的分类方法很多，根据墙体的受力特点、在房屋中的位置、构造形式、材料选用、施工方法的不同，可将墙体分为不同类型。

（1）按墙体的受力特点分类

根据受力的特点不同，墙体可分为承重墙、非承重墙、围护墙、隔墙等。

（2）按墙体在房屋平面上所处的位置分类

墙体按所处的位置不同分为外墙和内墙。凡位于房屋四周的墙体称为外墙，它作为建筑的维护构件，起着挡风、遮雨、保温、隔热等作用；凡位于房屋内部的墙体称为内墙，内墙可以分隔室内空间，同时也起一定的隔声、防火等作用。

墙体布置方向又可以分为纵墙和横墙。沿建筑物纵轴方向布置的墙称为纵墙，它包括外纵墙和内纵墙，其中外纵墙又称为檐墙；沿建筑物横轴方向布置的墙称为横墙，它包括外横墙和内横墙，其中外横墙又称山墙。

按墙体在门窗之间的位置关系可分为窗间墙和窗下墙，窗与窗、窗与门之间的墙称为窗间墙；窗洞下部的墙称为窗下墙，门窗洞口上部的墙体称为窗上墙。

按墙体与屋顶之间的位置关系有女儿墙，即屋顶上部的房屋四周的墙（图 4-13）。

（3）按墙的构造形式分类

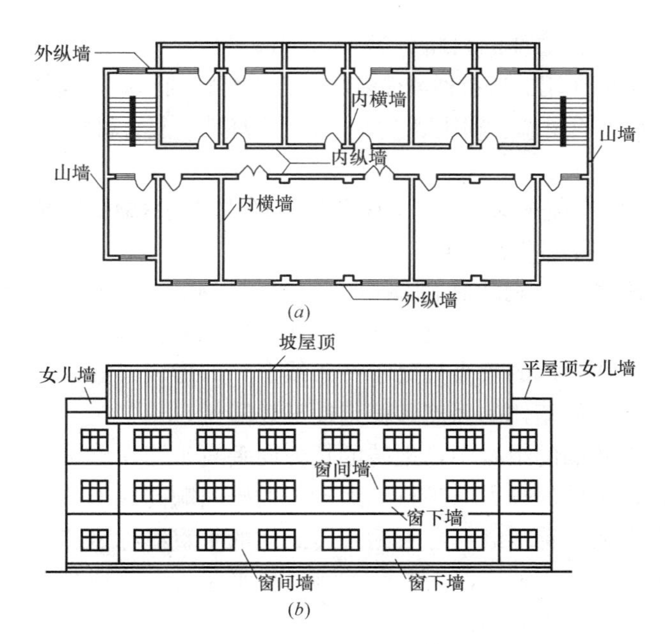

图 4-13　不同位置的墙体名称

(a) 平面图；(b) 立面图

按构造形式的不同，墙体分为实心墙、空心墙和复合墙三种。实心墙是由单一材料组成，如由普通黏土砖及其他实体砌块砌筑而成的墙体，有的地方也称为实体墙。空心墙有空斗墙、空体墙之称。是指由多孔砖、空心砖或普通黏土砖砌筑而成的具有空腔的墙体。这种砌体还有无眠空斗、一眠一斗、一眠二斗、一眠三斗之分。复合墙是指由两种以上材料组合而成的墙体，如混凝土、加气混凝土复合板材墙，其中混凝土起承重作用，加气混凝土起保温隔热作用。该种墙体一般适用于严寒地区作为保温墙体。

（4）按墙体的材料分类

墙体所用的材料种类很多，按所用材料的不同，墙体可分为砖墙、石材墙、砌块墙、板材墙、土坯墙、复合材料墙等。

4.8 什么是砖墙的组砖方式？砖墙砌筑中墙体布置的方式有哪些？

组砌是指砌块在砌体中的排列。组砌的关键是错缝搭接，使上下皮砖的垂直缝交错，保证砖墙的整体性。如果墙体表面或内部的垂直缝处于一条线上，即形成通缝，在荷载作用下，使墙体的强度和稳定性显著降低。

在砖墙的组砌中，把砖的长方向垂直于墙面砌筑的砖叫丁砖，把砖的长方向平行墙面砌筑的砖叫顺砖。上下皮之间的水平灰缝称横缝，左右两块砖之间的垂直缝称竖缝。要求丁砖和顺砖交替砌筑，灰浆饱满，横平竖直。普通黏土砖墙常用的组砌方式见图 4-14。

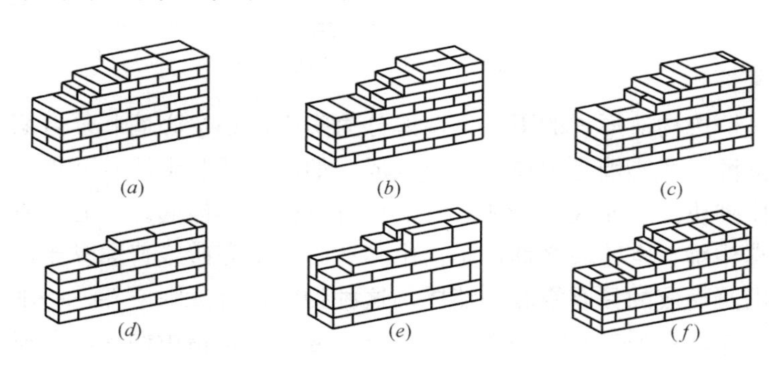

图 4-14　砖墙的不同组砌方式

（*a*）240 砖墙，一顺一丁式；（*b*）240 砖墙，多顺一丁式；（*c*）240 砖墙，梅花丁式；（*d*）120 砖墙；（*e*）180 砖墙；（*f*）370 砖墙

砖墙砌筑中，墙体的布置中横墙承重，纵墙承重，纵横墙承重以及内框架承重。农房建筑中，如在抗震设防有要求的地区，应优先采用横墙承重或纵横墙共同承重的结构体系。

4.9　什么是混凝土框架结构？框架结构的布置有哪些原则？

框架结构（图 4-15、图 4-16）是指钢筋混凝土梁和柱连接而形成的承重结构体系，框架既作为竖向承重结构，同时又承受水平荷载。普通框架的梁和柱的节点连接处一般为刚性连接，框架柱与基础通常为固接。随着农民生活水平的提高，当代农村建筑功能趋于多样化。砌体结构由于墙体布置的要求，限制了建筑开间及分隔。以钢筋混凝土柱作为竖向承重结构，钢筋混凝土梁、板为水平承重构件的混凝土框架结构得到了越来越多的使用。

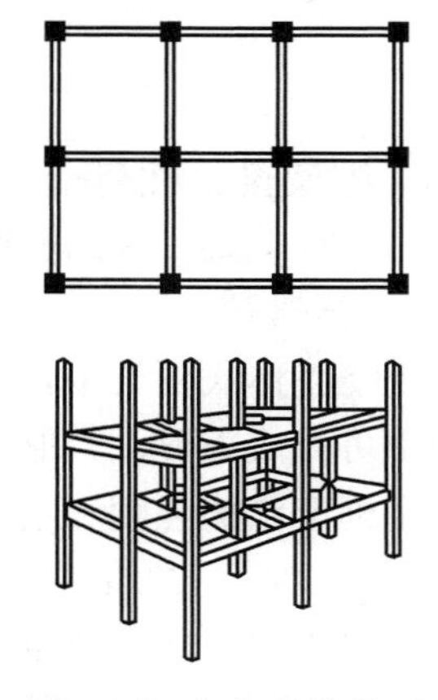

图 4-15　框架结构体系

框架结构布置原则：在抗震设防区，建筑应尽量平面规则，立面简单，以便于设计和施工，同时结构受力更合理。当建筑平面复杂时，可通过采用防震缝将复杂平面分为多块体形简单的建筑。为使房屋具有必要的抗侧移刚度，房屋的高宽比不宜过大，一般宜控制 $H/B \leqslant 4 \sim 5$。

图 4-16 框架结构实例

4.10 框架梁、柱有哪些构造要求?

（1）框架梁、柱的截面形状及尺寸

1）框架梁

现浇整体式框架中，框架梁多做成矩形截面，在装配式框架中可做成矩形、T 形或花篮形截面。框架梁的截面尺寸应满足框架结构强度和刚度要求。根据《混凝土结构通用规范》GB 55008—2021 对框架的基本抗震构造措施要求。

① 混凝土结构构件的最小截面尺寸应符合下列规定：

A. 矩形截面框架梁的截面宽度不应小于 200mm；

B. 矩形截面框架柱的边长不应小于 300mm，圆形截面柱的直径不应小于 350mm；

C. 高层建筑剪力墙的截面厚度不应小于 160mm，多层建筑剪力墙的截面厚度不应小于 140mm；

D. 现浇钢筋混凝土实心楼板的厚度不应小于 80mm，现浇空心楼板的顶板、底板厚度均不应小于 50mm；

E. 预制钢筋混凝土实心叠合楼板的预制底板及后浇混凝土厚度均不应小于 50mm。

② 梁的钢筋配置，应符合下列要求：

A. 计入受压钢筋作用的梁端截面混凝土受压区高度与有效高度之比值，一级不应大于 0.25，二级、三级不应大于 0.35。

B. 梁端截面的底面和顶面纵向钢筋截面面积的比值，除按计算确定外，一级不应小于 0.5，二级、三级不应小于 0.3。

C. 梁端箍筋的加密区长度、箍筋最大间距和最小直径应符合表 4-1 的要求；一级、二级抗震等级框架梁，当箍筋直径大于 12mm、肢数不少于 4 肢且肢距不大于 150mm 时，箍筋加密区最大间距应允许放宽到不大于 150mm。

梁端箍筋的加密区长度、箍筋最大间距和最小直径　　表 4-1

抗震等级	加密区长度（采用较大值）（mm）	箍筋最大间距（采用最小值）（mm）	箍筋最小直径（mm）
一	$2h_b$,500	$h_b/4$,$6d$,100	10
二	$1.5h_b$,500	$h_b/4$,$8d$,100	8
三	$1.5h_b$,500	$h_b/4$,$8d$,150	8
四	$1.5h_b$,500	$h_b/4$,$8d$,150	6

注：d 为纵向钢筋直径，h_b 为梁截面高度。

③ 梁的钢筋配置，尚应符合下列规定：

A. 梁端纵向受拉钢筋的配筋率不宜大于 2.5%。沿梁全长顶面、底面的配筋，一、二级不应少于 2ϕ14，且分别不应少于梁顶面、底面两端纵向配筋中较大截面面积的 1/4；三、四级不应少于 2ϕ12。

B. 一、二、三级框架梁内贯通中柱的每根纵向钢筋直径，对框架结构不应大于矩形截面柱在该方向截面尺寸的

1/20，或纵向钢筋所在位置圆形截面柱弦长的1/20；对其他结构类型的框架不宜大于矩形截面柱在该方向截面尺寸的1/20，或纵向钢筋所在位置圆形截面柱弦长的1/20。

C. 梁端加密区的箍筋肢距，一级不宜大于200mm和20倍箍筋直径的较大值，二、三级不宜大于250mm和20倍箍筋直径的较大值，四级不宜大于300mm。

2）框架柱

① 柱的截面尺寸，宜符合下列各项要求：

A. 截面的宽度和高度，四级或不超过2层时不宜小于300mm，一、二、三级且超过2层时不宜小于400mm；圆柱的直径，四级或不超过2层时不宜小于350mm，一、二、三级且超过2层时不宜小于450mm。

B. 剪跨比宜大于2。

C. 截面长边与短边的边长比不宜大于3。

② 柱纵向钢筋和箍筋配置应符合下列规定：

A. 柱纵向普通钢筋的配筋率不应小于表4-2的规定，且柱截面每一侧纵向普通钢筋配筋率不应小于0.20%；当柱的混凝土强度等级为C60以上时，应按表中规定值增加0.10%采用；当采用400MPa级纵向受力钢筋时，应按表中规定值增加0.05%采用。

柱纵向普通钢筋的最小配筋率（%）　　表4-2

柱类型	抗震等级			
	一	二	三	四
中柱、边柱	0.90(1.00)	0.70(0.80)	0.60(0.70)	0.50(0.60)
角柱、框支柱	1.10	0.90	0.80	0.70

注：表中括号内数值用于房屋建筑纯框架结构柱。

B. 柱箍筋在规定的范围内应加密，且加密区的箍筋间距和直径应符合下列规定：

a. 柱箍筋加密区的箍筋最大间距和最小直径应按表 4-3 采用。

b. 一级框架柱的箍筋直径大于 12mm 且箍筋肢距不大于 150mm 及二级框架柱箍筋直径不小于 10mm 且肢距不大于 200mm 时，除柱根外加密区箍筋最大间距应允许采用 150mm；三级、四级框架柱的截面尺寸不大于 400mm 时，箍筋最小直径应允许采用 6mm。

c. 剪跨比不大于 2 的柱，箍筋应全高加密，且箍筋间距不应大于 100mm。

柱箍筋加密区的箍筋最大间距和最小直径　　表 4-3

抗震等级	钢筋最大间距（mm）	钢筋最小间距（mm）
一	6d 和 100 较小值	10
二	8d 和 100 较小值	8
三、四	8d 和 150（柱根 100）较小值	8

注：表中 d 为柱纵向普通钢筋的直径（mm），柱根指柱底部嵌固部位的加密区范围。

③ 柱的纵向钢筋配置，尚应符合下列规定：

A. 柱的纵向钢筋宜对称配置。

B. 截面边长大于 400mm 的柱，纵向钢筋间距不宜大于 200mm。

C. 柱总配筋率不应大于 5%；剪跨比不大于 2 的一级框架的柱，每侧纵向钢筋配筋率不宜大于 1.2%。

D. 边柱、角柱及抗震墙端柱在小偏心受拉时，柱内纵筋总截面面积应比计算值增加 25%。

E.柱纵向钢筋的绑扎接头应避开柱端的箍筋加密区。

（2）现浇框架的一般构造要求

1）钢筋混凝土框架的混凝土等级不应低于C20。为了保证梁柱节点的承载力和延性，要求现浇框架节点区的混凝土强度等级应不低于同层柱的混凝土强度等级。由于施工过程中，节点区的混凝土与梁同时浇筑，因此要求梁柱混凝土强度等级相差不宜大于5MPa。

2）混凝土结构的钢筋应按下列规定选用：

① 纵向受力普通钢筋宜采用HRB400、HRB500、HRBF400、HRBF500钢筋，也可采用HPB300、HRB335、HRBF335、RRB400钢筋；

② 梁、柱纵向受力普通钢筋应采用HRB400、HRB500、HRBF400、HRBF500钢筋；

③ 箍筋宜采用HRB400、HRBF400、HPB300、HRB500、HRBF500钢筋，也可采用HRB335、HRBF335钢筋；

④ 预应力筋宜采用预应力钢丝、钢绞线和预应力螺纹钢筋。

4.11 墙身如何设置墙身防潮层？其构造做法有哪些？

砖墙防潮，是农村房屋建筑中的一个盲区，所以导致了许多墙体泛碱严重，对墙体的耐久性、强度和外装饰质量影响极大。在墙身中设置防潮层的目的是防止土壤中的水分或潮气沿基础墙中微小毛细管上升而使位于勒脚处的地面水渗入墙内，防止滴落地面的雨水溅到墙面，而导致墙身受潮。其作用是提高建筑物的耐久性，保持室内干燥卫生。因此，必须在内、外墙脚部位连续设置防潮层。在构造形式上有水平防潮层和垂直防潮层两种形式。

1）防潮层的位置。水平防潮层一般应在室内地面不透水垫层范围以内，如混凝土垫层，以隔绝地面潮气对墙身的侵蚀。通常在－60mm 标高处设置，而且至少要高于室外地坪 150mm，以防雨水溅湿墙身。当地面垫层为碎石、炉渣等透水材料时，水平防潮层的位置应设在垫层范围内，并应设在与室内地面平齐或高于室内地面一皮砖的地方，即在＋60mm处。当两相邻房间之间室内地面有高差时，应在墙身内设置高低两道水平防潮层，并在靠土壤一侧设置垂直防潮层，将两道水平防潮层连接起来，以避免回填土中的潮气侵入墙身。如采用混凝土或石砌勒脚时可以不设水平防潮层，还可以将地圈梁提高至室内地坪以下来代替水平防潮层，如图 4-17 所示。

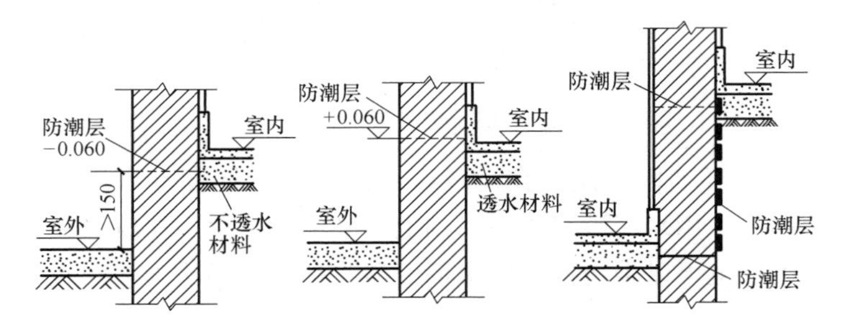

图 4-17 防潮层的位置

2）防潮层的做法。防潮层主要有防水砂浆防潮层和细石混凝土防潮层。

① 防水砂浆防潮层的做法。防水砂浆防潮层因其整体性较好，抗震能力强，适用于抗震地区、独立砖柱和振动较

大的砖砌体中。在设置防潮层的位置抹一层 20～25mm 厚、掺有 3%～5%防水剂的 1∶2 水泥砂浆或用防水砂浆砌筑 4～6皮砖。但砂浆是脆性、易开裂材料，在地基发生不均匀沉降而导致墙体开裂或因砂浆铺贴不饱满时会影响防潮效果，应引起注意。

② 细石混凝土防潮层的做法。在需设防潮层位置铺设 60mm 厚 C20 细石混凝土，并内配 3ϕ6 或 3ϕ8 的纵向钢筋和 ϕ4@250 的横向钢筋以提高其抗裂能力。由于混凝土密实性和抗裂性较好，并与砌体结合紧密，而且还有一定的防水能力，所以它适用于整体刚度要求较高的建筑中，但应把防水要求和结构做法合并考虑，如图 4-18 所示。

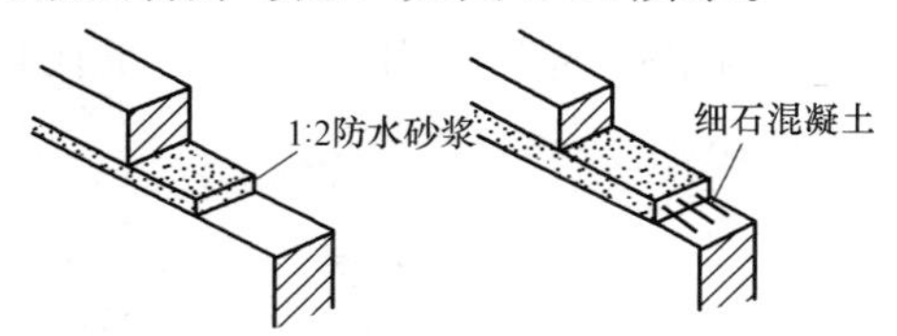

图 4-18 防潮层的设置

③ 垂直防潮层。在需设垂直防潮层的墙面（靠回填土一侧）先用水泥砂浆抹面，刷上冷底子油一道，再刷热沥青两道；也可以采用掺有防水剂的砂浆抹面的做法。

4.12 什么是过梁？主要有哪几种形式？过梁的构造要求是什么？

过梁是用来支承门窗洞口上墙体的荷重，承重墙上的过梁还要支承楼板的荷载，过梁是承重构件。根据材料构造方式不同，过梁有砖拱过梁、钢筋混凝土过梁、钢筋砖过梁。

（1）砖拱过梁

砖拱过梁是我国的一种传统做法，形式有平拱和弧拱两种。

平砌过梁立面呈倒梯形，拱高有 240mm、300mm、360mm，拱的厚度等于墙体的厚度。砌筑平拱时，应将砖拱两侧的墙端面预砌成斜面形状，其斜度一般为 1/5 左右，砖拱两端伸入洞口的拱脚长度为 20mm，竖向灰缝呈上宽下窄，如图 4-19 所示。平拱砖过梁的优点是钢筋、水泥用量少，缺点是施工速度慢。过梁适用的洞口宽度应小于 1.2m，当过梁上有集中荷载时不得采用。

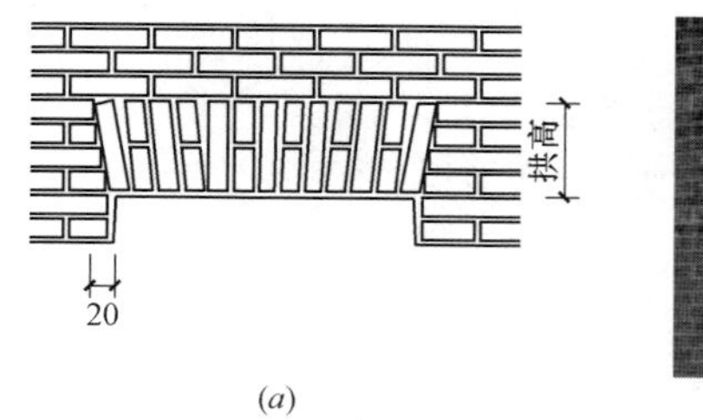

(a)

(b)

图 4-19　平砌过梁

砖砌弧拱过梁的外形有扇形和半圆形，如图 4-20 所示。

（2）钢筋混凝土过梁

钢筋混凝土过梁承载能力强，适应性强，可用于较宽的门窗洞口。按照施工方法不同，钢筋混凝土过梁可分为现浇和预制两种，其中预制钢筋混凝土过梁施工速度快，是最常用的一种。对农村而言，一般应采用预制装配过梁，当然有条件的情况下，也可采用现浇钢筋混凝土过梁。钢筋混凝土过梁形式如图 4-21 所示。

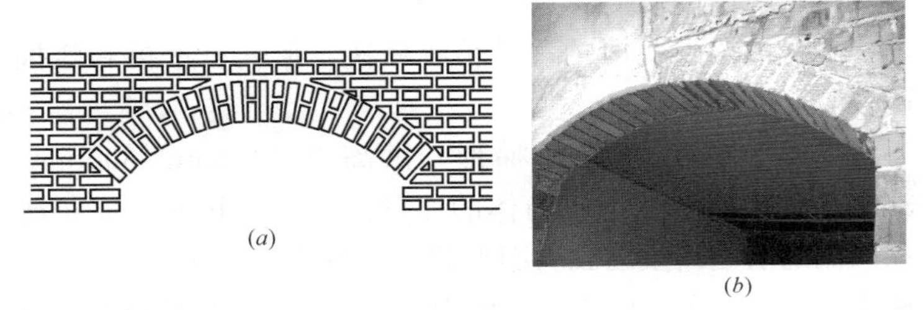

图 4-20 弧拱过梁

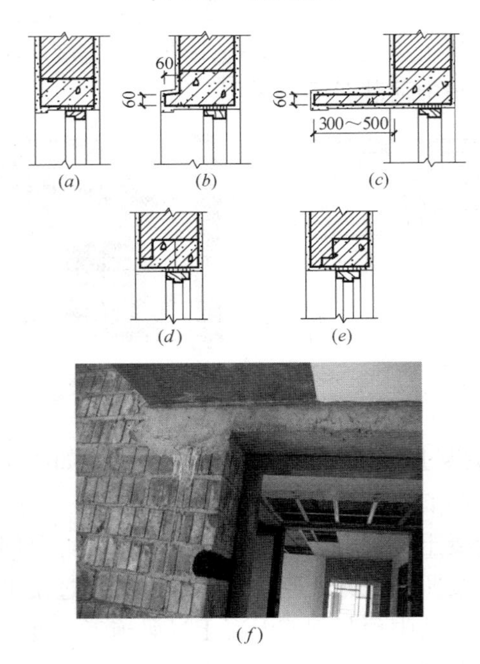

图 4-21 钢筋混凝土过梁

(*a*) 平墙过梁；(*b*) 带窗套过梁；(*c*) 带窗楣过梁；(*d*) L 形过梁断面（一）；(*e*) L 形过梁断面（二）；(*f*) 钢筋混凝土过梁实例

过梁的断面形式有矩形和L形，矩形多用于内墙和混水墙，L形多用于外墙和清水墙。过梁宽度一般同墙厚，高度按结构计算确定，但应配合砖的规格，如60、120、240mm等。过梁两端伸进墙内的支承长度不小于240mm。在立面中往往有不同形式的窗，如有窗套的窗，过梁截面为L形，挑出60mm，厚60mm［图4-21(*b*)］，又如带窗楣板的窗，可按设计要求出挑，一般可挑300～500mm，厚度60mm。在寒冷地区，为防止钢筋混凝土过梁产生冷桥问题，也可将外墙洞口的过梁断面做成L形［图4-21(*d*)、(*e*)］。

(3) 钢筋砖过梁

钢筋砖过梁是配置了钢筋的平砌砖过梁。通常将间距小于120mm的ϕ6钢筋埋在梁底部厚度为30mm的水泥砂浆层内，钢筋伸入洞口两侧墙内的长度不应小于240mm，并设90°直弯钩，埋在墙体的竖缝内。在洞口上部不小于1/4洞口跨度的高度范围内（且不应小于5皮砖），用不低于M2.5的砂浆砌筑。钢筋砖过梁净跨宜≤1.5m，不应超过2m，如图4-22所示。

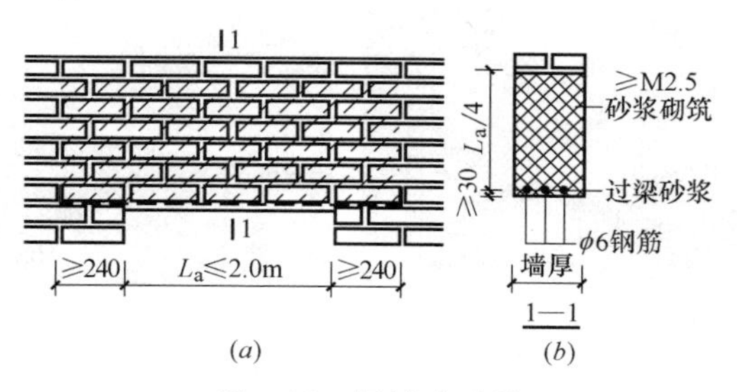

图4-22 钢筋砖过梁

(*c*)

图 4-22　钢筋砖过梁（续）

4.13　什么是钢筋混凝土圈梁？如何设置钢筋混凝土圈梁？

圈梁（图 4-23）是砖混结构中的一种钢筋混凝土结构，有的地方称墙体腰箍，它可以提高房屋的空间刚度和整体性，增加墙体的稳定性，避免和减少由于地基的不均匀沉降而引起的墙体开裂。圈梁是沿外墙、内纵墙和主要横墙设置的处于同一水平面内的连续封闭形结构梁。其主要有钢筋混

(*a*)

(*b*)

图 4-23　圈梁实例

凝土圈梁和钢筋砖圈梁两种。当为钢筋混凝土圈梁时，受力主筋为 4 根直径为 12mm 的螺纹钢筋，箍筋直径一般为 6mm 热轧圆盘条钢筋，箍筋间距 200～250mm。如是钢筋砖圈梁时，在砖圈梁的水平灰缝中配置通长的钢筋，并采用与砖强度相同的水泥砂浆砌筑，最低的砂浆强度等级为 M5.0。圈梁的高度为 5 皮砖左右，纵向钢筋分两层设置，每层不应少于 3 根直径为 6mm 的热轧圆盘条钢筋，水平间距不应大于 120mm。

圈梁的位置一般应设在楼板的下面或设在门窗洞口的上部，兼作门窗过梁的作用。如果圈梁被门窗或其他洞口切断不能封闭时，则应在洞口上部设置附加圈梁，附加圈梁与墙的搭接长度应大于圈梁之间的 2 倍垂直间距（$2h$），并不得少于 1m，如图 4-24 所示。

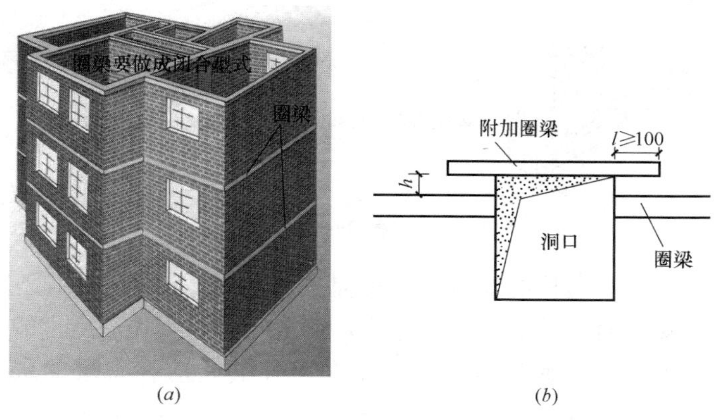

(*a*)　(*b*)

图 4-24　附加圈梁设置

4.14 什么是钢筋混凝土构造柱？如何设置钢筋混凝土构造柱？构造要求是什么？

圈梁是在水平方向将墙体连为整体，而构造柱则是从竖向加强墙体的连接，与圈梁一起构成空间骨架，提高房屋的整体刚度，约束墙体裂纹的开展，从而增房屋抗震能力。

构造柱一般在墙的转角或丁字接槎、楼梯间转角处等位置设置，贯通整个房屋高度，并与地梁、圈梁连成一体，如图 4-25 所示。

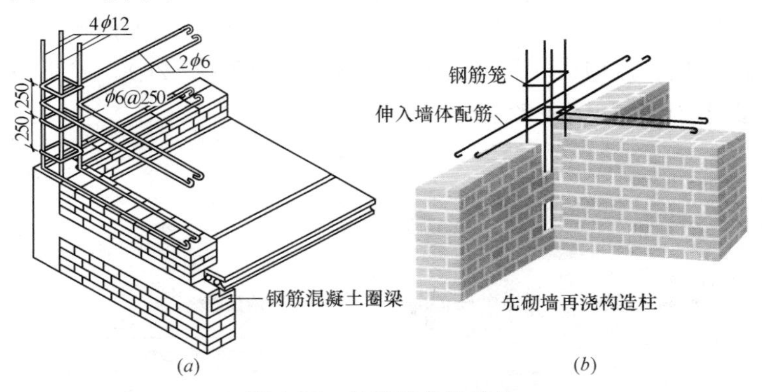

图 4-25　外墙转角构造柱

在有构造柱的地方，一般是先砌砖墙，后浇筑混凝土。砌筑砖墙时，并应留成马牙槎，留槎时应采用先退后进的方式。另外，每砌 500mm（一般是 8 皮砖）应在每层的灰缝中放置 2 根直径 6～8mm 钢筋作为拉结筋，每边长度为 1m，如图 4-26 所示。

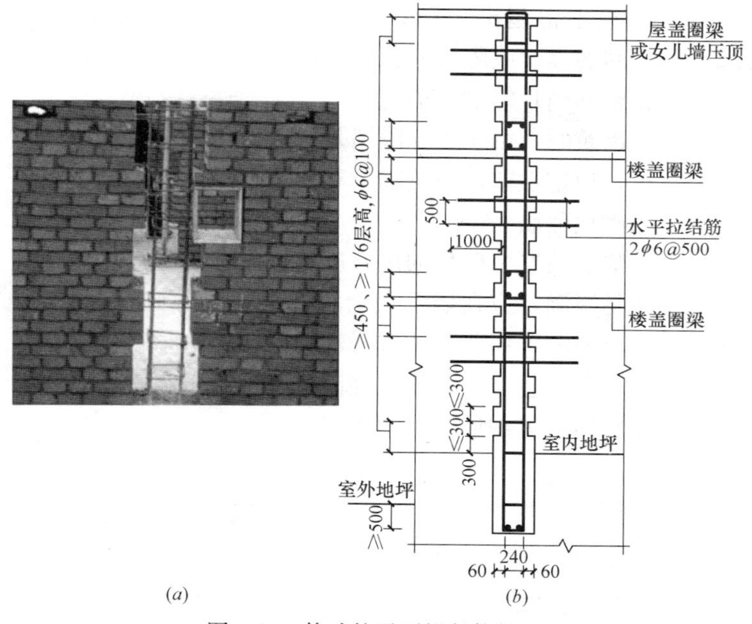

(*a*)　　(*b*)

图 4-26　构造柱马牙槎与拉结筋

4.15　常用的隔墙构造型式有哪几种？构造要求是什么？

常用的隔墙有块材隔墙、立筋隔墙和板材隔墙三类。

块材隔墙是用普通砖、空心砖、加气混凝土等块材砌筑而成的，常用的有普通砖隔墙和砌块隔墙。

（1）普通砖隔墙

普通砖隔墙由半砖（120mm）和 1/4 砖（60mm）顺砌或侧砌而成，砌筑砂浆的强度等级一般不低于 M5.0。对半砖（120mm）的隔墙，墙的高度一般不得超过 3.6m，长度不超过 5m。对于 1/4（60mm）的隔墙，高度不得超过

2.8m，长度不得超出 3.0m，且不得作为有门窗洞口的隔墙。当房间的高度或隔墙的长度超出规定时，必须采取设壁柱或放置钢筋网片等加强措施。

墙体砌筑时，由于 1/4 隔墙是由普通砖侧砌而成，其操作较复杂，稳定性差，对抗震不利，不宜提倡。

（2）砌块隔墙

砌块隔墙墙厚由砌块的尺寸决定，一般为 90～120mm。由于砌块易吸潮，应在墙下先砌 5 皮普通实心砖。砌筑时，砌块不够整块时可用普通砖进行辅助砌筑。由于砌块隔墙的稳定性差，所以也应采取加强稳固措施。对于空心砌块，也可在孔中竖向配置钢筋，如图 4-27 所示。

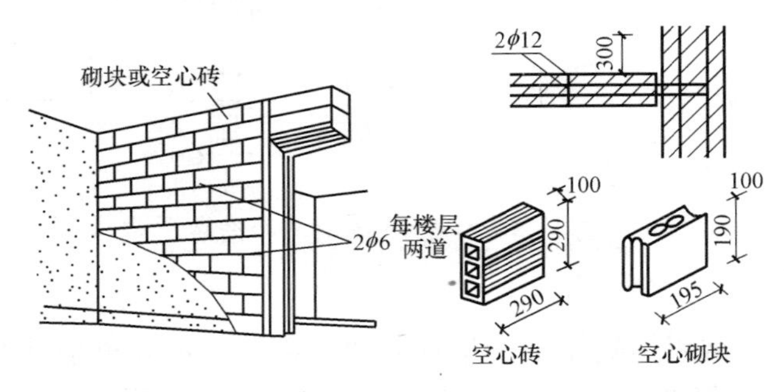

图 4-27　砌块隔墙构造

板材隔墙是用各种轻质、竖向通长的板材组装而成的隔墙。当前常用的轻质隔墙板主要有加气混凝土隔墙板、增强石膏条板、GRC 空心混凝土隔墙板、碳化石灰条板和蜂窝纸板等。如为了改善隔声效果，应采用双层条板隔墙，如用于卫生间或用水房间时，则应采用防水性能的条板。这些隔墙板自重轻、安装方便、施工速度快。安装前，隔墙板下端应有不小于 50mm 的混凝土墙垫。条板的长度应略小于安装的高度。一般应比安装高度少 20mm。

4.16　建筑楼板的类型包括哪些？

在房屋建筑中，楼板层按结构层所用材料的不同，可分为木楼板、钢筋混凝土楼板、压型钢板组合楼板等（图 4-28）。

(*a*)　　(*b*)　　(*c*)

图 4-28　楼板的类型

（*a*）木楼板；（*b*）钢筋混凝土楼板；（*c*）压型钢板组合楼板

（1）木楼板

木楼板是在由墙或梁支撑的木搁栅上铺钉木板，木搁栅间设置增强稳定性的剪力撑构成的。木楼板具有自重轻、保温性能好、舒适、有弹性、节约钢材和水泥等优点。但易燃、易腐蚀、易被虫蛀、耐久性差，特别是需耗用大量木材。所以，此种楼板较少采用。

（2）钢筋混凝土楼板

钢筋混凝土楼板具有强度高、防火性能好、耐久、便于工业化生产等优点。此种楼板形式多，是我国应用最广泛的一种楼板。按其施工方法不同，可分为现浇式、装配式和装配整体式三种。

（3）压型钢板组合楼板

压型钢板组合楼板是在钢筋混凝土基础上发展起来的，利用钢衬板作为楼板的抗弯构件和底模使用，既提高了楼板的强度和刚度，又加快了施工进度，是目前正大力推广的一种新型楼板。

4.17 钢筋混凝土楼板分哪几种形式？如何选用？

根据施工方法的不同，钢筋混凝土楼板可分现浇式、装配式和装配整体式三种形式。

（1）现浇钢筋混凝土楼板

现浇混凝土楼板是在施工现场通过支模、绑扎钢筋、浇筑混凝土、养护等工序而成型的楼板。它整体性好、抗震能力高，适应不规则形状和预留孔洞等特殊要求的建筑。

由于现场浇筑，可用于不规则的房间，也可通过掺防水剂等外加剂用于防水要求较高的厨房、卫生间。

（2）预制装配式钢筋混凝土楼板

预制装配式钢筋混凝土楼板是把楼板在预制构件厂预制，然后在施工现场装配而成，它有施工速度快，节约成本，而且预制生产厂家购买，质量有保证等优点，是目前农村房屋建筑普遍采用的一种楼板。但因为拼装结构，楼面整体性差，降低建筑的抗震性能，同时接缝处也易出现渗水、漏水现象。

预制钢筋混凝土一般有实心平板、空心板和槽形板三种类型（图 4-29～图 4-31）。按构件的应力状况，它可分为预应力钢筋混凝土楼板和普通钢筋混凝土楼板。目前普遍采用预应力钢筋混凝土构件，因为它具有节省材料、自重轻的优点。

1）实心平板。实心平板上下板面平整、制作简单，宜

(a)　　(b)

图 4-29　钢筋混凝土楼板实例

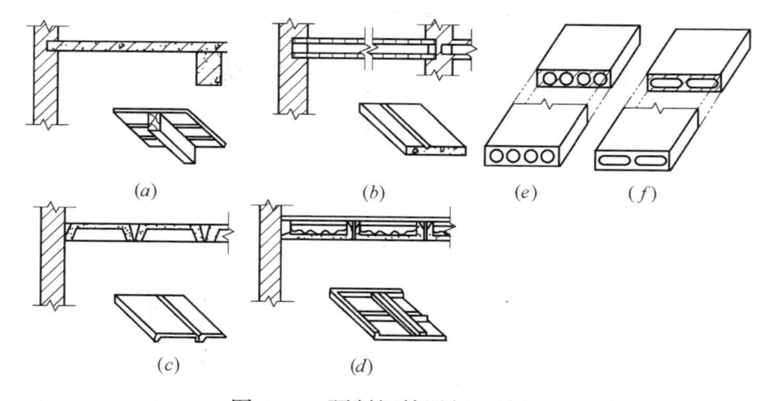

(a)　(b)　(e)　(f)

(c)　(d)

图 4-30　预制钢筋混凝土楼板

(a) 平板；(b) 空心板；(c) 槽形板；(d) 倒置槽形板；
(e) 圆孔空心板；(f) 方孔空心板

用于荷载不大、跨度小的走廊楼板、阳台板、楼梯平台板及管沟盖板等处。板的两端支承在墙或梁上，板厚一般在 50～80mm，板宽为 600～900mm，跨度一般在 2.4m 以内。

2）空心板。楼板属于受弯构件，受力时一侧（截面上部或下部）受拉，另一侧受压，中间位置受力较小，去掉中

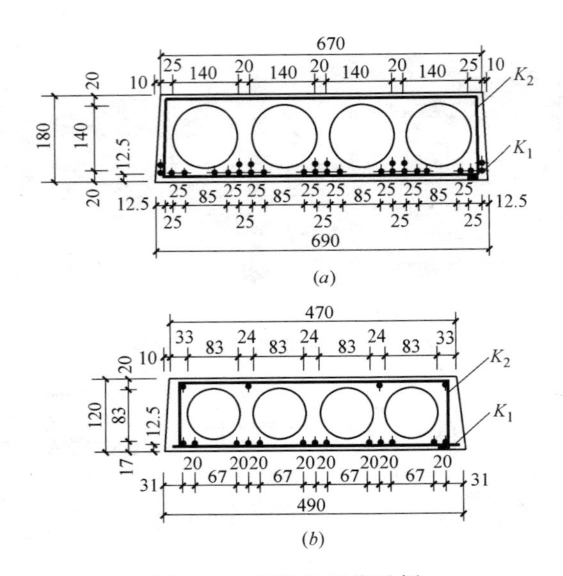

图 4-31 圆孔板规格示例

(*a*) 700mm 宽预应力圆孔板；(*b*) 500mm 宽预应力圆孔板

间部分的混凝土就形成空心板。空心板孔洞有圆形、长圆形和矩形等，圆孔板制作简单，应用最广泛。短向空心板长度为 2.1 ～ 4.2m，长向空心板长度为 4.5 ～ 6m，板宽有 500mm、600mm、900mm、1200mm，板厚根据跨度大小有 120mm、140mm、180mm 等。农村最常用的是 500mm 宽、120mm 厚的预应力圆孔板。

空心板板面不能随意开洞。安装时，空心板孔的两端用砖或混凝土填塞，以免灌浆时漏浆，并保证板端的局部抗压能力。

3）槽形板。槽形板是一种肋板结合的预制构件，即在实心板的两侧设有边肋，作用在板上的荷载都由边肋来承担，板宽为 500～1200mm，非预应力槽形板跨长通常为 3～6m。板肋高为 120～240mm，板厚仅 30mm。槽形板减轻了板的自重，具有节省材料、便于在板上开洞等优点；但隔声效果差。

4.18　现浇钢筋混凝土楼板如何分类？其构造要求如何？

按钢筋混凝土楼板的基本构成形式可分为平板式楼板、梁板式楼板和无梁楼板三种。梁板式楼板又分为肋梁式楼板和井式楼板。

（1）平板式楼板

板内不设置梁，将板直接搁置在墙上的楼板称为平板式楼板。板有单向板与双向板之分（图 4-32）。当板的长边与

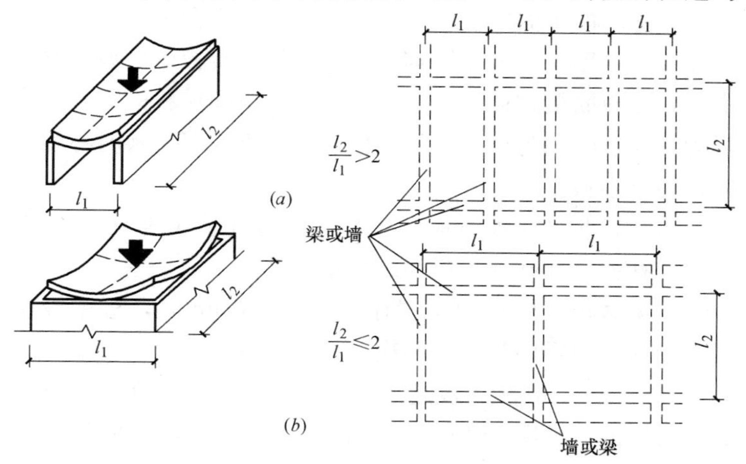

图 4-32　四边支承的楼板的荷载传递情况

（*a*）单向板；（*b*）双向板

短边之比大于2时，这种板称为单向板。在荷载作用下，板基本上只在 l_1 的方向挠曲，而在 l_2 方向的挠曲度很小，这表明荷载主要沿短边的方向传递。当板的长边与短边之比小于等于2时，在荷载作用下，板的两个方向都有挠曲，即荷载向两个方向传递，称为双向板。

单向板的板厚为板短边跨度的1/35～1/30，双向板的板厚为板短边跨度的1/40～1/35。板的最小厚度为60mm，民用建筑楼板板厚一般为70～100mm，工业建筑楼板板厚80～180mm，双向板板厚80～160mm。

平板式楼板底面平整、美观、施工方便，适用于小跨度房间，如走廊、厕所和厨房等。

（2）肋梁式楼板

当房间的平面尺度较大，采用板式楼板会因跨度太大而增加板的厚度，且增加结构自重，如果在楼板中增设主梁和次梁，形成肋梁式楼板，就能满足较大空间楼板的需要。当板为单向板时称为单向板肋梁楼板，当板为双向板时称为双向板肋梁楼板。

单向板肋梁楼板由板、次梁和主梁组成（图4-33）。其中梁的截面尺寸确定与房间的大小有关。

次梁楼板：楼板的跨度在4.00～6.00m时，板中设次梁。荷载传递顺序为：板→次梁→墙或柱。

肋梁楼板：楼板跨度超过5.00m时，板中设主、次梁形成肋梁楼板。荷载传递顺序为：板→次梁→主梁→墙或柱。

主梁的经济跨度为5.00～8.00m，梁高为跨度的1/14～1/8，梁宽为高度的1/3～1/2；次梁的经济跨度为4～6m，梁高为跨度的1/18～1/12，梁宽为高度的1/3～1/2；板的

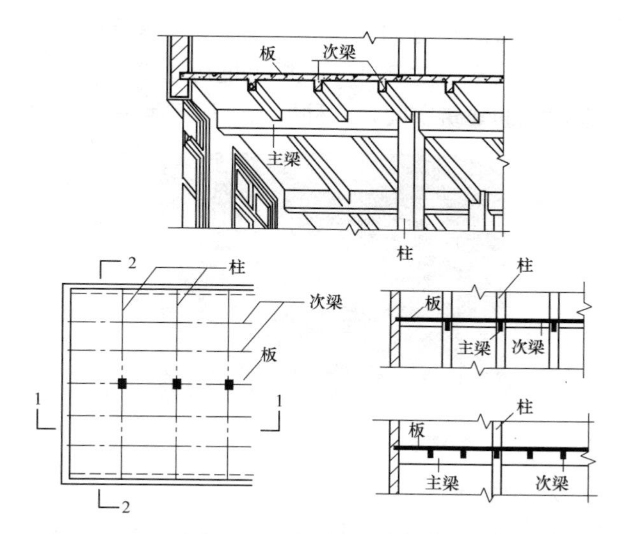

图 4-33 单向板肋梁楼板

经济跨度为 1.70～3.00m，厚度为 60～80mm。

双向板肋梁楼板通常无主次梁之分，由板和梁组成，荷载传递为板→梁→墙或柱。

（3）井式楼板

当双向板肋梁楼板的板跨相同，且两个方向的梁截面也相同时，就形成了井式楼板（图 4-34、图 4-35）。井式楼板上

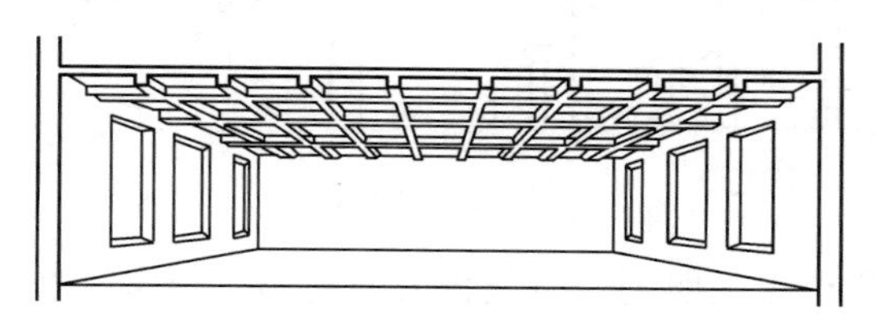

图 4-34 井式楼板

部传下的力，由两个方向的梁相互支撑，其梁间距一般不超过 2.50m，最大不超过 3.00m，板跨度可达 30.00～40.00m，故可营造较大的建筑空间，这种形式多用于无柱的大厅。

图 4-35　井式楼板实例

（4）无梁楼板

楼板不设梁，而将楼板直接支撑在柱上时为无梁楼板（图 4-36、图 4-37）。无梁楼板大多在柱顶设置柱帽，尤其是楼板承受的荷载很大时，以加强板与柱的连接和减小跨度，且一般把板做得比较厚。柱帽形式多样，有圆形、方形和多边形等。无梁楼板的柱网通常为正方形或近似正方形，常用的柱网尺寸为 6.00m 左右，较为经济。板厚不小于 120mm。

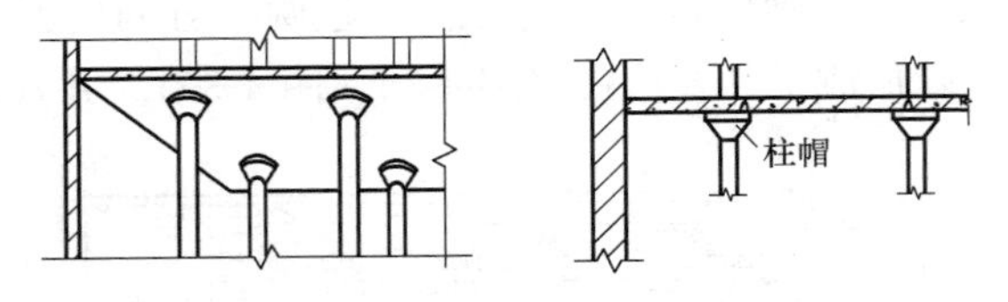

图 4-36　无梁楼板

无梁楼板一般用于荷载较大的商场、仓库、书库、车库等需要较大空间的建筑中。

图 4-37 无梁楼板实例

4.19 预制装配式房屋建造，楼盖结构布置的注意事项和表达方法如何？

表达方式：预制楼板一般搁置在墙或梁上，相互平行，可按实际布置画在结构布置平面图上，或者画一根对角的细实线，并在线上写出构件代号和数量（图 4-38），

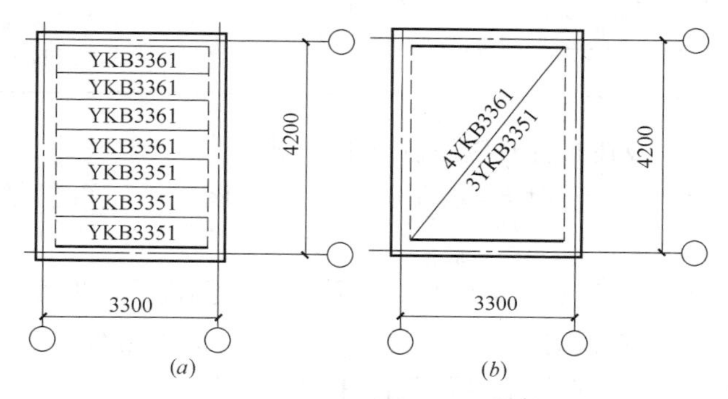

图 4-38 预制楼板的布置

（a）楼板结构平面布置图；（b）简化表示法

“中南地区通用建筑标准设计图集”中预应力空心板（预制楼板）的代号含义如图 4-39、表 4-4 所示，如 YKB3362 表示预应力空心板、标志长度 3300、标志宽度 600、荷载等级 2 级。

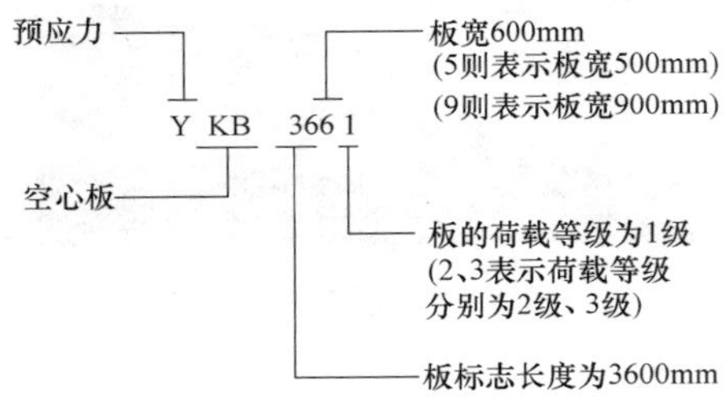

图 4-39 预应力空心板的标注含义

预应力空心板 **表 4-4**

板厚 H (mm)	标志宽度 B (mm)	标志长度(跨度)L (mm)	孔径 (mm)	荷载等级（荷载基本组合值）
120	500	2400、2700、3000、3300、3600、3900、4000、4200	80	1(5.7kN/m^2) 2(7.5kN/m^2) 3(9.6kN/m^2)
	600			
	900			

预制板在布置时应注意以下问题：

1）预制板的两端必须有支承点，该支承点可以是墙，也可以是梁；

2）当建筑有砌体结构时，预制板的侧边不得进墙；

3）预制板的板端，不得伸入墙体内的构造柱，当遇到构造柱时，应在构造柱位置拉开设置板缝；

4）当有阳台或雨罩需要楼板作为平衡条件时，与阳台（雨罩）相连部分宜局部采用现浇板和阳台（雨罩）连成整体；

5）在一个楼板区格内，可根据情况部分采用预制板、部分采用现浇板；

6）当楼板因使用要求需要开洞时，则不宜采用预制板，而宜采用现浇板，如厕所、浴室、厨房等部位；

7）预制板除有固定长度尺寸外，其承载力也是固定的，故当楼层的使用荷载超过预制板的允许承载力时，则不能采用预制板，而需采用现浇板。

4.20 预制装配式楼板的结构布置如何？板缝如何处理？

（1）结构布置

板的布置方式要受到空间大小、布板范围、尽量减少板的规格、经济合理等因素的制约。板的支承方式有板式和梁板式两种。预制板直接搁置在墙上的称板式布置；楼板支承在梁上，梁再搁置在墙上的称梁板式布置。板的布置大多以房间短边为跨进行，狭长空间最好沿横向铺板（图4-40）。为了便于施工，板的选择应尽量减少板的规格、类型，板宽一般不多于两种。

（2）梁、板的搁置及锚固

圆孔板在墙上的支承长度不小于100mm，在梁上的支承长度不小于80mm。板端孔洞处应塞入混凝土短圆柱（堵头）进行加强，防止板端被压碎。布板时板的长边不就压入墙内，应避免三边支承现象，以免由于受力不均，出现板上方裂缝的现象（图4-41）。铺板前，先在墙或梁上用10～20mm厚M5.0水泥砂浆找平（即坐浆），然后再铺板，使板与墙或梁有较好的粘结，同时也使墙体受力均匀。

为了增加楼层的整体性刚度，无论板间、板与纵墙、板

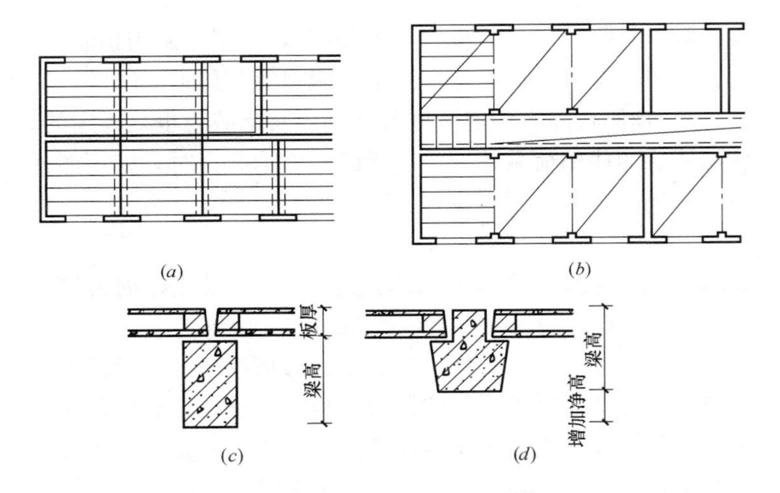

图 4-40　梁板的布置方式及搁置

(*a*) 板式布置；(*b*) 梁板式布置；(*c*) 板搁置在矩形梁上；
(*d*) 板搁置在花篮梁上

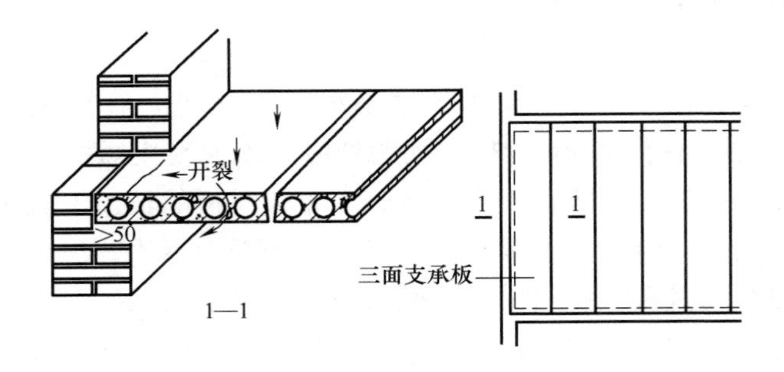

图 4-41　三边支承的板

与横墙等处，常用锚固钢筋予以锚固。锚固筋又称拉结钢筋，配置后浇入楼面整筑层内（图 4-42）。

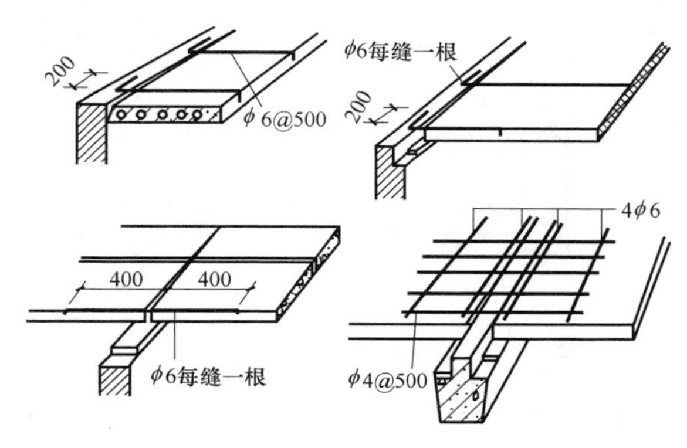

图 4-42　板的锚固

（3）板缝的处理

为了便于安装，板的标志尺寸与构造尺寸之间有 10～20mm 的差值，这样就形成了板缝。为了加强其整体性，必须在板缝填入水泥砂浆或细石混凝土（即灌缝）。

当缝隙小于 60mm 时，可调节板缝，使其不大于 30mm，用 C20 细石混凝土灌缝；当缝隙在 60～120mm 之间时，可在灌缝的混凝土中加配 2φ6 通长钢筋；当缝隙在 120～200mm 之间时，设现浇钢筋混凝土板带，且将板带设在墙边或有穿管的部位；当缝隙大于 200mm 时，调整预制板的规格。如图 4-43 所示。

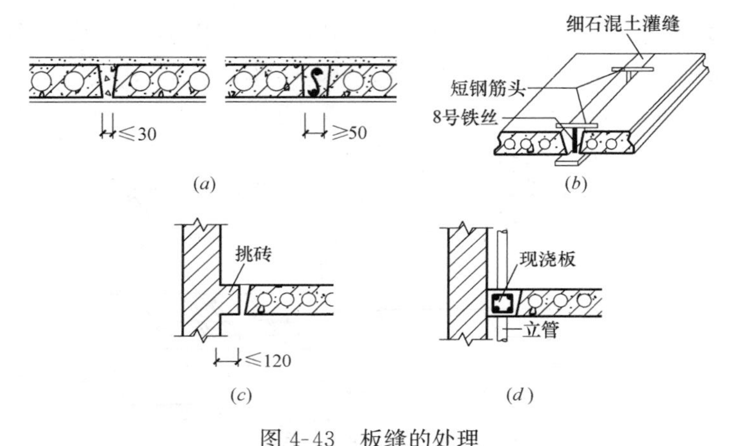

图 4-43 板缝的处理

（a）细石混凝土灌缝、加钢筋网片；（b）现浇板缝施工示意；（c）墙边挑砖；（d）竖管穿过板带

4.21 简述建筑楼地面的类型及构造

建筑楼地面根据面层所用材料及施工方法的不同，分为三大类型，即整体面层、板块面层、木竹面层。

1）整体面层。包括水泥砂浆、细石混凝土、水磨石地面等。

2）板块面层。包括水泥花砖、陶瓷锦砖、人造石板、天然石板、塑料地板、地毯面层等。

3）木竹面层。实木地板面层、实木复合地板面层、中密度强化复合地板面层、竹地板面层等。

建筑楼地面的构造如下：

（1）整体面层

1）水泥砂浆面层。水泥砂浆面层通常是用水泥砂浆抹压而成的，简称水泥面层。它原料供应充足方便、坚固耐磨、造价低且耐水，是目前应用最广泛的一种低档面层做法，如图 4-44 所示。

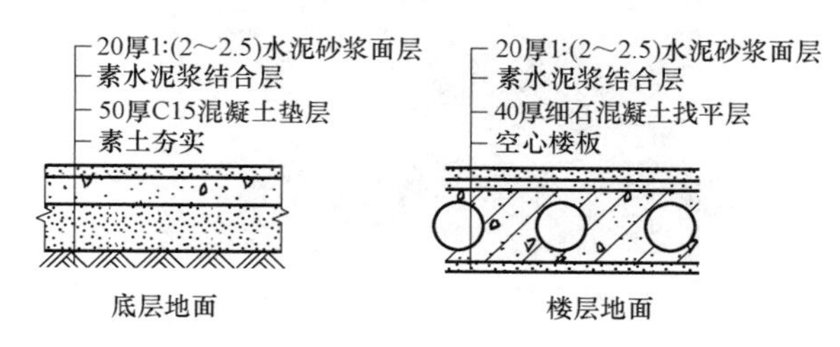

图 4-44　水泥砂浆面层

2）水磨石面层。水磨石面层是用大理石或白云石等中等硬度石料、石屑作骨料，以水泥作胶结材料，混拌铺压硬结后，经磨光打蜡而成。其性能与水泥砂浆面层相似，但耐磨性更好、表面光洁、不易起灰，造价较高。常用于农村建筑的门厅、走道、楼梯间以及客厅等房间。水磨石面层的结构如图 4-45 和图 4-46 所示。

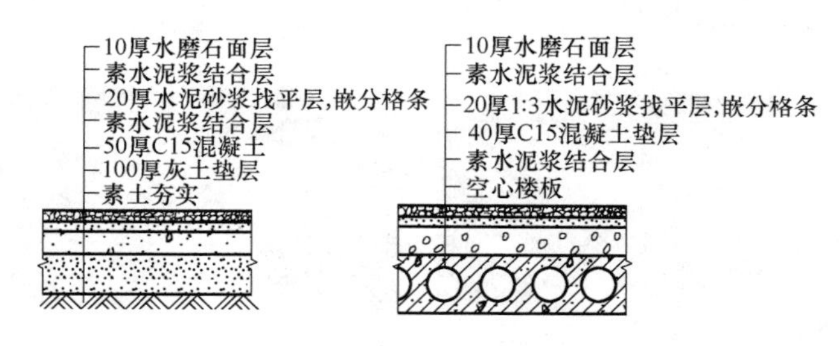

图 4-45　水磨石面层结构

（2）板块面层（图 4-47）

1）砖块地面。由普通黏土砖或大方青砖铺砌的地面，

图 4-46　水磨石面层实例

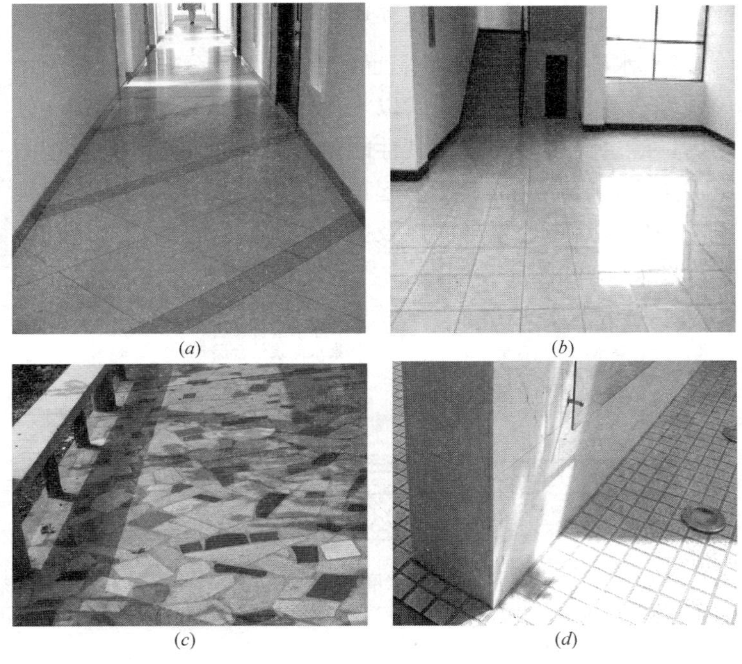

(a)　(b)

(c)　(d)

图 4-47　板块面层实例

大方青砖也系黏土烧制而成，可直接铺在素土夯实的地基上，但为了铺砌方便和易于找平，常用砂做结合层。普通黏土砖可平铺，也可侧铺，砖缝之间用水泥砂浆或石灰砂浆嵌缝。这种地面在经济收入较低的农村房屋建筑中使用。

2）陶瓷板块地面。陶瓷板块有陶瓷锦砖、釉面陶瓷地砖、瓷土无釉砖等。这类地面的特点是表面致密光洁、耐磨、耐腐蚀、吸水率低、不变色。一般适用于客厅、内走道、卧室以及水用量比较多的房间。但这种地面用拖把拖地后有鱼腥味，并且拖后干燥较慢。

3）石板地面。石板地面包括天然石地面和人造石地面。天然石板有大理石、花岗石等，质地坚硬、色泽艳丽、美观。是比较高档的地面用材。这种地面适用于客厅、卧室、楼梯间等。

这些石板尺寸较大，一般为 300mm×300mm～500mm×500mm，铺设时应预先试铺，合适后再正式粘贴。表面平整度要求很高，其做法是在混凝土垫层上先用 20～30mm 厚 1：3～1：4 干硬性水泥砂浆找平，再用 5～10mm 厚 1：1 水泥砂浆铺贴石板，缝中灌稀水泥浆擦缝。

（3）木竹地面

木竹地面是当前卧室最豪华高档的地面用材。木竹地面的主要特点是有弹性、不起灰、不返潮、易清洁、保温性好，但耐火性差，保养不善时易腐朽，且造价较高。木竹地面按构造方式有空铺式和实铺式两种。

空铺木竹地面。常用于底层地面，其做法是将木竹地板架空，使地板下有足够的通风空间，以防木竹地板受潮腐烂。空铺木竹地板构造复杂。耗费木材较多，因而采用较少。

实铺木竹地面有铺钉式和粘贴式两种做法。铺钉式实铺木竹地面有单层和双层做法。另外，还应在踢脚板处设置通风口，使地板下的空气通畅，以保持干燥。粘贴式实铺木竹地面是将木竹地板用粘结材料直接粘贴在钢筋混凝土楼板或垫层的砂浆找平层上。

在地面与墙面交接处，通常按地面做法处理，即作为地面的延伸部分，称为踢脚线或踢脚板。用以防止碰撞而损坏或清洗时弄脏墙面。踢脚线的高度一般为 100～150mm，材料与地面基本一致，分层制作，通常比墙面抹灰高出 4～6mm，其构造如图 4-48 所示。

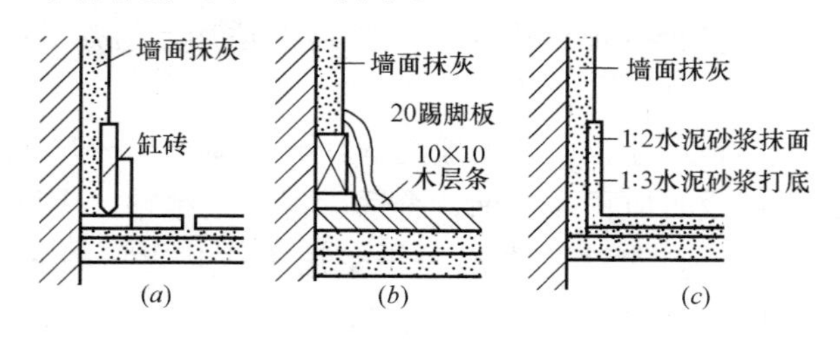

图 4-48 踢脚线构造

(*a*) 缸砖踢脚线；(*b*) 木踢脚线；(*c*) 水泥抹面踢脚线

4.22 如何进行楼面及地面防水排水设置？

（1）楼面及地面排水

为保证排水通畅，房间内部产生积水，楼面及地面一般应有 1%～1.5%的坡度，并坡向地漏。地漏应比地面略低些，并且地漏安装时，四周必须嵌填防水材料，如图 4-49 所示；为防止积水外溢到其他房间，用水房间的地面应比相邻的非用水房间的地面低 20～30mm，如图 4-50 所示。

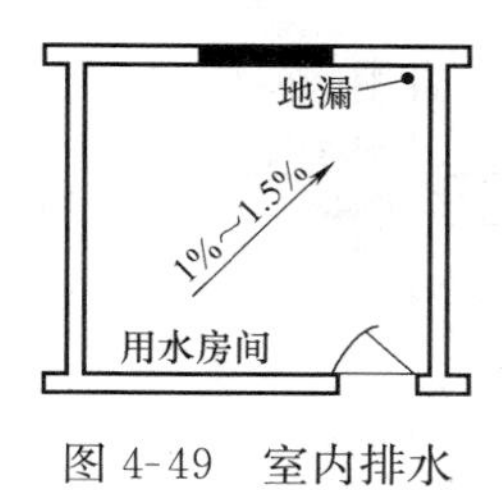

图 4-49 室内排水

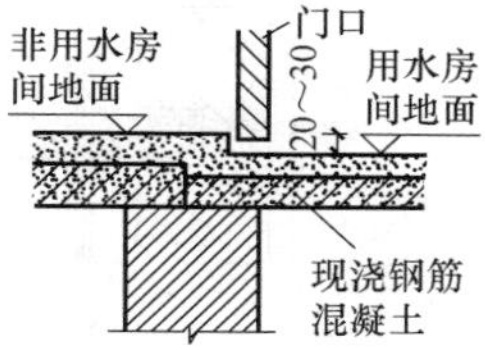

图 4-50 地面层设置

（2）楼面及地面防水

对于常用水房间的楼板，不得采用装配式楼板，而采用现浇钢筋混凝土楼板。面层材料通常为整体现浇水泥砂浆、水磨石或瓷砖等防水性较好的材料，并且还应在楼板与面层之间设置防水层。常见的防水材料有卷材、防水砂浆和防水涂料。为防止房间四周墙脚受水，应将防水层沿周边向上泛起至少 150mm。当遇到门洞时，应将防水层向外延伸 250mm 以上。如图 4-51 所示。

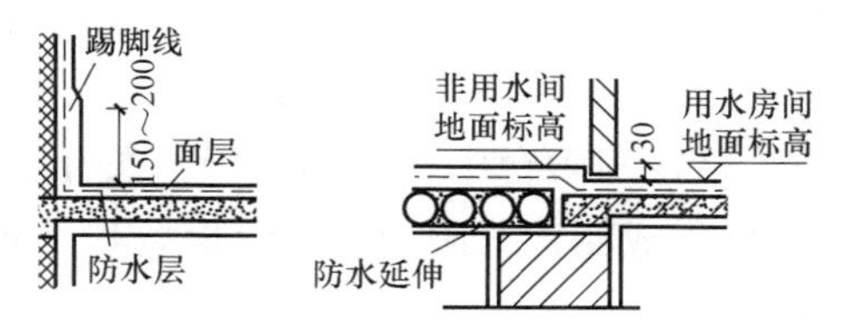

图 4-51 建筑地面防水构造

竖向管道穿越的地方是防水最为薄弱的地方。遇到管道穿越楼层时，一般采用两种处理方法。一是在穿越管道的四周用 C20 细石混凝土嵌填密实，再用卷材或涂料做密封处理；对于热水管道，为防止温度变化引起的热胀冷缩现象，常在管道穿越的楼层处预埋套管，并高出地面 30mm 左右，在缝隙内填塞弹性防水材料，如图 4-52 所示。

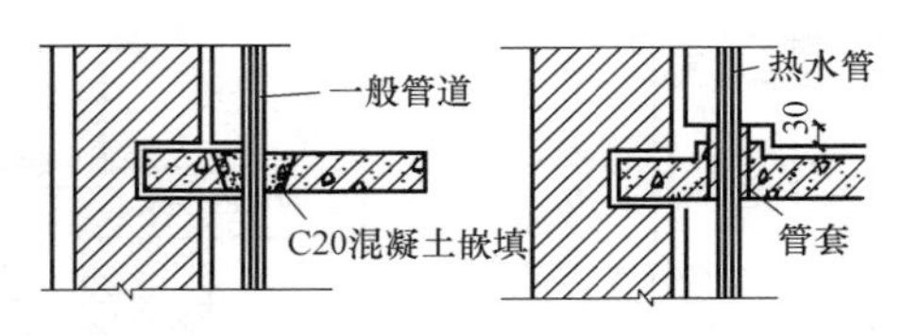

图 4-52　管道防水构造

4.23　阳台和雨篷构造分哪几种？其构造要求有哪些？

阳台（图 4-53）是楼房建筑中不可缺少的室内外过渡空间，在农村建筑中，建筑阳台、雨篷相当普遍。

阳台按施工方法分为现浇阳台和预制阳台，还有凸阳台、凹阳台和转角阳台之分。根据阳台的形式不同主要结构有搁板式、挑板式和挑梁式三种。

凸阳台大体可分为挑梁式和挑板式两种类型。当出挑长度在 1200mm 以内时，可采用挑板式；大于 1200mm 时可采用挑梁式。凹阳台作为楼板层的一部分，常采用搁板式布板方法。

1）搁板式是在凹阳台中，将阳台板搁置于阳台两侧凸出来的墙上，即形成搁板式阳台。阳台板型和尺寸与楼板一致，施工方便。

2）挑板式是利用楼板从室内向外延伸，形成挑板式阳台。这种阳台简单，施工方便，但预制板的类型增多，在寒冷地区对保温不利。在纵墙承重的住宅阳台中常用，阳台的长宽不受房屋开间的限制可按需要调整，如图 4-54（*a*）所示。

另一种做法是将阳台板与墙梁整浇在一起。这种形式的阳台底部平整，长度可调整，但须注意阳台板的稳定，一般可通过增加墙梁的支承长度，借助梁自重进行平衡，也可利用楼板的重力或其他措施来平衡。

(*a*) (*b*)

图 4-53 阳台实例

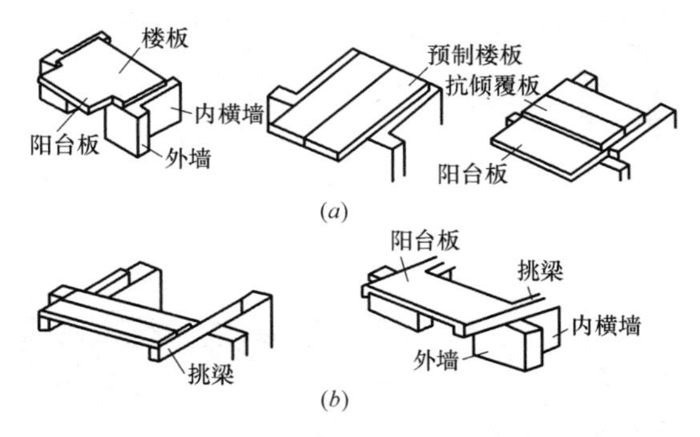

图 4-54 阳台结构形式

(*a*) 挑板式阳台的结构形式；(*b*) 挑梁式阳台的结构形式

3）挑梁式是从横墙内向外伸挑梁，其上搁置预制楼板，阳台荷载通过挑梁传给纵横墙。挑梁压在墙中的长度应不小于 2 倍的挑出长度，以抵抗阳台的倾覆力矩。为了避免看到梁头，可在挑梁端头设置边梁，既可以遮挡梁头，又可承受阳台栏杆重力，并加强阳台的整体性，如图 4-54（*b*）所示。

雨篷是建筑物入口处和顶层阳台上部用以遮挡雨水、保护外门免受雨水侵蚀的水平构件。农村建筑雨篷多为小型的钢筋混凝土悬挑构件。较小的雨篷常为挑板式，由雨篷悬挑雨篷板，雨篷梁兼做过梁。雨篷板悬挑长度一般为 800～1500mm。挑出长度较大时一般做成挑梁式，为使底板平整，可将挑梁上翻，做成倒梁式，梁端留出泄水孔，并且泄水孔应留在雨篷的侧面，不要留在门口过人的正面，如图 4-55 和图 4-56 所示。

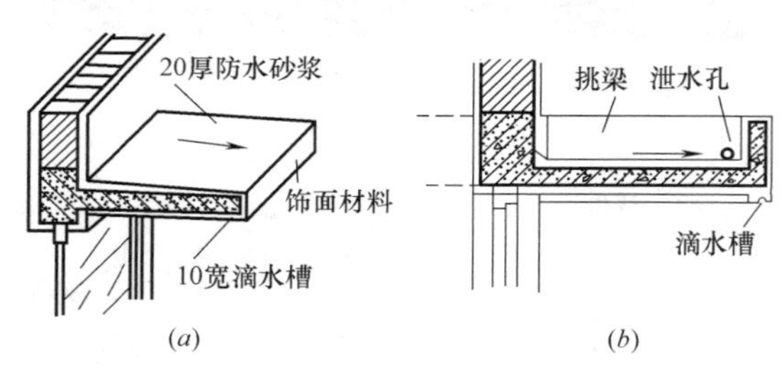

图 4-55　雨篷构造

(a)　(b)

图 4-56　雨篷实例

雨篷在构造上应注意以下事项：一是防倾覆，保证雨篷梁上有足够的压重。这是农村房屋建筑必须注重的主要项目；二是板面上要做好排水和防水。雨篷顶面用防水砂浆抹面，厚度一般为20mm，并以1%的坡度坡向排水口，防水砂浆应顺墙上抹至少300mm。另外，在农村雨篷板的施工中，其配筋位置容易被反放，造成雨篷板倾覆破坏，一定要注意受力筋应放在雨篷板内的上方。

4.24　简述钢筋混凝土楼梯的分类及构造组成

钢筋混凝土楼梯具有防火性能好、坚固耐用等优点，因此已在农村建房中得到广泛应用。根据施工方法的不同，钢筋混凝土楼梯可分为整体现浇式和预制件装配式。

现浇钢筋混凝土楼梯的楼梯段和平台整体浇筑在一起，其整体性好、刚度大、抗震性能好。但施工进度慢、施工程序较复杂、耗费模板多。预制装配钢筋混凝土楼梯施工进度快，受气候影响小，构件由工厂生产，质量容易保证。

现浇钢筋混凝土楼梯可以根据楼梯段的传力结构形式的不同，分为板式和梁板式楼梯两种。

（1）板式楼梯

板式楼梯的梯段为板式结构，其传力关系一种是荷载由梯段板传给平台，由梁再传到墙上；另一种是不设平台梁，将平台板和梯段板联在一起，形成折板式楼梯，荷载直接传到墙上，如图4-57所示。

板式楼梯底面光洁平整，外形简单，支模容易。但由于不设梯梁，板的厚度较大，混凝土和钢材用量也较大，所以它适用于梯段的水平投影不大于3m时使用。

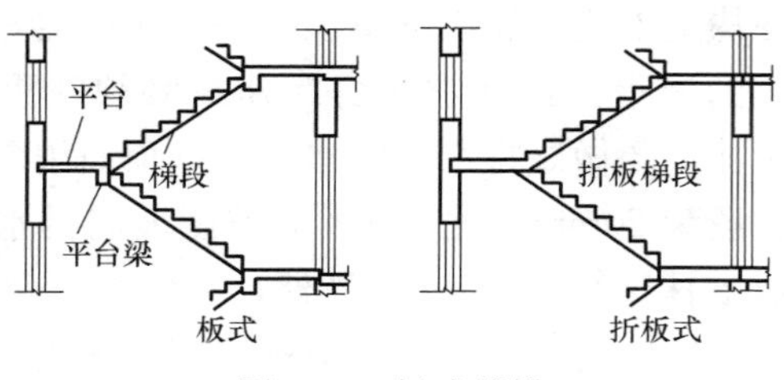

图 4-57 板式楼梯

（2）梁板式楼梯

梁板式楼梯由踏步板、楼梯斜梁、平台梁和平台板组成。踏步板由斜梁支承，斜梁由两端的平台梁支承；踏步板的跨度就是梯段的宽度，平台梁的间距即为斜梁的跨度。梁板式楼梯适用于荷载较大、建筑层高较大的情况和梯段的水平投影长度大于 3m 的结构，如图 4-58 所示。

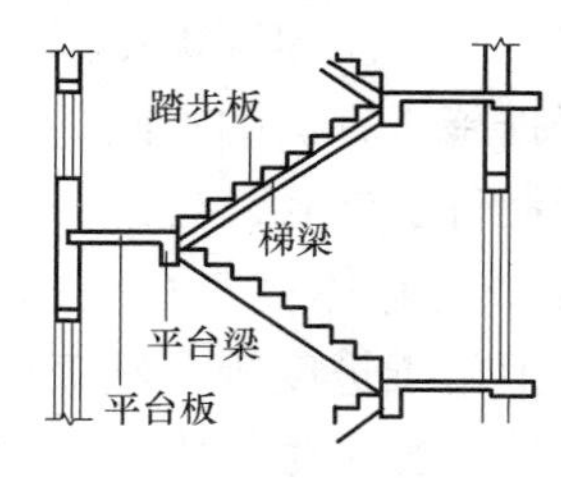

图 4-58 梁板式楼梯

楼梯斜梁一般为两根，布设在踏步的两边。当楼梯间的一侧有承重墙体时，为节省材料，可在梯段靠墙一侧不设斜梁，由墙体支承踏步板，此时踏步板一端搁置在斜梁上，另一端搁置在墙上，成为单斜梁楼梯。

4.25 什么是平屋顶卷材防水屋面？常见的类型有哪些？

卷材防水屋面是用防水卷材与胶粘剂结合在一起，形成连续致密的构造层，从而达到防水的目的。按卷材的常见类型分有沥青类卷材防水屋面、高聚物改性沥青类防水卷材屋面、高分子类卷材防水屋面。卷材防水屋面由于防水层具有一定的延伸性和适应变形的能力，因而又被称为柔性防水屋面。

卷材防水屋面较能适应湿度、振动、不均匀沉陷等因素的变化作用，能承受一定的水压，整体性好，不易渗漏。严格遵守施工操作规程时则能保证防水质量，但施工操作较复杂，技术要求较高。

屋面工程设计应遵照“保证功能、构造合理，防排结合、优选用材、美观耐用”的原则，《建筑与市政工程防水通用规范》GB 55030—2022 规定：建筑屋面工程的防水做法应符合表 4-5、表 4-6 的规定。

平屋面防水等级和防水要求　　表 4-5

<table>
<tr><th rowspan="2">防水等级</th><th rowspan="2">防水做法</th><th colspan="2">防水层</th></tr>
<tr><th>防水卷材</th><th>防水涂料</th></tr>
<tr><td>一级</td><td>不应少于 3 道</td><td colspan="2">卷材防水层不应少于 1 道</td></tr>
<tr><td>二级</td><td>不应少于 2 道</td><td colspan="2">卷材防水层不应少于 1 道</td></tr>
<tr><td>三级</td><td>不应少于 1 道</td><td colspan="2">任选</td></tr>
</table>

瓦屋面防水等级和防水要求　　表 4-6

<table>
<tr><th rowspan="2">防水等级</th><th rowspan="2">防水做法</th><th colspan="3">防水层</th></tr>
<tr><th>屋面瓦</th><th>防水卷材</th><th>防水涂料</th></tr>
<tr><td>一级</td><td>不应少于 3 道</td><td>为 1 道，应选</td><td colspan="2">卷材防水层不应少于 1 道</td></tr>
<tr><td>二级</td><td>不应少于 2 道</td><td>为 1 道，应选</td><td colspan="2">不应少于 1 道；
任选</td></tr>
<tr><td>三级</td><td>不应少于 1 道</td><td>为 1 道，应选</td><td colspan="2">—</td></tr>
</table>

注：摘自《建筑与市政工程防水通用规范》GB 55030—2022 第 4.4 节。

4.26 卷材防水屋面的细部构造做法有哪些？

屋顶细部是指屋面上的泛水、天沟、檐口、雨水口、变形缝等部位的具体做法。

（1）泛水构造。泛水将屋面防水层与女儿墙、变形缝、检修孔、立管等垂直体交接处的防水层延伸到这些垂直面上，形成立铺的防水层，称为泛水，其构造如图 4-59 所示，做法要求如下：

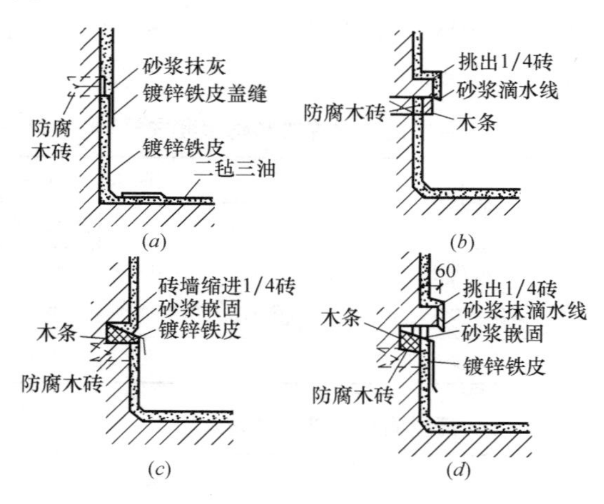

图 4-59 卷材防水屋面泛水构造

屋面与垂直面交接处应将卷材下的砂浆找平层抹成直径不小于 150mm 的圆弧形或 45°斜面，上刷卷材胶粘剂，使卷材粘贴牢实，以免卷材架空或折断。将屋面的卷材防水层继续铺至垂直面上，形成卷材泛水，其上再加铺一层附加卷材，泛水高度不得小于 250mm。

在垂直墙中预留或凿出通长凹槽，将卷材的收头压入槽内，用防水压条钉压后再用密封材料嵌填封严，再抹水泥砂浆保护。凹槽上部的墙体则用防水砂浆抹面。

（2）檐口构造。檐口按照排水形式可分为无组织排水和檐沟外排水两种。其防水构造的要点是做好卷材的收头固定，使屋顶四周的卷材封闭避免雨水渗入。在做挑檐檐口时，卷材防水层在檐口的收头构造处理十分关键，这个部位也极容易开裂和渗水。檐口防水各地做法各异，比较通用的做法如图 4-60 所示。

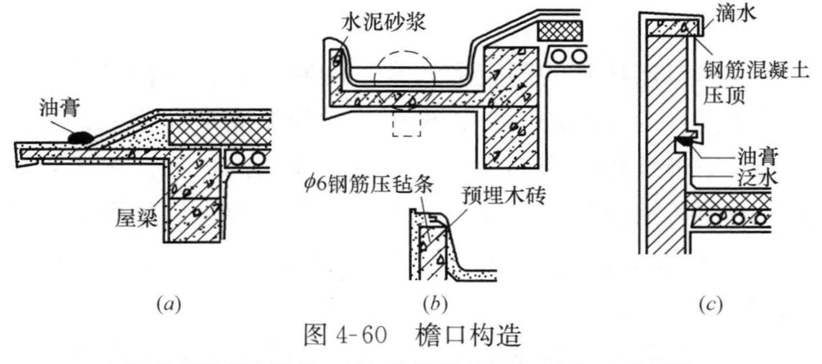

图 4-60　檐口构造

（*a*）无组织排水挑檐；（*b*）檐沟卷材收头；（*c*）女儿墙檐口

（3）雨水口构造。雨水口是将屋面雨水排至水落管的连通构件。要求排水通畅，不得渗漏和堵塞。有组织外排水最常用的有檐沟及女儿墙雨水口两种构造形式，如图 4-61 所示。

檐沟外排水雨水口构造。在檐沟板预留的孔中安装铸铁或塑料连接管，就形成雨水口。为防止雨水口四周漏水，应将防水卷材塞入连接管内 100mm，周围用油膏嵌缝。

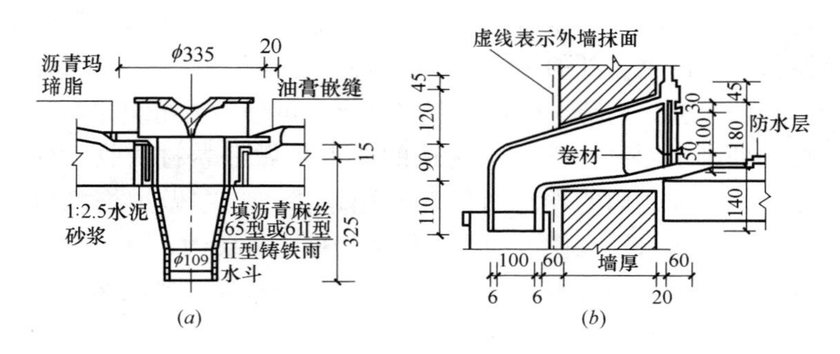

(a)　(b)

图 4-61　雨水口构造

(a) 直管式；(b) 弯管式

雨水口连接管的固定形式常见的有两种：一种是采用喇叭形连接管卡在檐沟板上，再用普通管箍固定在墙上；另一种则是用带挂钩的圆形管箍将其悬吊在檐沟板上。雨水口过去一般用铸铁制作，易锈不美观。现在多改为硬质聚氯乙烯塑料 PVC 管，具有质轻、不锈、色彩多样等优点，已逐渐取代铸铁管。

有女儿墙的外排水雨水口构造，是在女儿墙上的预留孔洞中安装雨水口构件，使屋面雨水穿过女儿墙排至墙外的雨水口中。为防止雨水口与屋面交接处发生渗漏，也需将屋面卷材铺入雨水口内 100mm，并安装铁箅子以防杂物流入造成堵塞。

4.27　屋面防水工程按其构造做法如何分类？屋面的基本构造层次有哪些？

农宅房屋的建造中，屋面的防水构造亦要按现行规范规定，满足相关屋面防水的技术要求，见表 4-7。防水工程按其构造做法分为两大类：一是结构自防水，主要是依靠结构构件材料自身的密实性及某些构造措施（坡度、埋设止水带等），使结构构件起到防水作用；二是防水层防水，是在结构构件的迎水面或背水面以及接缝处，附加防水材料做成防水层，以起到防水作用，如卷材防水、涂料防水、刚性材料防水层防水等。

屋面的基本构造层次　　表 4-7

屋面类型	基本构造层次(自上而下)
卷材、涂膜屋面	保护层、隔离层、防水层、找平层、保温层、找平层、找坡层、结构层
	保护层、保温层、防水层、找平层、找坡层、结构层
	种植隔热层、保护层、耐根穿刺防水层、防水层、找平层、保温层、找平层、找坡层、结构层
	架空隔热层、防水层、找平层、保温层、找平层、找坡层、结构层
	蓄水隔热层、隔离层、防水层、找平层、保温层、找平层、找坡层、结构层
瓦层面	块瓦、挂瓦条、顺水条、持钉层、防水层或防水垫层、保温层、结构层
	沥青瓦、持钉层、防水层或防水垫层、保温层、结构层
金属板层面	压型金属板、防水垫层、保温层、承托网、支承结构
	上层压型金属板、防水垫层、保温层、底层压型金属板、支承结构
	金属面绝热夹芯板、支承结构

续表

屋面类型	基本构造层次（自上而下）
玻璃采光顶	玻璃面板、金属框架、支承结构
	玻璃面板、点支承装置、支承结构

注：1. 表中结构层包括混凝土基层和木基层；防水层包括卷材和涂膜防水层；保护层包括块体材料、水泥砂浆、细石混凝土保护层；
2. 有隔汽要求的屋面，应在保温层与结构层之间设隔汽层；
3. 摘自《屋面工程技术规范》GB 50345—2012 第 3.0.2 条。

4.28 屋面卷材防水做法的技术要求是什么？施工方法怎样？

（1）卷材防水施工

卷材防水层施工的一般工艺流程如图 4-62 所示。

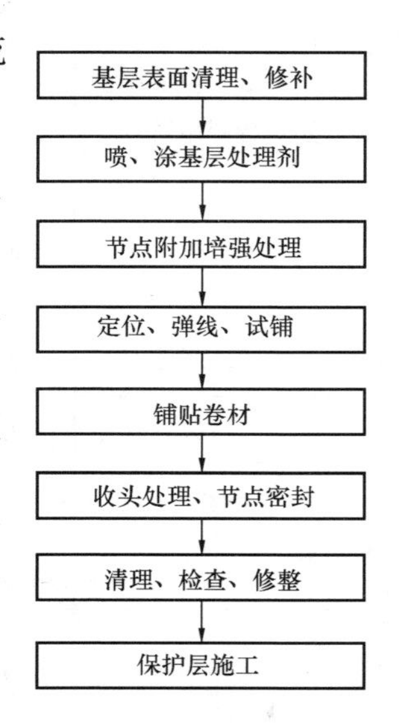

图 4-62 卷材防水施工工艺流程图

1）铺设方向

卷材的铺设方向应根据屋面坡度和屋面是否有振动来确定。当屋面坡度小于 3%时，卷材宜平行于屋脊铺贴；屋面坡度在 3%～15%之间时，卷材可平行或垂直于屋脊铺贴；屋面坡度大于 15%或屋面受振动时，沥青防水卷材应垂直于屋脊铺贴。上下层卷材不得相互垂直铺贴。

2）施工顺序

屋面防水层施工时，应先做好节点、附加层和屋面排水比较集中部位（如屋面与水落口连接处、檐口、天沟、屋面转角处、板端缝等）的处理，然后由屋面最低标高处向上施工。铺贴天沟、檐沟卷材时，宜顺天沟、檐口方向，尽量减少搭接。铺贴多跨和有高低跨的屋面对，应按先高后低、先远后近的顺序进行。大面积屋面施工时，应根据屋面特征及面积大小等因素合理划分流水施工段。施工段的界线宜设在屋脊、天沟、变形缝等处。

3）搭接方法及宽度要求

铺贴卷材采用搭接法，上下层及相邻两幅卷材的搭接缝应错开。平行于屋脊的搭接应顺流水方向；垂直于屋脊的搭接应顺主导风向。叠层铺设的各层卷材，在天沟与屋面的连接处，应采用叉接法搭接，搭接缝应错开，接缝宜留在屋面或天沟侧面，不宜留在沟底。

4）铺贴方法

沥青卷材的铺贴方法有浇油法、刷油法、刮油法、撒油法等四种。通常采用浇油法或刷油法，在干燥的基层上满涂沥青胶，应随浇涂随铺油毡。铺贴时，油毡要展平压实，使之与下层紧密粘结，卷材的接缝，应用沥青胶赶平封严。对容易渗漏水的薄弱部位（如天沟、檐口、泛水、水落口处等），均应加铺1～2层卷材附加层。

5）屋面特殊部位的铺贴要求

天沟、檐沟、檐口、水落口、泛水、变形缝和伸出屋面管道的防水构造，必须符合设计要求。天沟、檐沟、檐口、泛水和立面卷材收头的端部应裁齐，塞入预留凹槽内，用金属压条，钉压固定，最大钉距不应大于900mm，并用密封材料嵌填封严，凹槽距屋面找平层不小于250mm，凹槽上部墙体应做防水处理。

(2) 高聚物改性沥青卷材防水施工

依据高聚物改性沥青防水卷材的特性，其施工方法有冷粘法、热熔法和自粘法之分。在立面或大坡面铺贴高聚物改性沥青防水卷材时，应采用满粘法，并宜减少短边搭接。

1) 冷粘法施工

冷粘法施工是利用毛刷将胶粘剂涂刷在基层或卷材上，然后直接铺贴卷材，使卷材与基层、卷材与卷材粘结的方法。

2) 热熔法施工

热熔法施工是指利用火焰加热器熔化热熔型防水卷材底层的热熔胶进行粘贴的方法。

3) 自粘法施工

自粘法施工是指采用带有自粘胶的防水卷材，不用热施工，也不需涂胶结材料，而进行粘结的方法。

(3) 合成高分子卷材防水施工

合成高分子卷材的主要品种有：三元乙丙橡胶防水卷材，氯化聚乙烯—橡胶共混防水卷材，氯化聚乙烯防水卷材和聚氯乙烯防水卷材等。其施工工艺流程与前相同。

施工方法一般有冷粘法、自粘法和热风焊接法三种。

冷粘法、自粘法施工要求与高聚物改性沥青防水卷材基本相同，但冷粘法施工时搭接部位应采用与卷材配套的接缝专用胶粘剂，在搭接缝粘合面上涂刷均匀，并控制涂刷与粘合的间隔时间，排除空气，辊压粘结牢固。

热风焊接法是利用热空气焊枪进行防水卷材搭接粘合的方法。焊接前卷材铺放应平整顺直，搭接尺寸正确；施工时焊接缝的结合面应清扫干净，应无水滴，油污及附着物。先焊长边搭接缝，后焊短边搭接缝，焊接处不得有漏焊、缺焊、焊焦或焊接不牢的现象，也不得损害非焊接部位的卷材，如图 4-63 所示。

图 4-63　合成高分子卷材防水施工实例

4.29　屋面涂膜层防水做法的技术要求是什么？施工方法怎样？

（1）涂膜防水层施工应符合下列规定：

1）防水涂料应多遍均匀涂布，涂膜总厚度应符合设计要求。

2）涂膜间夹铺胎体增强材料时，宜边涂布边铺胎体；胎体应铺贴平整，应排除气泡，并应与涂料粘结牢固。在胎体上涂布涂料时，应使涂料浸透胎体，并应覆盖完全，不得有胎体外露现象。最上面的涂膜厚度不应小于 1.0mm。

3）涂膜施工应先做好细部处理，再进行大面积涂布。

4）屋面转角及立面的涂膜应薄涂多遍，不得流淌和堆积。

（2）涂膜防水层施工工艺应符合下列规定：

1）水乳型及溶剂型防水涂料宜选用滚涂（图 4-64）或喷涂施工；

2）反应固化型防水涂料宜选用刮涂或喷涂施工；

3）热熔型防水涂料宜选用刮涂施工；

4）聚合物水泥防水涂料宜选用刮涂法施工；

5）所有防水涂料用于细部构造时，宜选用刷涂或喷涂施工。

图 4-64　滚涂实例

4.30　坡屋顶屋面的承重结构构件包括哪几种？

坡屋顶的承重结构构件主要有屋架和檩条两种。

（1）屋架

屋架有两种结构形式：一种是三角形屋架，由上弦、下弦及腹杆组成，可用木材、钢材及钢筋混凝土等制作。另一种就是立字形屋架，由大梁、二梁和瓜柱等构件组成，是传统屋架的一种。三角形木屋架一般用于跨度不超过 12m 的建筑；钢木组合屋架一般用于跨度不超过 18m 的建筑，如图 4-65 和图 4-66 所示。

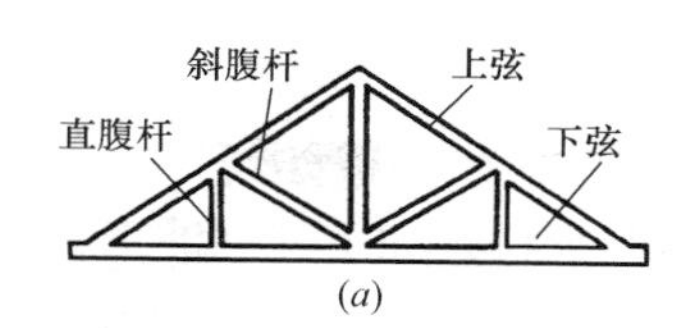

(a)

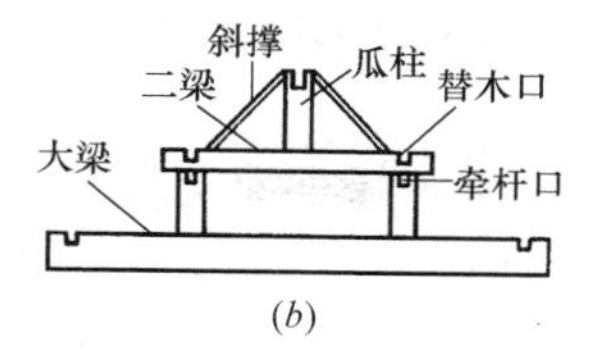

(b)

图 4-65　屋架的形式

(a)

(b)

图 4-66　屋架实例

（2）檩条

农村房屋建筑中，檩条所用材料可为木材和钢筋混凝土。檩条材料的选用一般与屋架所用材料相同，使两者的耐久性接近。檩条的断面形式有矩形和圆形两种；钢筋混凝土檩条有矩形、L 形和 T 形等。檩条的断面一般为（75～100）mm×（100～180）mm；原木檩条的直径一般为 100mm 左右。采用木檩条时，长度一般不得超过 4m；钢筋混凝土檩条可达 6m。檩条的间距根据屋面防水材料及基层构造处理而定。一般在 700～1500mm 以内。山墙承檩时，应在山墙上预置混凝土垫块。为便于在檩条上固定瓦屋面的木基层，可在钢筋混凝土檩条上预留 ϕ4mm 的钢筋以固定木条，用尺寸为 40～50mm

的矩形木对开为两个梯形或三角形。

4.31 平瓦屋面常见的做法有哪些？构造如何？

坡屋顶屋面一般是利用各种瓦材，如平瓦、波形瓦、小青瓦等作为屋面防水材料，是农村建筑常用的一种形式，近些年来还有不少采用金属瓦屋面、彩色压型钢板屋面等。

平瓦屋面根据基层的不同有冷摊瓦屋面、木望板平瓦屋面和钢筋混凝土板瓦屋面三种做法。

（1）冷摊瓦屋面

冷摊瓦屋面是在檩条上钉固椽条，然后在椽条上钉挂瓦条并直接挂瓦。这种做法构造简单，但雨雪易从瓦缝中飘入室内，通常用于南方地区对质量要求不高的建筑。

（2）木望板瓦屋面

木望板瓦屋面是在檩条上铺钉15～20mm厚的木望板（亦称屋面板），望板可采取密铺法（不留缝）或稀铺法（望板间留20mm左右宽的缝），在望板上平行于屋脊方向干铺一层油毡，在油毡上顺着屋面水流方向钉10mm×30mm、中距500mm的顺水条，然后在顺水条上面平行于屋脊方向钉挂瓦条并挂瓦，挂瓦条的断面和间距与冷摊瓦屋面相同。这种做法比冷摊瓦屋面的防水、保温隔热效果要好，但耗用木材多、造价高，多用于对质量要求较高的建筑物中。冷摊瓦屋面、木望板瓦屋面构造如图4-67和图4-68所示。

（3）钢筋混凝土板瓦屋面

瓦屋面由于保温、防火或造型等方面的需要，可将钢筋混凝土板作为瓦屋面的基层盖瓦。盖瓦的方式有两种：一种

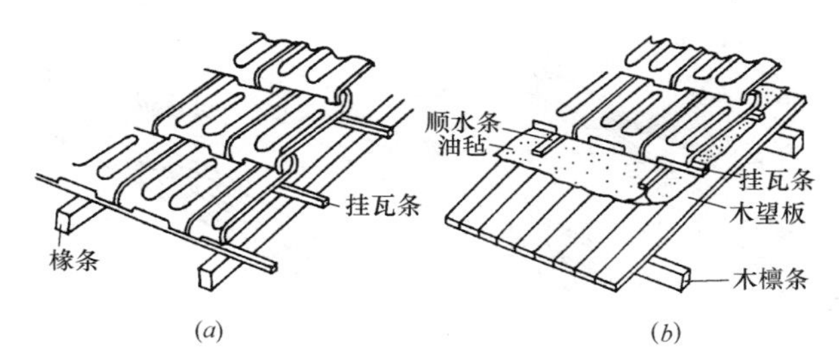

图 4-67 冷摊瓦屋面、木望板瓦屋面构造图

(*a*) 冷摊瓦屋面；(*b*) 木望板瓦屋面

图 4-68 瓦屋面实例

是在找平层上铺油毡一层，用压毡条钉在嵌在板缝内的木楔上，再钉挂瓦条挂瓦；另一种是在屋面板上直接粉刷防水水泥砂浆并贴瓦或陶瓷面砖或平瓦。钢筋混凝土板瓦屋面构造如图 4-69 所示。图 4-70 是采用钢筋混凝土结构作屋面板，设保温层与不设保温层的平瓦屋面的做法实例。

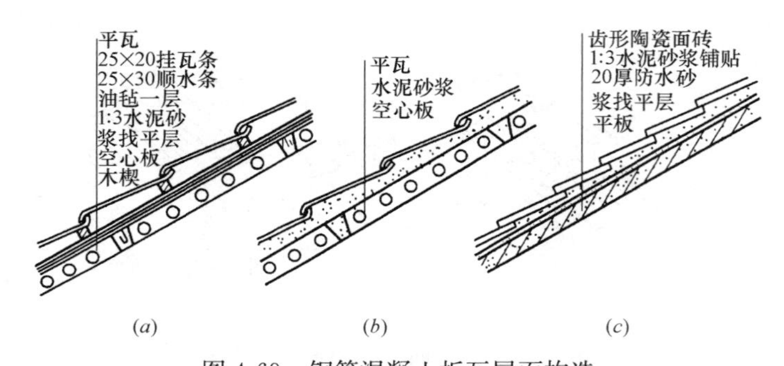

图 4-69 钢筋混凝土板瓦屋面构造

(a) 木条挂瓦；(b) 砂浆贴瓦；(c) 砂浆贴面砖

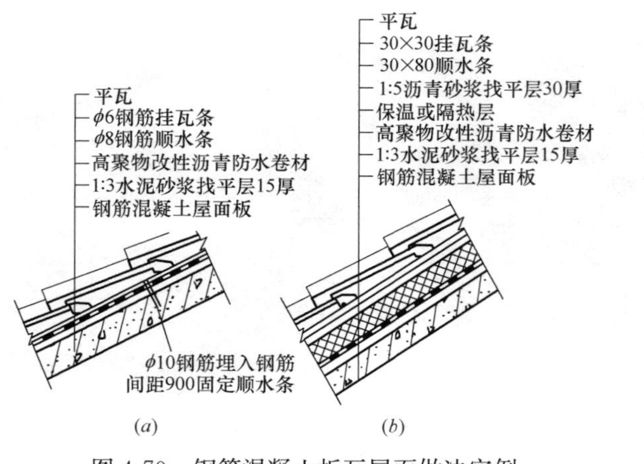

图 4-70 钢筋混凝土板瓦屋面做法实例

(a) 不设保温层瓦屋面；(b) 设保温层瓦屋面

4.32 平瓦屋面细部构造包括哪些？构造要求是什么？

平瓦屋面应做好檐口、天沟、屋脊等部位的细部处理。

(1) 檐口构造

檐口分为纵墙檐口和山墙檐口。纵墙檐口根据造型要求做成挑檐或封檐，其构造方法如图 4-71 所示。山墙檐口按屋顶形式分为硬山与悬山两种。硬山檐口构造，将山墙升起包住檐口，女儿墙与屋面交接处应作泛水处理。女儿墙顶应作压顶板，以保护泛水。

悬山屋顶的山墙檐口构造，先将檩条外挑形成悬山，檩条端部钉木封檐板，沿山墙挑檐的一行瓦，应用 1∶2.5 的水泥砂浆做出披水线，将瓦封固。

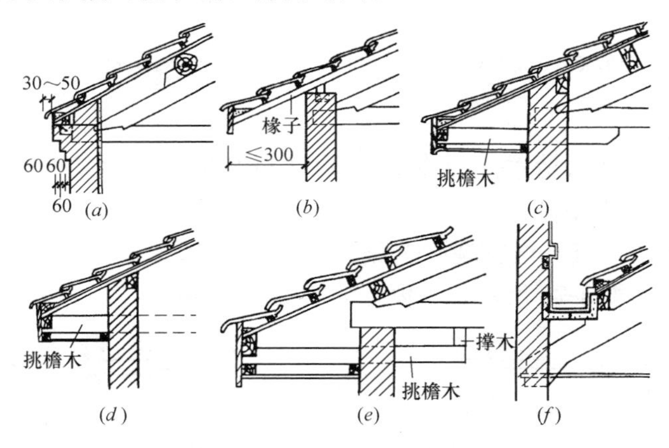

图 4-71　平瓦屋面纵墙檐口构造

(a) 砖砌挑檐；(b) 椽条外挑；(c) 挑檐木置于屋架下；
(d) 挑檐木置于承重横墙中；(e) 挑檐木下移；(f) 女儿墙包檐口

(2) 天沟和斜沟构造

在等高跨或高低跨相交处，常常出现天沟，而两个相互垂直的屋面相交处则形成斜沟。沟应有足够的断面积，上口宽度不宜小于 300～500mm，一般用镀锌铁皮铺于木基层上，镀锌铁皮伸入瓦片下面至少 150mm。高低跨和包檐天沟若采用镀锌铁皮防水层时，应从天沟内延伸至立墙（女儿墙）上形成泛水。天沟、斜沟构造如图 4-72 所示。

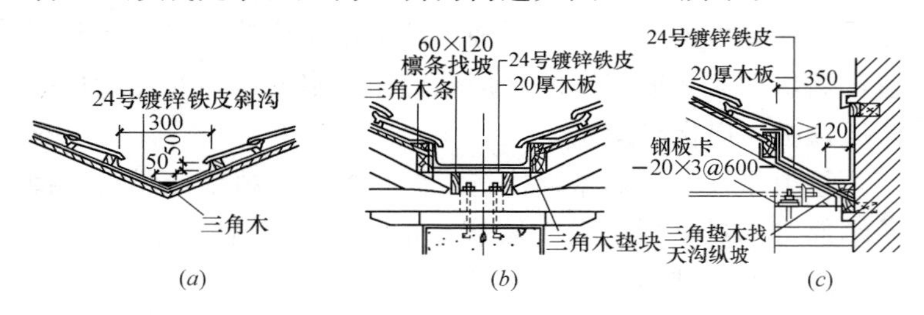

图 4-72 天沟、斜沟构造

(*a*) 三角形天沟（双跨屋面）；(*b*) 矩形天沟（双跨屋面）；(*c*) 高低跨屋面天沟

4.33 什么是木门（窗）框的立口和塞口安装？安装方法如何？

门（窗）框安装根据施工方式分为后塞口和先立口两种，如图 4-73 所示，木窗框的安装原理相同。

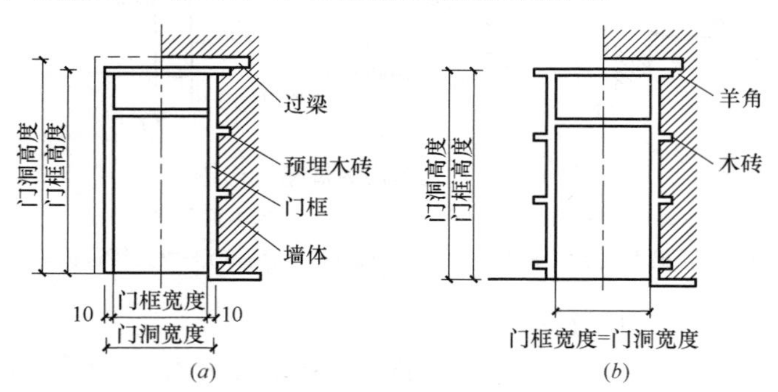

图 4-73 门框的安装方式

(*a*) 后塞口；(*b*) 先立口

（1）塞口。是在墙砌好后再安装门框。洞口的宽度应比门框大 20～30mm，洞口高度比门框大 10～20mm，留左右和顶部两条施工安装缝尺寸，门洞口两侧砖墙上每隔500～600mm预埋木砖或预留缺口，以便用圆钉或水泥砂浆将门框固定。后塞口做法与砌墙工序不交叉，有利于门窗定型化，各种墙体均可采用；缺点是安装后墙体与门窗框间的缝隙较大，一般用沥青麻丝等嵌填。

（2）立口。是在砌墙前用支撑先立门框然后砌墙。框与墙结合紧密不留缝隙，同时也需要每隔 500～600mm 砌入防腐木砖，用钉钉牢。其缺点是仅适合于砌筑墙体，且立樘与砌墙工序交叉，施工不便，门框易受破损或产生移位。

第 5 章　常用建筑材料

5.1　什么是水泥？建筑水泥如何分类？

水泥是一种加水拌合成塑性浆体，能胶结砂、石等材料，并能在空气和水中硬化的粉状水硬性胶凝材料。水硬性，是指一种材料磨成细粉和水拌成浆后，能在潮湿空气中和水中硬化并形成稳定化合物的性能。

根据国家标准的水泥命名原则《水泥的命名原则和术语》GB/T 4131—2014 的规定，水泥按其用途和性能分为通用水泥，一般土木建筑工程通常采用的水泥；特种水泥，具有特殊性能或用途的水泥。

水泥按其主要水硬性矿物名称又可分为硅酸盐水泥、铝酸盐水泥、硫铝酸盐水泥、氟铝酸盐水泥等。虽然水泥品种繁多，分类方法各异，但我国水泥产量的 90%左右属于以硅酸盐为主要水硬性矿物的硅酸盐水泥。按我国国家标准，硅酸盐水泥是以硅酸盐水泥熟料和适量的石膏磨细制成的水硬性胶凝材料，其中允许掺加 0%～5%的混合材料。

5.2　什么是硅酸盐水泥？其强度等级如何划分？

凡由硅酸盐水泥熟料、0%～5%石灰石或粒化高炉矿渣、适量石膏磨细制成的水硬性胶凝材料，称为硅酸盐水泥（即国外通称的波特兰水泥）。硅酸盐水泥分两种类型，不掺加混合材料的称Ⅰ型硅酸盐水泥，代号P·Ⅰ。在硅酸盐水泥磨粉时，掺加不超过水泥质量5%的石灰石或粒化高炉矿渣混合材料的称为Ⅱ型硅酸盐水泥，代号为P·Ⅱ。根据国家标准《通用硅酸盐水泥》GB 175—2007规定，硅酸盐水泥分为42.5、42.5R、52.5、52.5R、62.5、62.5R六个强度等级。

水泥强度是表征水泥力学性能的重要指标，它与水泥的矿物组成、水泥细度、水胶比大小、水化龄期和环境温度等密切相关。为了统一实验结果的可比性，水泥强度必须按《水泥胶砂强度试验方法（ISO法）》GB/T 17671—1921的规定制作试块，养护并测得其抗压和抗折强度值。该值是评定水泥等级的依据。

水泥强度等级按规定龄期的抗压强度和抗折强度来划分，各强度等级水泥的各龄期强度不得低于表5-1的数值。

硅酸盐水泥的强度要求（GB 175—2007）　　表5-1

品种	强度等级	抗压强度(MPa)		抗折强度(MPa)	
		3d	28d	3d	28d
硅酸盐水泥	42.5	≥17.0	≥42.5	≥3.5	≥6.5
	42.5R	≥22.0		≥4.0	
	52.5	≥23.0	≥52.5	≥4.0	≥7.0
	52.5R	≥27.0		≥5.0	
	62.5	≥28.0	≥62.5	≥5.0	≥8.0
	62.5R	≥32.0		≥5.5	

注：R为早强型水泥，早强水泥在硬化过程中，3天时的抗压强度比普通水泥高，28天后强度要求一致。

5.3 什么是水泥的安定性?

水泥体积安定性简称水泥安定性，是指引起开裂水泥浆体硬化后体积变化的稳定性。用沸水法检验必须合格。安定性不良的水泥，在浆体硬化过程中或硬化后产生不均匀的体积膨胀，并引起开裂。

水泥安定性不良的主要原因是熟料中含有过量的游离氧化钙、游离氧化镁或掺入的石膏过多。因上述物质均在水泥硬化后开始或继续进行水化反应，其反应产物体积膨胀而使水泥石开裂。因此，国家标准规定，水泥熟料中游离氧化镁含量不得超过5.0%，三氧化硫含量不得超过3.5%，用沸煮法检验必须合格。体积安定性不合格的水泥不能用于工程之中。

5.4 硅酸盐水泥如何储存和使用?

水泥在运输和保管期间，不得受潮和混入杂质，不同品种和等级的水泥应分别贮运，不得混杂。散装水泥应有专用运输车，直接卸入现场特别的贮仓，分别存放。袋装水泥堆放高度一般不应超过10袋。存放期一般不应超过3个月，超过6个月的水泥必须经检验才能使用。

硅酸盐水泥强度较高，常用于重要结构的高等级混凝土和预应力混凝土工程中。由于硅酸盐水泥凝结硬化较快，抗冻和耐磨性能好，因此也适用于要求凝结快、早期强度高、冬期施工及严寒地区遭受反复冻融的工程。

硅酸盐水泥水化后含有较多的氢氧化钙，因此其水泥石抵抗软水侵蚀和抗化学腐蚀的能力差，不宜用于受流动的软水和有水压作用的工程，也不宜用于受海水和矿物水作用的工程。由于硅酸盐水泥水化时放出的热量大，因此不宜用于大体积混凝土工程中。不能用硅酸盐水泥配置耐热混凝土，也不宜用于耐热要求高的工程中。

5.5 通用水泥（掺混合材料的硅酸盐水泥）的选用原则是什么？

通用水泥是土建工程中用途最广、用量最大的水泥品种。为了便于查阅和选用，现将其主要技术性质（表5-2)、特性及适用范围（表 5-3）列出供参考。

常用水泥的主要技术性能　　表 5-2

水泥品种（代号） 性能	硅酸盐水泥（P. Ⅰ,P. Ⅱ）	普通硅酸盐水泥（P·O）	矿渣硅酸盐水泥（P·S）	火山灰质硅酸盐水泥（P·P）	粉煤灰硅酸盐水泥（P·F）	复合硅酸盐水泥（P·C）
不溶物(%)	P. Ⅰ≤0.75 P. Ⅱ≤1.50	—	—	—	—	—
烧失量(%)	P. Ⅰ≤3.0 P. Ⅱ≤3.5	≤5.0	—	—	—	—
三氧化硫(%)	≤3.5		≤4.0	≤3.5		
氧化镁(%)	≤5.0		≤6.0	≤6.0		
氯离子(%)	≤0.06					
密度(g/cm^3)	3.0～3.15		2.8～3.1			
堆积密度(kg/cm^3)	1000～1600		1000～1200	900～1000		1000～1200
细度	比表面积＞300m^2/kg	80μm方孔筛筛余量＜10% 或45μm方孔筛筛余量＜30%				
凝结时间 初凝	＞45min	＞45min				
凝结时间 终凝	＜390min	＜600min				
体积安定性	沸煮法必须合格(若试饼法和雷式法两者有争议,以雷氏法为准)					

续表

强度等级	龄期	抗压(MPa)	抗折(MPa)	抗压(MPa)	抗折(MPa)	抗压(MPa)	抗折(MPa)
32.5	3d	—		—		≥10.0	≥2.5
	28d					≥32.5	≥5.5
32.5R	3d	—		—		≥15.0	≥3.5
	28d					≥32.5	≥5.5
42.5	3d	≥17.0	≥3.5	≥17.0	≥3.5	≥15.0	≥3.5
	28d	≥42.5	≥6.5	≥42.5	≥6.5	≥42.5	≥6.5
42.5R	3d	≥22.0	≥4.0	≥22.0	≥4.0	≥19.0	≥4.0
	28d	≥42.5	≥6.5	≥42.5	≥6.5	≥42.5	≥6.5
52.5	3d	≥23.0	≥4.0	≥23.0	≥4.0	≥21.0	≥4.0
	28d	≥52.5	≥7.0	≥52.5	≥7.0	≥52.5	≥7.0
52.5R	3d	≥27.0	≥5.0	≥27.0	≥5.0	≥23.0	≥4.5
	28d	≥52.5	≥7.0	≥52.5	≥7.0	≥52.5	≥7.0
62.5	3d	≥28.0	≥5.0	—		—	
	28d	≥62.5	≥8.0				
62.5R	3d	≥32.0	≥5.5	—		—	
	28d	62.5	8.0				
碱含量		用户要求低碱水泥时，按 Na_2O+0.685K_2O 计算的碱含量，不得大于0.60%，或由供需双方商定					

常用水泥的特性及适用范围　　表 5-3

特性＼水泥品种		硅酸盐水泥	普通水泥	矿渣水泥	火山灰水泥	粉煤灰水泥
特性	硬化	快	较快	慢	慢	慢
	早期强度	高	较高	低	低	低
	水化热	高	高	低	低	低

续表

特性 \ 水泥品种		硅酸盐水泥	普通水泥	矿渣水泥	火山灰水泥	粉煤灰水泥
特性	抗冻性	好	较好	差	差	差
	耐热性	差	较差	好	较差	较差
	干缩性	较小	较小	较大	较大	较小
	抗渗性	较好	较好	差	较好	较好
	耐蚀性	差	较差	好	好	好
适用范围		①制造地上、地下及水中的混凝土、钢筋混凝土及预应力钢筋混凝土结构，包括受冻融循环的结构及早期强度要求较高的工程 ②配制建筑砂浆	与硅酸盐水泥基本相同	①大体积工程 ②高温车间和有耐热耐火要求的混凝土结构 ③蒸汽养护的构件 ④一般地上、地下和水中的钢筋混凝土结构 ⑤有抗硫酸盐侵蚀的工程 ⑥配制建筑砂浆	①地下、水中大体积混凝土结构 ②有抗渗要求的工程 ③蒸汽养护的构件 ④有抗硫酸盐侵蚀的工程 ⑤一般混凝土及钢筋混凝土工程 ⑥配制建筑砂浆	①地上、地下、水中和大体积混凝土工程 ②蒸汽养护构件 ③抗裂要求较高的构件 ④抗硫酸盐侵蚀的工程 ⑤一般混凝土工程 ⑥配制建筑砂浆
不适用工程		①大体积混凝土工程 ②受化学及海水侵蚀的工程 ③耐热要求较高的工程 ④有流动水及压力水作用的工程	同硅酸盐水泥	①早期强度要求较高的混凝土工程 ②有抗冻要求的混凝土工程	①早期强度要求较高的混凝土工程 ②有抗冻要求的混凝土工程 ③干燥环境的混凝土工程 ④有耐磨性要求的混凝土工程	①早期强度要求较高的混凝土工程 ②有抗冻要求的混凝土工程 ③有抗碳化要求的混凝土工程

5.6 普通混凝土由哪些材料组成？

普通混凝土的基本组成材料是水泥、水、天然砂和石子，另外还常掺入适量的掺合料和外加剂。砂、石在混凝土中起骨架作用，故称为骨料（或称集料）。水泥和水形成水泥浆，包裹在砂粒表面并填充砂粒间的空隙而形成的水泥砂浆，水泥砂浆又包裹石子，并填充石子间的空隙而形成混凝土（图 5-1）。在混凝土硬化前，水泥浆起润滑作用，赋予混凝土拌合物一定的流动性，便于施工。水泥浆硬化后，起胶结作用，把砂石骨料胶结在一起，成为坚硬的人造石材，并产生力学强度。

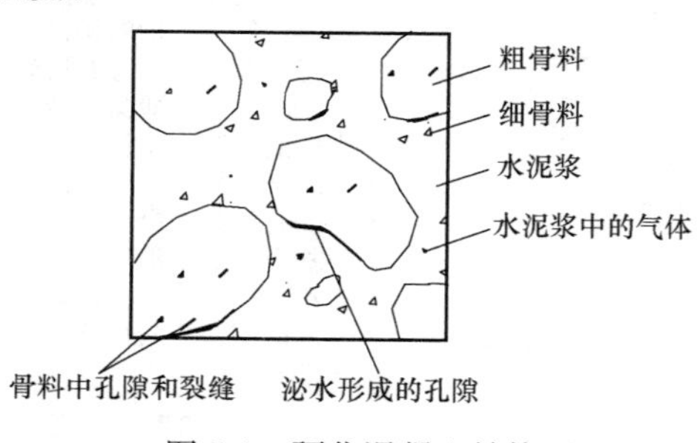

图 5-1　硬化混凝土结构

5.7 什么是混凝土拌合物的和易性？包括哪几方面的性能？

混凝土的各种组成材料按一定比例配合、搅拌而成的尚未凝固的材料，称为混凝土拌合物，又称新拌混凝土。混凝土拌合物必须具备良好的和易性，才能便于施工和获得均匀而密实的混凝土，从而保证混凝土的强度和耐久性。

混凝土拌合物的和易性是指混凝土拌合物易于各工序施工操作（搅拌、运输、浇筑、捣实），并能获得质量均匀、成型密实的混凝土的性能。和易性是一项综合性的技术指标，包括流动性、黏聚性和保水性等三方面的性能。

流动性是指混凝土拌合物在自重或机械振捣作用下，能流动并均匀密实地填满模板的性能。流动性的大小，反映出拌合物的稀稠程度，直接影响着浇捣施工的难易和混凝土的质量。影响流动性的主要因素是混凝土的用水量。

黏聚性是指混凝土拌合物各组分材料之间有一定的黏聚力，在施工过程中不致发生分层和离析现象的性能。黏聚性差的混凝土拌合物，容易发生集料与水泥浆体的分离，造成混凝土不均匀，振捣后会出现蜂窝和空洞的现象，影响混凝土施工质量。影响黏聚性的主要因素是胶凝材料和砂的质量比。

保水性是指混凝土拌合物内具有一定的保持内部水分的能力，在施工过程中不致产生严重的泌水现象。保水性差的混凝土拌合物，在施工过程中，一部分水易从内部析出至表面，在混凝土内部形成泌水通道，使混凝土的密实性变差，降低混凝土的强度和耐久性。影响保水性的主要因素包括水泥品种、用量和细度。

混凝土拌合物的流动性、黏聚性、保水性，三者之间既相互关联又相互矛盾。如黏聚性好，则保水性也好，但流动性可能较差；当增大流动性时，黏聚性和保水性往往变差。因此，所谓的拌合物的和易性良好，就是要使这三方面的性能，在某种具体条件下得到统一，达到均为良好的状况。

5.8 如何测定混凝土的坍落度?

将混凝土拌合物按规定的试验方法装入标准坍落度筒（圆台形筒）内，装捣刮平后，将筒垂直向上提起，这时锥形拌合物因自重而产生坍落，量测筒高与坍落后混凝土试体最高点之间的高度差，以 mm 计，即为该混凝土拌合物的坍落度值（图 5-2 和图 5-3）。坍落度越大，表示混凝土拌合物的流动性越大。

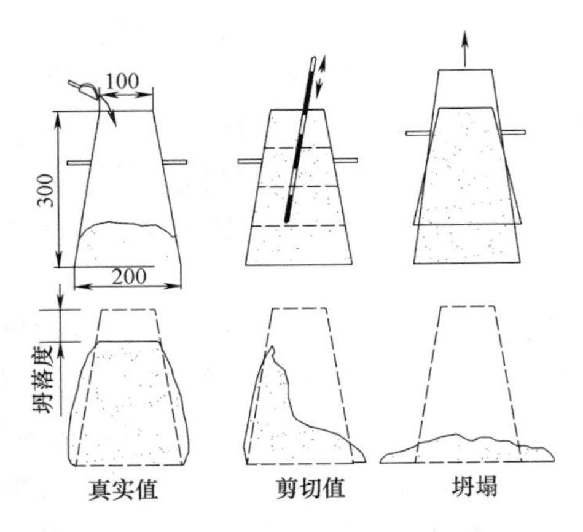

图 5-2　混凝土拌合物坍落度的测定

在测定坍落度的同时，用目测的方法以直观经验评定黏聚性和保水性。黏聚性的检验方法是用捣棒在已坍落的混凝土拌合物锥体一侧轻轻敲打，如果锥体逐渐下沉，则表示黏聚性良好；如果锥体突然倒塌、部分崩裂或出现离析现象，则表示黏聚性不好。保水性的检查则是观察混凝土拌合物中稀浆的析出程度，如有较多的稀浆从锥体底部流出，锥体部

(a)

(b)

图 5-3　混凝土拌合物坍落度的测定实例

分也因失浆而骨料外露，则表示混凝土拌合物的保水性不好；如坍落筒提起后无稀浆或仅有少量稀浆自底部析出，则表示混凝土拌合物保水性良好。

5.9　如何划分混凝土的抗压强度与强度等级?

混凝土的抗压强度，是指其标准试件在压力作用下直到破坏时单位面积所能承受的最大应力。按照国家标准《普通混凝土力学性能试验方法标准》GB/T 50081—2019 规定，将混凝土拌合物采用标准试件尺寸（边长为 150mm×150mm×150mm 的立方体）制作的立方体试件（图 5-4），在标准条件（温度 20±2℃，相对湿度 95%以上）下，养护到 28d 龄期，测得的抗压强度值为混凝土立方体试件抗压强度（简称立方体抗压强度），以 f_{cu}表示。

立方体抗压强度标准值是混凝土各种力学指标的基本代表值，强度等级是混凝土各种力学强度标准值的基础，普通

图 5-4　立方体试件

混凝土强度等级按照国家标准《混凝土质量控制标准》GB 50164—2011 采用符号 C 与立方体抗压强度标准值（MPa）表示，划分为 C10、C15、C20、C25、C30、C35、C40、C45、C50、C55、C60、C65、C70、C75、C80、C85、C90、C95、C100。例如，C40 表示混凝土立方体抗压强度标准值 $f_{cu,k}=40$MPa。

5.10　影响混凝土强度的主要因素有哪些?

（1）水泥强度等级与水胶比

水泥强度等级和水胶比是决定混凝土强度最主要的因素，也是决定性因素。

水泥是混凝土中的活性组分，在水胶比不变时，水泥强度等级越高，则硬化水泥石的强度越大，对骨料的胶结力就越强，配制成的混凝土强度也就越高。在水泥强度等级相同的条件下，混凝土的强度主要取决于水胶比。水胶比越小，混凝土强度越高。

（2）骨料的影响

骨料的强度影响混凝土的强度，一般骨料强度越高，所配制的混凝土强度越高，这在低水胶比和配制高强度混凝土时特别明显。骨料粒形以三维长度相等或相近的球形或立方体形为好，若含有较多扁平或细长的颗粒，会增加混凝土的孔隙率，扩大混凝土中骨料的表面积，增加混凝土的薄弱环节，导致混凝土强度下降。

（3）养护温度及湿度的影响

混凝土硬化过程中，强度的增长与温度、湿度有很大的关系。在保持一定的温度条件下，湿度越高，强度增长越快，湿度越低，强度增长越慢。当温度低于0℃时硬化不但停止，并且可能因水结冰膨胀而使混凝土强度降低或破坏。混凝土养护时，如湿度不够，不仅影响混凝土强度的增长，而且易引起干缩裂纹，使混凝土表面疏松，耐久性降低，所以混凝土浇灌后，必须保持一定时间的潮湿。使用普通水泥浇水保湿应不少于7d，使用矿渣水泥，火山灰水泥或在施工中掺用减水剂时应不少于14d；如用矾土水泥时，不得少于3d，对于有抗渗要求的混凝土不得少于14d。在夏季施工要特别注意浇水，保持必要的湿度，在冬季要特别注意保持必要的温度。

（4）龄期

龄期是指混凝土在正常养护下所经历的时间。在正常养护条件下，混凝土的强度将随龄期的增长而不断发展，最初7～14d内强度发展较快，以后逐渐缓慢，28d达到设计强度。28d后强度仍在发展，其增长过程可延续十年之久。

5.11 什么是建筑砂浆？如何分类？

建筑砂浆是由胶结料、细骨料、掺加料和水配制而成的建筑工程材料，在建筑工程中起粘结、衬垫和传递应力的作用。建筑砂浆实为无粗骨料的混凝土，在建筑工程中是一项用量最大、用途广泛的建筑材料。在砌体结构中，砂浆可以把砖、石块、砌块胶结成砌体。墙面、地面及钢筋混凝土梁、柱等结构表面需要用砂浆抹面，起到保护结构和装饰作用。镶贴大理石、水磨石、陶瓷面砖、马赛克以及制作钢丝网水泥制品等都要使用砂浆。

根据用途，建筑砂浆可分为砌筑砂浆、抹面砂浆（如装饰砂浆、普通抹面砂浆、防水砂浆等）及特种砂浆（如绝热砂浆、耐酸砂浆等）。根据胶结材料不同，可分为水泥砂浆（由水泥、细骨料和水配制而成的砂浆）、水泥混合砂浆（由水泥、细骨料、掺加料和水配制的砂浆）、石灰砂浆等。

5.12 什么是砌筑砂浆？组成材料有哪些？

在砌体结构中，将砖、石、砌块等粘结为砌体的砂浆称为砌筑砂浆。它起着粘结砌块、传递荷载的作用，是砌体的主要组成部分。

砌筑砂浆的组成材料有：

（1）水泥

普通水泥、矿渣水泥、火山灰质水泥、粉煤灰水泥以及砌筑水泥等都可以用来配制砌筑砂浆。砌筑砂浆用的水泥强度等级，应根据设计要求进行选择。水泥砂浆采用的水泥，其强度等级不宜大于 32.5 级，水泥用量不应小于 200kg/m^3。水泥混合砂浆采用的水泥、其强度等级不宜大于 42.5 级，砂浆中水泥和掺合料总量宜为 300～350kg/m^3。为合理利用资源、节约材料、在配制砂浆时要尽量选用低强度等级水泥和砌筑水泥。由于混合砂浆中，石灰膏等掺加料会降低砂浆强度，因此规定水泥混合砂浆可用强度等级为 42.5 级的水泥。对于一些特殊用途的砂浆，如修补裂缝、预制构件嵌缝、结构加固等可采用膨胀水泥。

（2）砂

砌筑砂浆用砂的质量要求应符合《建设用砂》GB/T 14684—2022 的规定。一般砌筑砂浆采用中砂拌制，既能满足和易性的要求，又能节约水泥，因此建议优先选用，其中毛石砌体宜选用粗砂，砂的含泥量不应超过 5%。强度等级为 M2.5 的水泥混合砂浆，砂的含泥量不应超过 10%。砂中含泥量过大，不但会增加砂浆的水泥用量，还可能使砂浆的收缩值增大、耐水性降低，影响建筑质量。M5 及以上的水泥混合砂浆，如砂子含泥量过大，对强度影响较明显。因此，规定低于 M5 以下的水泥混合砂浆的砂子含泥量才允许放宽，但不应超过 10%。

（3）掺加料

掺加料是为改善砂浆和易性而加入的无机材料。例如，石灰膏、电石膏（电石消解后，经过滤后的产物）、粉煤灰、黏土膏等。掺加料应符合下列规定：

1）生石灰熟化后成石灰膏时，应用孔径不大于 3mm×3mm 的网过滤，熟化时间不得少于 7d；磨细生石灰粉的熟化时间不得少于 2d。沉淀池中贮存的石灰膏，应采取防止干燥、冻结和污染的措施。严禁使用脱水硬化后的石灰膏。

2）采用黏土或亚黏土制备黏土膏时，宜用搅拌机加水搅拌，通过孔径不大于3mm×3mm的网过筛。用比色法鉴定黏土中的有机物含量时应浅于标准色。

3）制作电石膏的电石渣应用孔径不大于3mm×3mm的网过滤，检验时应加热至70℃并保持20min，没有乙炔气味后，方可使用。

4）消石灰粉不得直接用于砌筑砂浆中。

5）石灰膏、黏土膏和电石膏试配时的稠度，应为120mm±5mm。

6）粉煤灰的品质指标和磨细生石灰的品质指标，应符合国家标准《用于水泥和混凝土中的粉煤灰》GB/T 1596—2017及行业标准《建筑生石灰》JC/T 479—2013的要求。

（4）水

混凝土拌和水及养护用水：混凝土拌制和养护用水不得含有影响水泥正常凝结硬化的有害物质，一般宜采用饮用水。当采用其他水源时，水质应符合国家现行标准《混凝土拌和用水标准》JGJ 63—2006的规定，污水、pH值<4的酸性水、含硫酸盐（按SO_4^{2-}计）超过1%的水均不能使用。

（5）外加剂

外加剂是在混凝土搅拌之前或搅拌过程中加入的、用以改善混凝土和（或）硬化混凝土性能的材料。常用外加剂有如下几种：减水剂、引气剂、缓凝剂、早强剂、防冻剂、膨胀剂、泵送剂、防水剂、速凝剂、钢筋阻锈剂，将两种以上外加剂复合使用，使其具有多种功能的外加剂称为复合外加剂。

混凝土中掺用外加剂的质量及应用技术应符合现行国家标准《混凝土外加剂》GB 8076—2008、《混凝土外加剂应用技术规范》GB 50119—2013 等和有关环境保护的规定。

5.13 砌筑砂浆的稠度有什么要求？

砂浆的流动性也称稠度，是指砂浆在自重或外力作用下流动的性能，可用砂浆稠度仪测定其稠度值（即沉入度，mm）来表示。砌筑砂浆的稠度应按表 5-4 选用。

砌筑砂浆的稠度　　表 5-4

砌体种类	砂浆稠度(mm)
烧结普通砖砌体	70～90
轻骨料混凝土小型空心砌块砌体	60～90
烧结多孔砖、空心砖砌体	60～80
烧结普通砖平拱式过梁 空斗墙、筒拱、普通混凝土小型空心砌块砌体 加气混凝土砌块砌体	50～70
石砌体	30～50

5.14 什么是抹面砂浆？主要有哪几种？其主要性能要求是什么？

凡涂抹在建筑物或建筑构件表面的砂浆，通称为抹面砂浆（也称抹面砂浆）。

对抹面砂浆，要求具有良好的和易性，容易抹成均匀平整的薄层，便于施工；有较好的粘结能力，能与基层粘结牢固，长期使用不会开裂或脱落。

抹面砂浆的组成材料与砌筑砂浆基本相同。但为了防止砂浆层开裂，有时需要加入一些纤维材料（如纸筋、麻刀等），或是为了使其具有某些功能而需加入特殊骨料或掺合料。

抹面砂浆主要有以下几种：

（1）普通抹面砂浆

普通抹面砂浆是建筑工程中普遍使用的砂浆。它可以保护建筑物不受风、雨、雪、大气等有害介质的侵蚀，提高建筑物的耐久性，同时使表面平整美观。

抹面砂浆通常分为两层或三层进行施工，各层抹灰要求不同，所以各层选用的砂浆也有区别。底层抹灰的作用，是使砂浆与底面能牢固地粘结，因此要求砂浆具有良好的和易性和粘结力，基层面也要求粗糙，以提高与砂浆的粘结力。中层抹灰主要是为了抹平，有时可以省去。面层抹灰要求平整光洁，达到规定的饰面要求。

底层及中层多用水泥混合砂浆。面层多用水泥混合砂浆或掺麻刀、纸筋的石灰砂浆。在潮湿房间或地下建筑及容易碰撞的部位，应采用水泥砂浆。普通抹面砂浆的流动性及骨料最大粒径参见表 5-5，其配合比及应用范围可参见表 5-6。

普通抹面砂浆的流动性及骨料最大粒径　　表 5-5

抹面层	沉入度（人工抹面）(mm)	砂的最大粒径(mm)
底层	100～120	2.5
中层	70～90	2.5
面层	70～80	1.2

普通抹面砂浆配合比及应用范围　表5-6

材料	配合比（体积比）	应用范围
石灰：砂	(1：2)～(1：4)	用于砖石墙表面（檐口、勒脚、女儿墙及潮湿房间的墙除外）
石灰：黏土：砂	(1：1：4)～(1：1：8)	干燥环境墙表面
石灰：石膏：砂	(1：0.4：2)～(1：1：3)	用于不潮湿房间的墙及天花板
石灰：石膏：砂	(1：2：2)～(1：2：4)	用于不潮湿房间的线脚及其他装饰工程
石灰：水泥：砂	(1：0.5：4.5)～(1：1：5)	用于檐口、勒脚、女儿墙以及比较潮湿的部位
水泥：砂	(1：3)～(1：2.5)	用于浴室、潮湿车间等墙裙、勒脚或地面基层
水泥：砂	(1：2)～(1：1.5)	用于地面、顶棚或墙面面层
水泥：砂	(1：0.5)～(1：1)	用于混凝土地面随时压光
石灰：石膏：砂：锯末	1：1：3：5	用于吸声粉刷
水泥：白石子	(1：2)～(1：1)	用于水磨石（打底用1：2.5水泥砂浆）
水泥：白石子	1：1.5	用于斩假石[打底用(1：2)～(1：2.5)水泥砂浆]
白灰：麻刀	100：2.5（质量比）	用于板条顶棚底层
石灰膏：麻刀	100：1.3（质量比）	用于板条顶棚面层（或100kg石灰膏加3.8kg纸筋）
石灰膏：纸筋	石灰膏0.1m^3 纸筋0.36kg	较高级墙板、顶棚

（2）装饰砂浆

涂抹在建筑物内外墙表面，能具有美观装饰效果的抹面砂浆，统称为装饰砂浆。装饰砂浆的底层和中层与普通抹面砂浆基本相同。而装饰的面层，要选用具有一定颜色的胶凝材料和骨料以及采用某些特殊的操作工艺，使表面呈现出不同的色彩、线条与花纹等装饰效果。

装饰砂浆所采用的胶凝材料有普通水泥、白水泥和彩色水泥，以及石灰石、石膏等。骨料常采用大理石、花岗岩等带颜色的碎石渣或玻璃、淘洗碎粒，也可选用白色或彩色天然砂、特制的塑料色粒等。

几种常用装饰砂浆的工艺做法：

1）拉毛

在水泥砂浆或水泥混合砂浆抹灰中层上，抹上水泥混合砂浆、纸筋石灰或水泥石灰浆等，并利用拉毛工具将砂浆拉出波纹和斑点的毛头，做成装饰面层。一般适用于有声学要求的礼堂、剧院等室内墙面，也常用于外墙面、阳台栏板或围墙等外饰面。

2）水刷石

水刷石是用颗粒细小（约 5mm）的石膏所拌成的砂浆作面层，待表面稍凝固后立即喷水冲刷表面水泥浆，使其半露出石碴。水刷石用于建筑物的外墙装饰，具有天然石材的质感，经久耐用。

3）干粘石

干粘石是将彩色石粒直接粘在砂浆层上。这种做法与水刷石相比，既节约水泥、石粒等原材料，又能减少湿作业和提高功效。

4）斩假石

斩假石又称剁斧石，是在水泥砂浆基层上涂抹水泥石粒浆，待硬化后，用剁斧、齿斧及各种凿子等工具剁出有规律的石纹，使其形成天然花岗石粗犷的效果。主要用于室外柱面、勒脚、栏杆、踏步等处的装饰。

5）弹涂

弹涂是在墙体表面刷一道聚合物水泥浆后，用弹涂器分几遍将不同色彩的聚合物水泥砂浆弹在已涂刷的基层上，形成 3～5mm 的扁圆形花点，再喷罩甲基硅树脂。适用于建筑物内外墙面，也可用于顶棚饰面。

6）喷涂

喷涂多用于外墙面，它是用挤压式砂浆泵或喷斗，将聚合物水泥砂浆喷涂在墙面基层或底灰上，形成饰面层，最后在表面再喷一层甲基硅醇钠或甲基硅树脂疏水剂，以提高饰面层的耐久性和减少墙面污染。

（3）特种砂浆

1）防水砂浆

防水砂浆是一种制作防水层用的抗渗性高的砂浆。砂浆防水层又称刚性防水层，适用于不受振动和具有一定刚度的混凝土或砖石砌体工程中，如水塔、水池、地下工程等的防水。

防水砂浆可用普通水泥砂浆制作，也可以在水泥砂浆中掺入防水剂制得。水泥砂浆宜选用强度等级为 32.5MPa 以上的普通硅酸盐水泥和级配良好的中砂。砂浆配合比中，水泥与砂的质量比不宜大于 1∶2.5，水胶比宜控制在 0.5～0.6，稠度不应大于 80mm。

在水泥砂浆中掺入防水剂，可促使砂浆结构密实，堵塞毛细孔，提高砂浆的抗渗能力，这是目前最常用的方法。常用的防水剂有氯化物金属盐类防水剂、金属皂类防水剂和水玻璃防水剂。

防水砂浆应分 4～5 层分层涂抹在基面上，每层涂抹厚度 5mm，总厚度 20～30mm。每层在初凝前压实一遍，最后一遍要压光，并精心养护，以减少砂浆层内部连通的毛细孔通道，提高密实度和抗渗性。防水砂浆还可以用膨胀水泥或无收缩水泥来配制。

2）绝热砂浆

采用水泥、石灰、石膏等胶凝材料与膨胀珍珠岩、膨胀蛭石或陶粒砂等轻质多孔骨料，按一定比例配制的砂浆，称为绝热砂浆。绝热砂浆具有轻质和良好的绝热性能，其导热系数为 0.07～0.1W/(m·K)。绝热砂浆可用于屋面、墙壁或供热管道的绝热保护。

3）吸声砂浆

一般绝热砂浆因由轻质多孔骨料制成，所以都具有吸声性能。同时，还可以用水泥、石膏、砂、锯末（体积比为 1∶1∶3∶5）配制吸声砂浆，或在石灰、石膏砂浆中掺入玻璃纤维、矿物纤维等松软纤维材料。吸声砂浆用于室内墙壁和吊顶的吸声处理。

5.15 烧结砖如何分类？各种材料的性能要求是什么？

烧结砖分为烧结普通砖、烧结多孔砖、空心砖和烧结页岩砖。

国家标准《墙体材料术语》GB/T 18968—2019 中将建筑用的人造小型块材，其长度≤365mm、宽度≤240mm、高度≤115mm 时称为砖；将无孔洞或孔洞率＜25％的砖称为实心砖；将孔洞率≥25％，孔的尺寸小而数量多的砖称为多孔砖，主要用于承重部位；将孔洞率≥40%，孔的尺寸大而数量少的砖称为空心砖，主要用于非承重部位。

（1）烧结普通砖［图5-6(*a*)、(*b*)］

烧结普通砖（标准砖）：尺寸为240mm×115mm×53mnn，是以黏土、页岩、煤矸石、粉煤灰为主要原料经焙烧而成的普通砖。

由于砖在焙烧时窑内温度分布（火候）难以绝对均匀，因此，除了正火砖（合格品）外，还常出现欠火砖。欠火砖色浅、敲击声发哑、吸水率大、强度低、耐久性差。过火砖色深、敲击时声音清脆、吸水率低、强度较高，但有弯曲变形。欠火砖和过火砖均属不合格产品。

由于黏土砖的缺点是制砖取土，大量毁坏农田，且自重大，烧砖能耗高，成品尺寸小，施工效率低，抗震性能差等，所以，我国正大力推广墙体材料改革，以空心砖、工业废渣砖及砌块、轻质板材来代替实心黏土砖。

（2）烧结多孔砖和空心砖［图5-6（*c*）、（*d*）］

用多孔砖和空心砖代替实心砖可使建筑物自重减轻1/3左右，节约黏土20%～30%，节省燃料10%～20%，且烧成率高，造价降低20%，施工效率提高40%，并能改善砖的绝热和隔声性能，在相同的热工作性能要求下，用空心砖砌筑的墙体厚度可减薄半块砖左右。

1）烧结多孔砖

烧结多孔砖是以煤矸石、粉煤灰、页岩或黏土为主要原料，经焙烧而成的孔洞率等于或大于25%，孔的尺寸小而数量多的烧结砖，常用于建筑物承重部位。烧结多孔砖的外形尺寸，按《烧结多孔砖和多孔砌块》GB/T 13544—2011

规定，长度（L）可分为 290、240、190，宽度（B）为 240、190、180、175、140、115，高度（H）为 90，单位 mm。产品还可以有$\frac{1}{2}L$或$\frac{1}{2}B$的配砖，配套使用。图 5-5 为部分地区生产的多孔砖规格和孔洞型式。

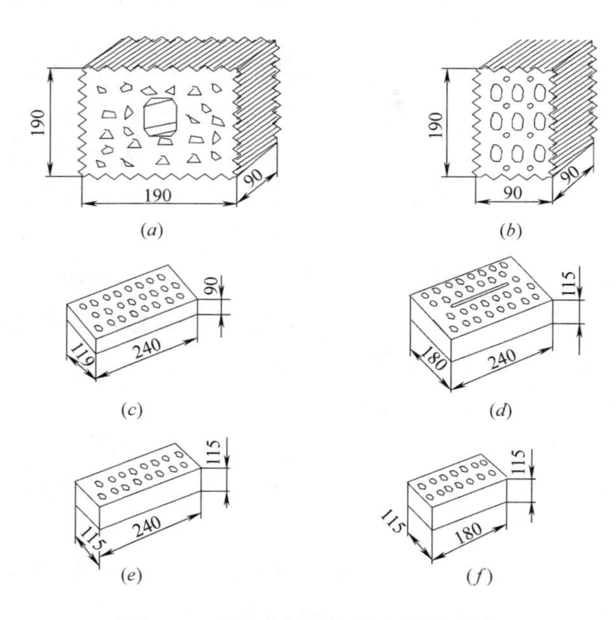

图 5-5 几种多孔砖规格和孔洞型式

（a）KM1 型；（b）KM1 型配砖；（c）KP1 型；（d）KP2 型；（e）、（f）KP2 型配砖

2）烧结空心砖

烧结空心砖，是以黏土、页岩、煤矸石为主要原料，经焙烧而成的孔洞率等于或大于 40％的砖。其孔尺寸大而数

(a)　(b)　(c)　(d)

图 5-6　烧结普通砖实例

（a）实心黏土砖；（b）多孔黏土砖；（c）烧结空心砖；（d）烧结多孔砖

量少且平行于大面和条面，使用时大面受压，孔洞与承压面平行，因而砖的强度不高。

烧结空心砖自重较轻，强度较低，主要作用于非承重墙，如多层建筑内隔墙或框架结构的填充墙等。

（3）烧结页岩砖

页岩经破碎、粉磨、配料、成型、干燥和焙烧等工艺制成的砖，称烧结页岩砖。生产这种砖可完全不用黏土，配料调制时所需水分较少，有利于砖坯干燥。由于其体积密度比普通黏土砖大，为1500～2750kg/m³，为减轻自重，宜制成空心烧结砖。这种砖颜色与普通砖相似，抗压强度为7.5～15MPa，吸水率为20%左右。页岩砖的质量标准与检验方法及应用范围均与普通砖相同。

5.16 常用的砌块有哪些?

砌块是用于砌筑的、形体大于砌墙砖的人造块材，一般为直角六面体。砌块按其系列中主规格的高度尺寸分为小型砌块（115mm＜高度＜380mm）、中型砌块（380mm≤高度≤980mm）和大型砌块（高度＞980mm）；按用途分为承重砌块和非承重砌块；按孔洞设置状况分为空心砌块（空心率≥25%）和实心砌块（空心率＜25%）。

砌块是一种新型墙体材料，可以充分利用地方资源和工业废渣，并可节省黏土资源和改善环境。具有生产工艺简单，原料来源广，适应性强，制作及使用方便，可改善墙体功能等特点，因此发展较快。

1）混凝土小型空心砌块（以碎石或卵石为粗骨料）。普通混凝土小型空心砌块可用于多层建筑的内外墙。

2）轻骨料混凝土砌块（以火山灰、煤渣、陶粒、自然煤矸石为粗骨料）。

3）蒸压加气混凝土砌块：凡以钙质材料或硅质材料为基本的原料，以铝粉等为发气剂，经过切割、蒸压养护等工艺制成的，多孔、块状墙体材料称蒸压加气混凝土砌块。蒸压加气混凝土砌块用于非承重部位。蒸压加气混凝土砌块的特性为多孔轻质、保温隔热性能好、加工性能好，但其干缩较大。使用不当，墙体会产生裂纹。

4）烧结空心砌块（用于非承重部位）。

常用的砌块实例如图 5-7 所示。

图 5-7 常用的砌块实例

(*a*) 粉煤灰硅酸盐砌块；(*b*) 混凝土空心砌块；(*c*) 粉煤灰砌块；
(*d*) 蒸压灰砂砖；(*e*) 加气混凝土砌块（一）；(*f*) 加气混凝土砌块（二）

5.17 目前农村采用的新型墙体材料有哪几种？

适用于新农村房屋建筑的新型墙体材料，主要有多孔砖、空心砖蒸压灰砂砖、蒸压粉煤灰砖、蒸压加气混凝土砌块、混凝土空心砌块、轻集料混凝土小型空心砌块、混凝土夹心聚苯板和填充保温材料的夹心砌块等。新型墙体材料具有质量轻、力学性能好、保温隔热性能优的特点，同时用于生产新型墙体材料的原材料大部分是工业废料或其他非黏土资源，在建筑使用中的功效也基本接近黏土实心砖。新型墙体材料的保温热性能基本上都能满足目前节能标准要求。在建筑构造中还可以采用夹心墙填充保温材料或采用外墙外保温等结构方式，以进一步提高其保温节能的性能。

混凝土砌块是以水泥、砂、碎石为原料，加水搅拌、振动或冲击加压再经过养护制成的墙体材料。蒸压加气混凝土砌块一般以水泥、石灰、高炉矿渣等为原料，另一类则以砂、粉煤灰、煤渣、煤矸石、尾矿粉等为原料，经过一定工艺加工而成为墙体材料。《蒸压加气混凝土砌块》GB/T 11968—2020 规定的砌块强度的等级分为 A1.0、A2.0、A2.5、A3.5、A5.0 五个级别。

5.18 常见的屋面瓦材有哪几类？性能要求如何？

（1）烧结类瓦材

1）黏土瓦

它是以杂质少、塑性好的黏土为主要原料，经成型、干燥、焙烧而成。按颜色分为红瓦和青瓦（图 5-8），按形式分为平瓦（图5-9）、脊瓦、三曲瓦、双筒瓦、鱼鳞瓦、牛舌瓦、板瓦、筒瓦、滴水瓦、沟头瓦、J形瓦、S形瓦和其他异形瓦及其配件等。根据表面状态可分为有釉和无釉两类。

图5-8 青瓦

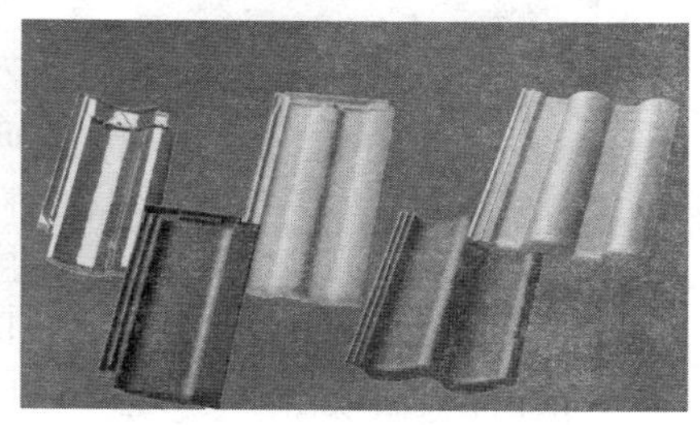
图5-9 各种平瓦

黏土瓦是我国使用历史长且用量较大的屋面瓦材之一，主要用于民用建筑和农村建筑坡形屋面防水。但由于生产中需消耗土地，能耗大，制造和施工的生产率均不高，因此，已渐为其他品种瓦材取代。

2）琉璃瓦

琉璃瓦是用难熔黏土制坯，经干燥、上釉后焙烧而成。这种瓦表面光滑、质地坚密、色彩美丽，常用的黄、绿、黑、蓝、青、紫、翡翠等色。其造型多样，主要有板瓦、筒瓦、滴水瓦、沟头瓦等，有时还制成飞禽、走兽、龙飞凤舞等形象作为檐头和屋脊的装饰，是一种富有我国传统民族特色的高级屋面防水与装饰材料。琉璃瓦耐久性好，但成本较高，一般只限于在古建筑修复、纪念性建筑及园林建筑中的亭、台、楼、阁上使用。

（2）水泥类屋面瓦材

1）混凝土瓦（图 5-10）

图 5-10　混凝土瓦瓦屋面

混凝土瓦分为：混凝土屋面瓦及混凝土配件瓦。混凝土屋面瓦又分为：波形屋面瓦和平板屋面瓦。主要由水泥、细集料和水等为主要原材料经拌和，挤压、静压成型或其他方法制成。若将涂料喷涂在瓦体表面或由水泥及着色剂等材料制成的彩色料浆喷涂在瓦胚体表面，可制成彩色瓦。由于其属于混凝土构件，它的强度高、密实度好、吸水率低、寿命长，且瓦的单片面积大，单位面积的盖瓦量要比黏土瓦和琉璃瓦少得多。因此单位面积所用瓦的重量要轻得多，盖瓦的效率也高。混凝土屋面瓦的承载力标准值以及抗渗性能、抗冻性能等均应符合《混凝土瓦》JC/T 746—2007 中的规定。

2）纤维增强水泥瓦

以增强纤维和水泥为主要原料，经配料、打浆、成型、养护而成。目前市售的主要有石棉水泥瓦等，分大波、中波、小波三种类型。该瓦具有防水、防潮、防腐、绝缘等性能。石棉瓦主要用于工业建筑，如厂房、库房、堆货棚、凉棚等。但由于石棉纤维可能带有放射性物质，因此，许多国家已禁止使用，我国也开始采用其他增强纤维逐渐代替石棉。

（3）高分子类复合瓦材

1）纤维增强塑料波形瓦

纤维增强塑料波形瓦亦称玻璃钢波形瓦，是采用不饱和聚酯树脂和玻璃纤维为原料，经人工糊制而成。其长度为1800～3000mm、宽度为700～800mm、厚度为0.5～1.5mm。特点是质量轻、强度高、耐冲击、耐腐蚀、透光率高、制作简单等，是一种良好的建筑材料。它适用于各种建筑的遮阳及车站月台、售货亭、凉棚等的屋面。

2）聚氯乙烯波形瓦（图5-11）

聚氯乙烯波形瓦亦称塑料瓦楞板，是以聚氯乙烯树脂为主体加入其他配合剂，经塑化、挤压或压延、压波等而制成的一种新型建筑瓦材。其尺寸规格为2100mm×（1100～1300）mm×（1.5～2.0）mm。它具有质轻、高强、防水、耐化学腐蚀、透光率高、色彩鲜艳等特点，适用于凉棚、果棚、遮阳板和简易建筑的屋面等处。

图5-11　聚氯乙烯波形瓦

3）木质纤维波形瓦

该瓦是利用废木料制成的木纤维与适量的酚醛树脂防水剂配制后，经高温高压成型、养护而成。长1700mm、宽750mm、厚5.5mm，波高40mm，每张7～9kg。该种瓦的横向跨度集中破坏荷载为2000～4000N（支距1500mm）。冲击性能应满足用1N的重锤在2m高同一部位连续自由下落7次才破坏的要求。吸水率不应大于20%。导热系数为0.09～0.16W/(m·K)。在浸水耐热及耐寒试验中，经25

次循环无翘曲、分层、裂纹现象。它适用于活动房屋及轻结构房屋的屋面及车间、仓库、料棚或临时设施等的屋面。

4）玻璃纤维沥青瓦

该瓦是以玻璃纤维薄毡为胎料，以改性沥青涂敷而成的片状屋面瓦材。其表面可撒各种彩色矿物粒料，形成彩色沥青瓦（图 5-12）。该瓦质量轻、互相粘结的能力强、抗风化能力强、施工方便、适用于一般民用建筑的坡形屋面。

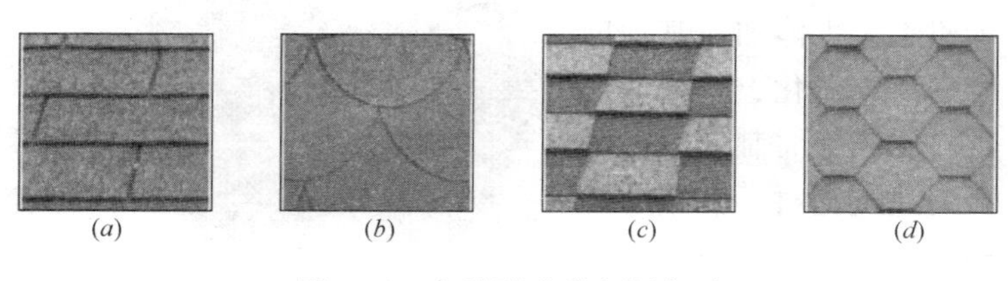

(*a*) (*b*) (*c*) (*d*)

图 5-12 各种形式彩色沥青瓦

（*a*）三垂型；（*b*）鱼鳞型；（*c*）叠层型；（*d*）蜂窝型

5.19 屋面防水材料有哪几类，如何选择？目前推广采用哪些新型防水材料？

近年来，由于在屋面工程中新型防水保温材料、新型屋面形式及新的施工技术等方面均有较快的发展，在新农村的房屋建设中，屋顶的防水材料也不仅仅局限于简单的沥青或瓦类的材料，故采用新型的屋面防水材料尤为重要。目前就我国屋面工程的现状看，屋面大体上可分为卷材防水屋面、涂膜防水屋面、保温屋面、隔热屋面、瓦屋面、金属板屋面、采光顶等种类。

《屋面工程质量验收规范》GB 50207—2012 现行屋面防水材料标准中规定：防水材料主要为改性沥青防水卷材类、合成高分子防水卷材类、防水涂料类、密封材料类、瓦类。

根据《屋面工程技术规范》GB 50345—2012 并结合《建筑与市政工程防水通用规范》GB 55030—2022 规定：工程防水应遵循因地制宜、以防为主、防排结合、综合治理的原则，并按其防水功能重要程度分为甲类、乙类和丙类。工程防水应进行专项防水设计。平屋面工程的防水做法应符合表 5-7 的规定。

平屋面工程的防水做法　　表 5-7

防水等级	防水做法	防水层	
		防水卷材	防水涂料
一级	不应少于 3 道	卷材防水层不应少于 1 道	
二级	不应少于 2 道	卷材防水层不应少于 1 道	
三级	不应少于 1 道	任选	

注：摘自《建筑与市政工程防水通用规范》GB 55030—2022 第 4.4.1-1 条。

防水材料的选择应符合如下规定：

1）防水卷材可按合成高分子防水卷材和高聚物改性沥青防水卷材选用，其外观质量和品种、规格应符合国家现行有关材料标准的规定；

2）应根据当地历年最高气温、最低气温、屋面坡度和使用条件等因素，选择耐热度、低温柔性相适应的卷材；

3）应根据地基变形程度、结构形式、当地年温差、日温差和振动等因素，选择拉伸性能相适应的卷材；

4）应根据屋面卷材的暴露程度，选择耐紫外线、耐老化、耐霉烂相适应的卷材；

5）种植隔热屋面的防水层应选择耐根穿刺防水卷材。

防水涂料的选择应符合下列规定：

1）防水涂料可按合成高分子防水涂料、聚合物水泥防水涂料和高聚物改性沥青防水涂料选用，其外观质量和品种、型号应符合国家现行有关材料标准的规定；

2）应根据当地历年最高气温、最低气温、屋面坡度和使用条件等因素选择耐热性、低温柔性相适应的涂料；

3）应根据地基变形程度、结构形式、当地年温差、日温差和振动等因素，选择拉伸性能相适应的涂料；

4）应根据屋面涂膜的暴露程度，选择耐紫外线、耐老化相适应的涂料；

5）屋面坡度大于 25% 时，应选择成膜时间较短的涂料。

瓦屋面防水等级和防水做法见表 5-8。

瓦屋面防水等级和防水做法　　表 5-8

防水等级	防水做法	防水层		
		屋面瓦	防水卷材	防水涂料
一级	不应少于 3 道	为 1 道，应选	卷材防水层不应少于 1 道	
二级	不应少于 2 道	为 1 道，应选	不应少于 1 道 任选	
三级	不应少于 1 道	为 1 道，应选		

注：摘自《建筑与市政工程防水通用规范》GB 55030—2022 第 4.4.1-2 条。

烧结瓦、混凝土瓦屋面的坡度不应小于 30%，沥青瓦屋面的坡度不应小于 20%。

目前市场上供应的防水材料有：

1）弹性体改性沥青防水卷材；
2）氯化聚乙烯—橡胶共混防水卷材；
3）聚氯乙烯防水卷材；
4）三元乙丙高分子防水材料；
5）SBS 弹性体改性沥青防水卷材；
6）APP 塑性体改性沥青防水卷材；
7）聚氨酯防水涂料；
8）聚合物水泥防水涂料；
9）建筑防水沥青嵌缝油膏；
10）玻纤胎沥青瓦、烧结瓦、混凝土瓦。

5.20　常用的卷材防水材料有哪些？复合防水层有哪些？

卷材防水屋面是我国传统的屋面防水形式，防水卷材又是屋面防水材料的重要品种，目前市场上采用的防水卷材主要为高聚物改性沥青防水卷材和合成高分子防水卷材，各种材料的特点见表 5-9。

卷材分类表　　表 5-9

<table>
<tr><td rowspan="4">卷材防水</td><td>高聚物改性沥青防水卷材</td><td colspan="2">SBS 改性沥青防水卷材、APP 改性沥青防水卷材，再生胶改性沥青防水卷材、PVC 改性沥青防水卷材、自粘聚合物改性沥青防水卷材、其他改性沥青防水卷材</td></tr>
<tr><td rowspan="3">合成高分子防水卷材</td><td>橡胶系</td><td>三元乙丙橡胶防水卷材
丁基橡胶防水卷材
再生橡胶防水卷材</td></tr>
<tr><td>树脂系</td><td>氯化聚乙烯防水卷材
聚氯乙烯防水卷材
聚乙烯防水卷材
氯磺化聚乙烯防水卷材</td></tr>
<tr><td>橡塑共混型</td><td>氯化聚乙烯—橡胶共混防水卷材
三元乙丙橡胶—聚乙烯共混防水卷材</td></tr>
</table>

复合防水层是由彼此相容的卷材和涂料组合而成的防水层。主要为：合成高分子防水卷材＋合成高分子防水涂膜；自粘聚合物改性沥青防水卷材（无胎）＋合成高分子防水涂膜；高聚物改性沥青防水卷材＋高聚物改性沥青防水涂膜；聚乙烯丙纶卷材＋聚合物水泥防水胶结材料。

5.21 建筑用钢材主要有哪几种？什么是 HPB300、HRB335、HRB400、冷轧带肋钢筋？

建筑工程中常用的钢材可分为钢结构用的型钢和钢筋混凝土结构用的钢筋、钢丝两大类。目前农村住宅的建造主要为钢筋混凝土结构用钢。钢筋混凝土结构用的钢筋和钢丝，主要由碳素结构钢和低合金结构钢轧制而成。主要品种有热轧钢筋、冷加工钢筋、热处理钢筋、预应力混凝土用钢丝和钢绞丝。

（1）热轧钢筋

用加热钢坯轧成的条形成品钢筋，称为热轧钢筋。它主要用于钢筋混凝土和预应力混凝土结构的配筋，是建筑工程中用量最大的钢材品种之一。

热轧钢筋主要有用 Q235 碳素结构钢轧制的光圆钢筋和用合金钢轧制的带肋钢筋两类。热轧光圆钢筋表面平整光滑，截面为圆形；而热轧带肋钢筋表面通常有两条纵肋和沿长度方向均匀分布的横肋。带肋钢筋按肋纹的形状分为等高肋和月牙肋，如图 5-13 所示。

根据《钢筋混凝土用钢 第 1 部分：热轧光圆钢筋》GB/T 1499.1—2017 和《钢筋混凝土用钢 第 2 部分：热轧

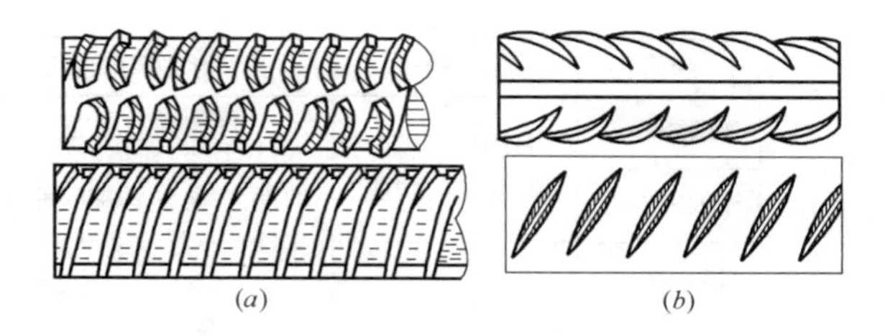

图 5-13　带肋钢筋外形

（a）等高肋；（b）月牙肋

带肋钢筋》GB/T 1499.2—2018 的规定，热轧钢筋的牌号、牌号构成及等级见表 5-10，力学性能及工艺性能应符合表 5-11规定。

热轧钢筋的牌号表示（GB/T 1499.1—2017 GB/T 1499.2—2018）　表 5-10

类别	牌号	牌号构成	英文字母含义
热轧光圆钢筋	HPB300	由 HPB＋屈服强度特征值构成	HPB—热轧光圆钢筋的英文(Hot rolled Plain Bars)缩写
普通热轧带肋钢筋	HRB400	由 HRB＋屈服强度特征值构成	HPB—热轧带肋钢筋的英文（Hot rolled Ribbed Bars)缩写。 E——地震的英文(Earthquake)缩写
	HRB500		
	HRB600		
	HRB400E	由 HRB＋屈服强度特征值构成＋E	
	HRB500E		

续表

类别	牌号	牌号构成	英文字母含义
细晶粒热轧带肋钢筋	HRBF400	由HRBF＋屈服强度特征值构成	HRBF—在热轧带肋钢筋的英文缩写后加“细”的英文(Fine)首位字母。 E——地震的英文(Earthquake)缩写
	HRBF500		
	HRBF400E	由HRBF＋屈服强度特征值构成＋E	
	HRBF500E		

热轧钢筋的力学性能及工艺性能（GB 1499.1—2017 GB 1499.2—2018）　表5-11

牌号	屈服强度/MPa	抗拉强度/MPa	断后伸长率/%	最大力总伸长率/%	冷弯试验(180°)	
	≥				公称直径 a/mm	弯曲压头直径 D/mm
HPB300	300	420	25.0	10.0	a	$D=a$
HRB400 HRBF400	400	540	16	7.5	6～25 28～40 ＞40～50	$D=4a$ $D=5a$ $D=6a$
HRB400E HRBF400E				9.0		
HRB500 HRBF500	500	630	15	7.5	6～25 28～40 ＞40～50	$D=6a$ $D=7a$ $D=8a$
HRB500E HRBF500E				9.0		
HRB600	600	730	14	7.5	6～25 28～40 ＞40～50	$D=6a$ $D=7a$ $D=8a$

HPB300级钢筋（符号Φ）是用碳素结构钢筋热轧而成，其强度较低，但塑性好，伸长率高，便于弯折成形、容易焊

接。广泛用于普通钢筋混凝土构件中，可用作中小型钢筋混凝土结构的主要受力钢筋、构件的箍筋及钢、木结构的拉杆等，以及作为冷加工（冷拉、冷拔、冷轧）的原料。

HRB335 级热轧带肋钢筋（符号Φ）因强度低，正逐渐被 400 级热轧带肋钢筋代替。

HRB400 级热轧带肋钢筋（符号Φ）采用低碳低合金镇静钢和半镇静钢热轧而成，其强度高，塑性和可焊性也较好，钢筋表面带有纵肋和横肋，从而加强了钢筋与混凝土之间的握裹力，广泛用于大中型钢筋混凝土结构的受力钢筋，以及预应力钢筋。

500 级和 600 级热轧带肋钢筋采用中碳低合金镇静钢热轧而成，提高强度的同时又保证其塑性和韧性，主要用于预应力钢筋。

（2）冷轧带肋钢筋

冷轧带肋钢筋采用热轧圆盘条经冷轧而成，表面带有沿长度方向均匀分布的二面或三面的横肋。根据《冷轧带肋钢筋》GB/T 13788—2017 规定，钢筋分为 CRB550、CRB650、CRB800、CRB600H、CRB680H 六个牌号，CRB 表示冷轧带肋钢筋，CRB＋抗拉强度特征值＋ H，表示高延性冷轧带肋钢筋。CRB550、CRB600H 为普通钢筋混凝土用钢筋，CRB650、CRB800、CRB800H 为预应力混凝土用钢筋，CRB680H 既可作为普通钢筋混凝土用钢筋，也可作为预应力混凝土用钢筋使用。

CRB550、CRB600H、CRB680H 钢筋的公称直径范围为 4 ～ 12mm，CRB650、CRB800、CRB800H 公称直径为 4mm、5mm、6mm。

冷轧带肋钢筋各等级的力学性能和工艺性能应符合表 5-12的规定。

冷轧带肋钢筋力学性能和工艺性能　　表 5-12

分类	牌号	规定塑性延伸强度 $R_{P0.2}$（MPa）不小于	抗拉强度 R_m（MPa）不小于	$R_m/R_{P0.2}$ 不小于	断后伸长率（%）不小于		最大力总延伸率（%）不小于	弯曲实验[a] 180°	反复弯曲次数	应力松弛初始应力应相当于公称抗拉强度的70%
					A	A_{100mm}	A_{gt}			1000h（%）不大于
普通钢筋混凝土用	CRB550	500	550	1.05	11.0	—	2.5	$D=3d$	—	—
	CRB600H	540	600	1.05	14.0	—	5.0	$D=3d$	—	—
	CRB680H[b]	600	680	1.05	14.0	—	5.0	$D=3d$	4	5
预应力混凝土用	CRB650	585	650	1.05	—	4.0	2.5	—	3	8
	CRB800	720	800	1.05	—	4.0	2.5	—	3	8
	CRB800H	720	800	1.05	—	7.0	4.0	—	4	5

[a] D 为弯心直径，d 为钢筋公称直径。

[b] 当该牌号钢筋作为普通钢筋混凝土用钢筋时，对反复弯曲和应力松弛不做要求；当该牌号钢筋作为预应力混凝土钢筋使用时应进行反复弯曲试验代替 180°弯曲试较，并检测松弛率

注：摘自《冷轧带肋钢筋》GB/T 13788—2017 第 6.3.1 条。

冷轧带肋钢筋是采用冷加工方法强化的典型产品，冷轧后强度明显提高，但塑性也随之降低，使强屈比变小。CRB550为普通混凝土用钢筋，其他牌号宜用在预应力混凝土结构中。

5.22 混凝土结构用的钢筋如何进行分类?

供混凝土结构用的钢筋主要有热轧钢筋（光圆、带肋、余热处理），预应力钢丝、钢绞线，冷加工钢筋等三大类。其中热轧钢筋里的HRB400级钢筋为我国钢筋混凝土结构的主力钢筋，高强的预应力钢丝、钢绞线为我国预应力混凝土结构的主力钢筋。

钢筋按用途可分为如下几类：

受拉钢筋——沿梁的纵向跨度方向布置，承受梁中由弯矩引起的拉力，又称纵向受拉钢筋。对于普通钢筋混凝土构件一般采用HPB300、HRB335级钢筋；

弯起钢筋——将一部分纵向钢筋弯起，称为弯起钢筋。它的斜段承受梁中剪力引起的拉力。对于普通钢筋混凝土构件一般采用HPB300、HRB335级钢筋；

架立钢筋——沿梁的纵向布置，它基本不受力，而是起架立和构造作用，它往往布置成直线形，与梁中的纵向受力钢筋和箍筋一起形成钢筋骨架。对于普通钢筋混凝土构件一般采用HPB300级钢筋，也有采用HRB335级钢筋的；

箍筋——它在梁中承受剪力，同时与架立钢筋、纵向受力钢筋形成钢筋骨架，一般采用HPB300级钢筋；

分布钢筋——只有钢筋混凝土板才有分布钢筋，它的作用是固定板中受力钢筋，它沿板的横向布置，与纵向钢筋垂直。

5.23 如何防止钢材的锈蚀？

（1）保护层法

在钢材表面施加保护层，使钢与周围介质隔离，从而防止锈蚀。保护层可分为金属保护层和非金属保护层两类。

金属保护层是用耐蚀性较强的金属，以电镀或喷镀的方法覆盖钢材表面，如镀锌、镀锡、镀铬等。

非金属保护层是用有机或无机物质作保护层。常用的是在钢材表面涂刷各种防锈涂料，此法简单易行，但不耐久。此外，还可采用塑料保护层、沥青保护层及搪瓷保护层等。

（2）制成合金钢

钢材的化学成分对耐锈蚀性有很大影响。如在钢中加入合金元素铬、镍、钛、铜等，制成不锈钢，可以提高耐锈蚀能力。

5.24 建筑常用的木材种类有哪些？

建筑工程常用木材，按其用途和加工程度有圆条、原木、锯材三类，如表5-13所示。

木材的分类　　表5-13

分类名称	说　明	主要用途
圆条	除去皮、根、树梢的木料，但尚未按一定尺寸加工成规定直径和长度的材料	建筑工程的脚手架、建筑用材、家具等

续表

分类名称	说明	主要用途
原木	已经去皮、根、树梢的木料，并已按一定尺寸加工成规定直径和长度的材料	直接使用的原木：用于建筑工程（如屋架、檩、椽等）、桩木、电杆、坑木等 加工原木：用于胶合板、造船、车辆、机械模型及一般加工用材等
锯材	已经加工锯解成的木料，凡宽度为厚度3倍或以上的，称为板材，不足3倍的称为方材	建筑工程、桥梁、家具、造船、车辆、包装箱板等

5.25 简述木材在建筑工程中的综合利用

木作工程是建筑工程中的一部分。木材的综合利用就是将木材加工过程中的大量边角、碎料、刨花、木屑等，经过加工处理，制成各种人造板材，有效提高木材利用率，这对弥补木材资源严重不足有着十分重要的意义。

（1）胶合板

胶合板是用原木旋切成薄片，经干燥处理后，再用胶粘剂按奇数层数，以各层纤维互相垂直的方向，粘合热压而成的人造板材。一般为3～13层。工程中常用的是三合板和五合板。针叶树和阔叶树均可制作胶合板。

胶合板的特点是：材质均匀，强度高，无明显纤维饱和点存在，吸湿性小，不翘曲开裂，无疵病，幅面大，使用方便，装饰性好。

胶合板广泛用作建筑室内墙隔板、护壁板、天花板、门面板以及各种家具和装饰。

（2）细木工板

细木工板属于特征胶合板的一种，芯板用木板拼接而成，两面胶粘一层或两层单板，细木工板按结构不同，可分为芯板条不胶拼的和芯板条胶拼的两种；按表面加工状况可分为一面砂光、两面砂光和不砂光三种；按使用的胶合剂不同，可分为Ⅰ类胶细木工板、Ⅱ类胶细木工板两种；按面板的材质和加工工艺质量不同，可分为一、二、三等三个等级。细木工板具有质坚、吸声、绝热等特点，适用于家具和建筑物内装修等。

（3）纤维板

纤维板是以植物纤维为主要原料，经破碎、浸泡、研磨成木浆，再加入一定的胶料，经热压成型、干燥等工序制成的一种人造板材。

纤维板的原料非常丰富。如木材采伐加工剩余物（板皮、刨花、树枝等），稻草、麦秸、玉米秆、竹材等。

按纤维的体积密度分为硬质纤维板（体积密度＞800kg/m^3）、中密度纤维板（体积密度为500～800kg/m^3）和软质纤维板（体积密度＜500kg/m^3）三种；按表面分为一面光板和两面光板两种；按原料分为木材纤维板和非木材纤维板两种。

1）硬质纤维板

硬质纤维板的强度高、耐磨、不易变形，可用于墙壁、门板、地面、家具等。硬质纤维板的幅面尺寸610mm×1220mm，915mm×1830mm，1000mm×2000mm，915mm×2135mm，1220mm×1830mm，1200mm×2440mm；厚度为

2.5mm、3.00mm、3.20mm、4.00mm、5.00mm。硬质纤维板按其物理力学性能和外观质量分为特级、一级、二级、三级四个等级。

2）中密度纤维板

中密度纤维板按体积密度分为 80 型（体积密度为 0.80g/cm^3）、70 型（体积密度为 0.70g/cm^3）、60 型（体积密度为 0.60g/cm^3）；按胶粘剂类型分为室内用和室外用两种。中密度纤维板的长度为 1830mm、2135mm、2440mm，宽度为 1220mm，厚度为 12mm、15mm、16mm、18mm、21mm、24mm 等。中密度纤维板按外观质量分为特级品、一级品、二级品三个等级。

中密度纤维板表面光滑、材质细密、性能稳定、边缘牢固，且板材表面的再装饰性好。中密度纤维主要用于隔断、隔墙、地面、高档家具等。

3）软质纤维板

软质纤维板的结构松软，故强度低，但吸引性和保温性好，主要用于吊顶等。

4）刨花板、木丝板、木屑板

刨花板、木丝板、木屑板是利用木材加工中产生的大量刨花、木丝、木屑为原料，经干燥，与胶结料拌合，热压而成的板材。所用胶结料有动植物胶（豆胶、血胶）、合成树脂胶（酚醛树脂、脲醛树脂等）、无机胶凝材料（水泥、菱苦土等）。

这类板材表面密度小，强度较低，主要用作绝热和吸声材料。经饰面处理后，还可用作吊顶板材、隔断板材等。

第 6 章　房屋建造施工技术

6.1　土方工程包括哪些内容？

土方工程包括：土的开挖、填筑、运输等施工过程，以及排水、降水、土壁支撑等辅助工作。土按开挖和填筑的几何特征不同，分为场地平整、挖基坑、挖土方、回填土等。

厚度在 300mm 以内的挖填及找平称为场地平整。

挖土宽度在 3m 以内，且长度等于或大于宽度 3 倍者称为挖基槽。

挖土底面积在 $20m^2$ 以内，且底长为底宽 3 倍以内者称为挖基坑。

山坡挖土或者地槽宽度大于 3m，坑底面积大于 $20m^2$ 或场地平整挖填厚度超过 300mm 者称为挖土方。

6.2　农村住宅施工前对场地开挖应做好哪些工作？

（1）场地清理

场地清理包括拆迁旧房屋、清理场地、清除垃圾，拆迁或改建通讯、电力线路、上下水道以及其他建筑物，迁移树木，去除耕植土及河塘淤泥等工作。

（2）排除地面水

场地内低洼地区的积水必须排除，同时应注意雨水的排除，使场地保持干燥，便于土方施工。

地面水的排除一般采用排水沟、截水沟、挡水土坝等措施。

（3）修筑临时设施

修筑临时道路、供水、供电及临时停机棚与修理间等临时设施。做好三通一平工作（路通、水通、电通，场地平整）。

6.3 基槽（坑）开挖对土方边坡有什么要求？

基础工程施工时，首先就是基槽或基坑的开挖，而对于农村建筑，大多以条形基础为主，因此施工时为了防止塌方，保证施工安全，在基坑（槽）开挖深度超过一定限度时，土壁应做成有斜率的边坡，或者加以临时支撑以保持土壁的稳定。

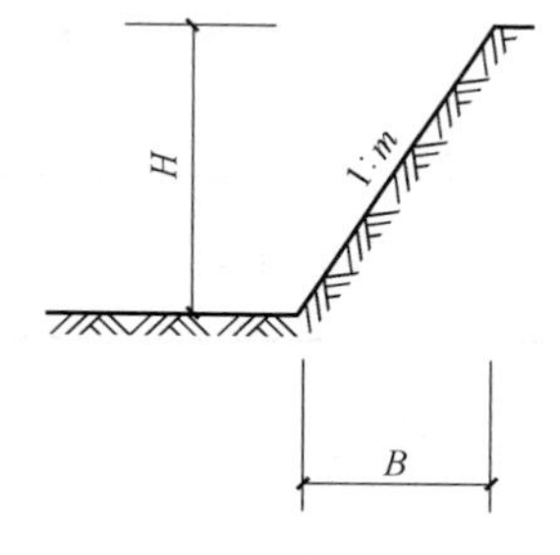

图 6-1 边坡的表示方法

施工时，土方边坡的大小要按规定的要求进行的，其中土方边坡的坡度是以土方挖方深度 H 与放坡宽度 B 之比表示，如图 6-1 所示。即

$$土方边坡坡度=\frac{H}{B}=\frac{1}{B/H}=1:m$$

式中 $m=B/H$ 称为边坡系数。

当地质条件良好，土质均匀且地下水位低于基坑（槽）或管沟底面标高时，挖方边坡可做成直立壁不加支撑，但深度不宜超过下列规定：

密实、中密的砂土和碎石类土（充填物为砂土） 1.0m

硬塑、可塑的粉土及粉质黏土　　　　1.25m

硬塑、可塑的黏土和碎石类土（充填物为黏性土）

1.50m

坚硬的黏土　　　　2.00m

挖方深度超过上述规定时，应考虑放坡或做成直立壁加支撑。

当地质条件良好，土质均匀且地下水位低于基坑（槽）或管沟底面标高时，挖方深度在5m以内不加支撑的边坡的最陡坡度应符合表6-1规定。

深度在5m以内不加支撑的边坡的最陡坡度　　表6-1

土的类别	边坡坡度(高：宽)		
	坡顶无荷载	坡顶有静载	坡顶有动载
中密的砂土	1：1.00	1：1.25	1：1.5
中密的碎石类土(充填物为砂土)	1：0.75	1：1.00	1：1.25
硬塑的粉土	1：0.67	1：0.75	1：1.0
中密的碎石类土(充填物为黏性土)	1：0.50	1：0.67	1：0.75
硬塑的粉质黏土	1：0.33	1：0.50	1：0.67
老黄土	1：0.10	1：0.25	1：0.33
软土(经井点降水后)	1：1.00	—	—

注：1. 静载指堆土或材料等，动载指机械挖土或汽车运输作业等。静载或动载距挖方边缘的距离应保证边坡和直立壁的稳定，堆土或材料应距挖方边缘0.8m以外，高度不超过1.5m；
2. 当有成熟施工经验时，可不受本表限制。

永久性挖方边坡应按设计要求放坡。对临时性挖方边坡值应符合表6-2规定。

临时性挖方边坡值　　表6-2

土的类别		边坡坡度（高：宽）
砂土（不包括细砂、粉砂）		1：1.25～1：1.50
一般黏性土	坚硬	1：0.75～1：1.00
	硬塑	1：1.00～1：1.25
	软	1：1.50或更缓
碎石类土	充填坚硬、硬塑黏性土	1：0.50～1：100
	充填砂土	1：1.00～1：1.50

注：1. 本表适用于无支护措施的临时性挖方工程的边坡坡率。
2. 设计有要求时，应符合设计标准。
3. 本表适用于地下水位以上的土层。采用降水或其他加固措施，可不受本表限制，但应计算复核。
4. 一次开挖深度，对软土不应超过4m，硬土不应超过8m。

6.4 常用的基坑降水方法有哪几种？

在开挖基坑、地槽、管沟或其他土方时，土的含水层常被切断，地下水将会不断的渗入坑内。雨季施工时，地面水也会流入地坑内。为了保证施工的正常进行，防止边坡塌方和地基承载能力的下降，必须做好基坑降水工作。降水方法分明排水法和人工降低地下水位法两类。

（1）明排水法

在基坑或沟槽开挖时，采用截、疏、抽的方法来进行排水。开挖时，沿坑底周围或中央开挖排水沟，再在沟底设集水井，使基坑内的水经排水沟流向集水井，然后用水泵抽走（图6-2）。

基坑四周的排水沟及集水井应设置在基础范围以外，地

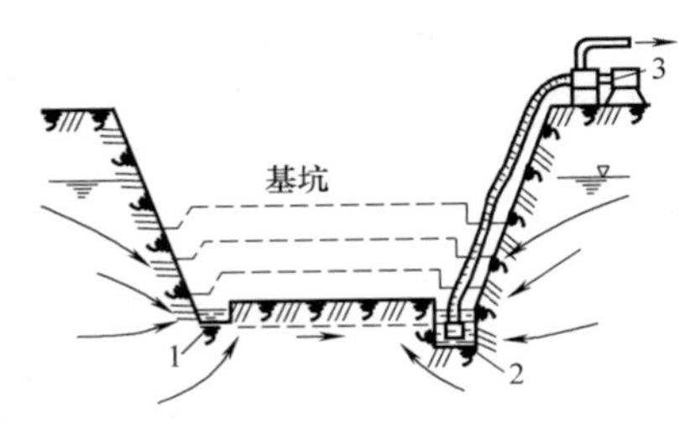

图 6-2 集水井降水

1—排水沟；2—集水沟；3—水泵

下水流的上游。明沟排水一般深 0.3～0.6m，底宽不小于 0.3m，纵坡宜控制在 1‰～2‰，以保持水流畅通。

集水井应根据地下水量，基坑平面形状及水泵能力，每隔 30～40m 设置一个。集水井的直径或宽度，一般为 0.6～0.8m。其深度随着挖土的加深而加深，要始终低于挖土面 0.8～1.0m。井壁可用竹、木、钢筋笼等简易加固。当基坑挖至设计标高后，井底应低于坑底 1～2m，并铺设 0.3m 碎石滤水层，以免抽水时将泥沙抽出，并防止井底的土被搅动。

明排水法由于设备简单和排水方便，采用较为普遍，但当开挖深度大、地下水位较高而土质又不好时，用明排水法降水，挖至地下水水位以下时，有时坑底下面的土会形成流动状态，随地下水涌入基坑。这种现象称为流沙现象。发生流沙时，土完全丧失承载能力。使施工条件恶化，难以达到开挖设计深度。严重时会造成边坡塌方及附近建筑物因地基被掏空而下沉、倾斜、倒塌等。总之，流沙现象对土方施工和附近建筑物有很大危害。

（2）人工降低地下水位

人工降低地下水位，就是在基坑开挖前，预先在基坑四周埋设一定数量的滤水管（井），利用抽水设备从中抽水，使地下水位降落在坑底以下，直至施工结束为止。这样，可使所挖的土始终保持干燥状态，改善施工条件，同时还使动水压力方向向下，从根本上防止流沙发生，并增加土中有效应力，提高土的强度或密实度。因此，人工降低地下水位不仅是一种施工措施，也是一种地基加固方法。采用人工降低地下水位，可适当改陡边坡以减少挖方数量，但在降水过程中，基坑附近的地基土壤会有一定的沉降，施工时应加以注意。

6.5 基坑（槽）施工时如何进行放线？土方开挖应遵循什么原则？

基槽放线：根据房屋主轴线控制点，首先将外墙轴线的交点用木桩测设在地面上，并在桩顶钉上铁钉作为标志。房屋外墙轴线测定以后，再根据建筑物平面图，将内部开间所有轴线都一一测出。最后根据边坡系数计算的开挖宽度在中心轴线两侧用石灰在地面上撒出基坑开挖边线。同时在房屋四周设置龙门板，以便于基础施工时复核轴线位置。

在农村进行基槽放线时，为了防止雨水渗入到基础下面导致基础变形，常常是将基槽向室外延伸出一段，以中线为标准时，室外的占60%，室内为40%。如1.00m宽的基槽，以中线向外量600mm，向室内量400mm，分别作为室外、室内基槽的边线。

（1）龙门桩的设置。为了便于基础施工，一般要在轴线两端设置龙门板，把轴线和基础边线投测到龙门板上。设置龙门板时，龙门板距基槽开挖边线的距离应结合施工现场的环境来定，一般为 1m 左右。支撑龙门板的木桩称为龙门桩，木桩的侧面要与轴线相平行。建筑物同一侧的龙门板应在一条直线上，龙门板的形式如图 6-3所示。

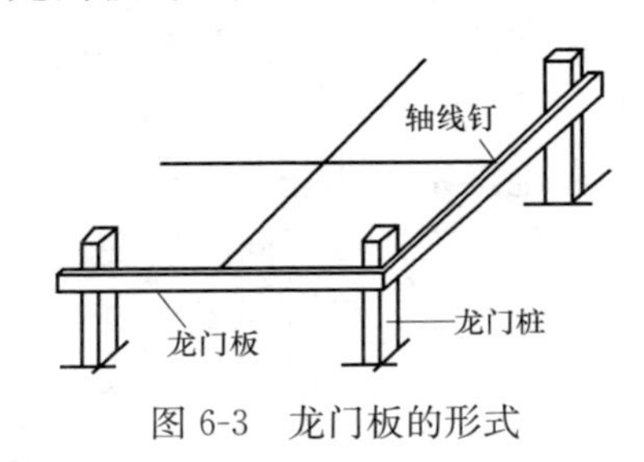

图 6-3　龙门板的形式

（2）龙门板钉牢后，根据轴线两端的控制桩用经纬仪把轴线投测到龙门板的顶面上，并钉上轴线钉。经检查无误后，以轴线钉为依据，在龙门板里侧测出墙宽或基础边线，如图 6-4 所示。

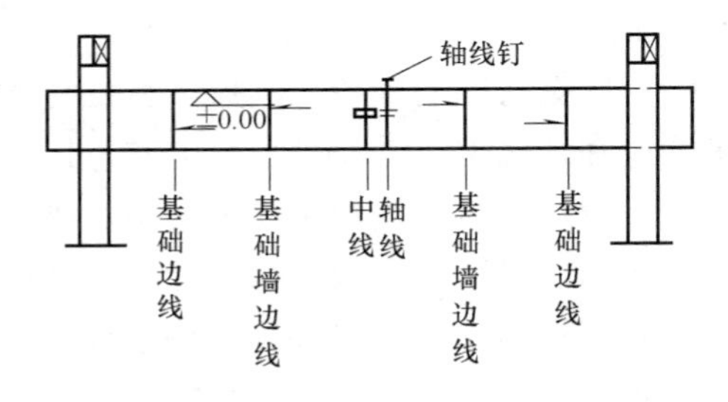

图 6-4　向龙门板投测各线

柱基放线：在基坑开挖前，从设计图上查对基础的纵横轴线编号和基础施工详图，根据柱子的纵横轴线，用经纬仪在矩形控制网上测定基础中心线的端点，同时在每个柱基中心线上，测定基础定位桩，每个基础的中心线上设置四个定位木桩，其桩位离基础开挖线的距离为 0.5～1.0m。若基础之间的距离不大，可每隔 1～2 个或几个基础打一定位桩，但两个定位桩的间距以不超过 20m 为宜，以便拉线恢复中间柱基的中线。桩顶上钉一钉子，标明中心线的位置。然后按施工图上柱基的尺寸和按边坡系数确定的挖土边线的尺寸，放出基坑上口挖土灰线，标出挖土范围。

土方开挖应遵循“开槽支撑，先撑后挖，分层开挖，严禁超挖”的原则。

开挖基坑（槽）按规定的尺寸确定合理开挖顺序和分层开挖深度，连续地进行施工，尽快地完成。因土方开挖施工要求标高、断面准确，土体应有足够的强度和稳定性，所以在开挖过程中要随时注意检查。挖出的土除预留一部分用作回填外，不得在场地内任意堆放，应把多余的土运到弃土地区，以免妨碍施工。为防止坑壁滑坡，根据土质情况及坑（槽）深度，在坑顶两边一定距离（一般为 1.0m）内不得堆放弃土，在此距离外堆土高度不得超过 1.5m，否则，应验算边坡的稳定性。在桩基周围、墙基或围墙一侧，不得堆土过高。在坑边放置有动载的机械设备时，也应根据验算结果，离开坑边较远距离，如地质条件不好，还应采取加固措施。为了防止坑底土（特别是软土）受到浸水或其他原因的扰动，基坑（槽）挖好后，应立即做垫层或浇筑基础，否则，挖土时应在基底标高以上保留 150～300mm 厚的土层，待基础施工时再行挖去。如用机械挖土，为防止基底土被扰动，结构被破坏，不应直接挖到坑（槽）底，应根据机械种类，在基底标高以上留出 200～300mm，待基础施工前由人工铲平修整。挖土不得挖至基坑（槽）的设计标高以下，如个别超挖，应用与基土相同的土料修补，并夯实到要求的密实度。如用原土填补不能达到要求的密实度时，应用碎石类土填补，并仔细夯实。重要部位如被超挖时，可用低强度等级的混凝土修补。

6.6 农村住宅基础施工应注意哪些问题？

（1）开挖基槽应注意邻近建筑物的稳定性（一般应满足相邻建筑基础底面标高差 ΔH 除以相邻基础边缘的最小距离 l 在 0.5～1.0 之间，淤泥质土除外），如图 6-5 所示，注意槽底是否有障碍物或局部软弱地基，必要时应进行地基加固处理。

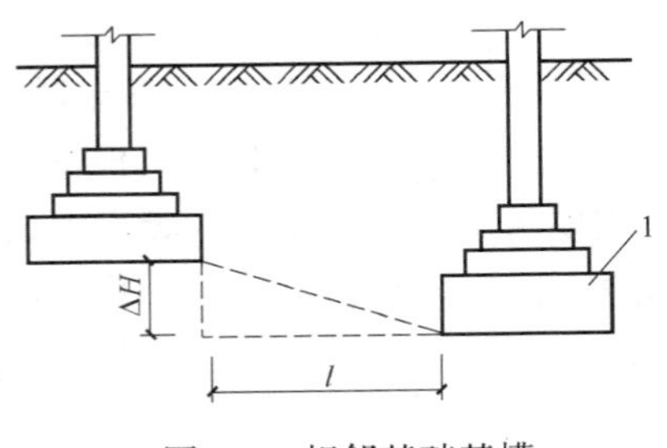

图 6-5 相邻基础基槽

（2）基槽应保持底平边直，槽底不积水，并原土夯实，如基土表面有水，应增加厚度为 10cm 石屑碎石垫层，并夯入基土内。挖土不能过早，应接近基础施工前开挖，尽量减少槽底暴露时间，如不能立即进行下一工序施工时，应预留厚度为 15cm 以上覆盖土层，待基础施工时再挖去。

（3）基槽边 1m 范围内不得堆土或堆放材料，以避免直立壁坍塌。

（4）地基加固处理可采用砂垫层、砂石垫层（或石屑碎石垫层）、灰土垫层、灰浆碎砖三合土地基等，并分层夯实。

具体加固方法应根据地基和基础条件决定。

（5）基础施工前应复核基底标高和轴线尺寸。

（6）农村住宅基础一般采用实心砖基础和毛石基础，基础应用水泥砂浆砌筑，配合比可采用水泥：砂=1：3（体积比）。

（7）砖基础宜采用一顺一丁或满丁满条砌筑，竖缝错开1/4砖长；十字和丁字接头应隔皮砌通；第一皮和顶上一皮均用丁砖铺砌。

（8）基槽回填前，应清除基槽内的积水和有机杂物；基础砌完后应达到一定强度，不致因填土而受损伤时，方可回填；用黏土回填，应在基础两侧分层夯实。

6.7 基槽挖土时槽底施工宽度应如何确定?

槽底施工宽度=槽底设计宽度+2倍工作面宽度

其中工作面宽度：当为块石基础时，应为基础底面每侧放宽150mm；当为砖基础时，应为基础底面每侧放宽200mm；当为混凝土基础时，应为基础底面每侧放宽300mm。

6.8 砌筑砂浆按材料组成可分为哪几类？砂浆的配合比有什么要求?

砂浆按组成材料的不同可分为水泥砂浆、水泥混合砂浆和非水泥砂浆三类。

（1）水泥砂浆

用水泥和砂拌合成的水泥砂浆具有较高的强度和耐久性，但和易性差。其多用于高强度和潮湿环境的砌体中。

（2）水泥混合砂浆

在水泥砂浆中掺入一定数量的石灰膏或黏土膏的水泥混

合砂浆具有一定的强度和耐久性，且和易性和保水性好。其多用于一般墙体中。

（3）非水泥砂浆

不含有水泥的砂浆，如石灰砂浆、黏土砂浆等。强度低且耐久性差，可用于简易或临时建筑的砌体中。

现场配制砂浆是由水泥、细骨料和水，以及根据需要加入的石灰、活性掺合料或外加剂在现场配制成的砌筑砂浆，分为水泥砂浆和水泥混合砂浆。

砂浆的配合比应事先通过计算和试配确定，配制砂浆时，水泥砂浆的最小水泥用量不宜小于 200kg/m^2。砂浆用砂宜采用中砂。砂中的含泥量，对于水泥砂浆和强度等级不小于 M5 的水泥混合砂浆，不宜超过 5%；对于强度等级小于 M5 的水泥混合砂浆，不应超过 10%。用块状生石灰熟化成石灰膏时，其熟化时间不得少于 7d。用黏土或粉质黏土制备黏土膏，应过筛，并用搅拌机加水搅拌。为了改善砂浆在砌筑时的和易性，可掺入适量的有机塑化剂，其掺量一般为水泥用量的（0.5～1）/10000。表 6-3 和表 6-4 分别列出了水泥砂浆及水泥粉煤灰砂浆用量选用。

每立方米水泥砂浆材料用量（kg/m^3）　　表 6-3

<table>
<tr><th>强度等级</th><th>水泥</th><th>砂</th><th>用水量</th></tr>
<tr><td>M5</td><td>20～230</td><td rowspan="4">砂的堆积密度值</td><td rowspan="4">270～330</td></tr>
<tr><td>M7.5</td><td>230～260</td></tr>
<tr><td>M10</td><td>260～290</td></tr>
<tr><td>M15</td><td>290～330</td></tr>
</table>

续表

强度等级	水泥	砂	用水量
M20	340～400	砂的堆积密度值	270～330
M25	360～410		
M30	430～480		

注：1. M15 及 M15 以下强度等级水泥砂浆，水泥强度等级为 32.5 级；M15 以上强度等级水泥砂浆，水泥强度等级为 42.5 级；
2. 当采用细砂或粗砂时，用水量分别取上限或下限；
3. 稠度小于 70mm 时，用水量可小于下限；
4. 施工现场气候炎热或干燥季节，可酌量增加用水量。

每立方米水泥粉煤灰砂浆材料用量（kg/m^3）　表 6-4

强度等级	水泥和粉煤灰总量	粉煤灰	砂	用水量
M5	210～240	粉煤灰掺量可占胶凝材料总量的15%～25%	砂的堆积密度值	270～330
M7.5	240～270			
M10	270～300			
M15	300～330			

注：1. 表中水泥强度等级为 32.5 级；
2. 当采用细砂或粗砂时，用水量分别取上限或下限；
3. 稠度小于 70mm 时，用水量可小于下限；
4. 施工现场气候炎热或干燥季节，可酌量增加用水量。

6.9 简述砖基础砌筑的方法？如何进行施工？

（1）砖基础砌筑方法

砖基础砌筑应采用一顺一丁或称为满条满丁的排砖方法。砌筑时，必须里外搭槎，上下皮竖缝至少错开 1/4 砖长。大放脚的最下一皮砖及每一层砖的上面的一皮砖，应用丁砖砌筑为主，这样传力较好，砌筑及回填土时也不易碰坏。并要采用一块砖、一铲灰、一挤揉的砌砖法，不得采用挂竖缝灰口的方法。

砖基础的转角处应根据错缝需要加砌七分头砖及二分头砖。如图 6-6 所示，为二砖半（620mm）宽等高式大放脚转角处分皮砌法。砖基础的十字交接处，纵横大放脚要隔皮砌通。如图 6-7 所示，为二砖半宽等高式大放脚十字交接处分皮砌法。

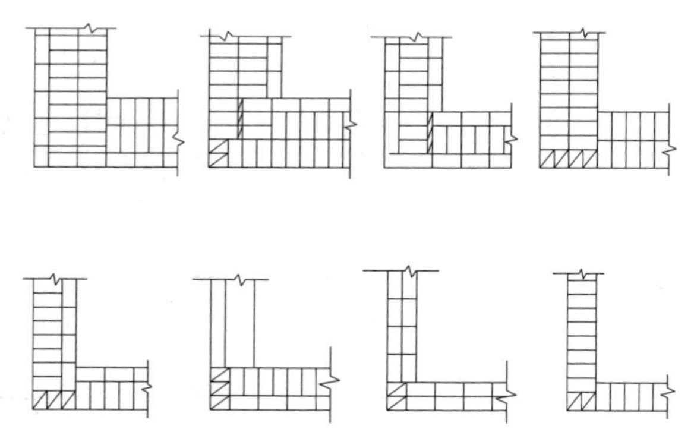

图 6-6　大放脚转角处分皮砌法

（2）砖基础砌筑施工

砖基础砌筑时，应按皮数杆的分层数先在转角处及交接处进行盘角，每次盘角宜不超过五皮砖，再在两盘角之间拉准线，按准线逐皮砌筑中间部分，如图 6-8 所示。

内外墙砖基础应同时砌筑，当不能同时砌筑时，应留斜槎或称踏步槎，斜槎的水平投影长度不应小于高度的 2/3。当砖基础的基底标高有高有低时，应从低处砌起，并应由高处向低处搭接。当设计无要求时，搭接长度不应小于基础底

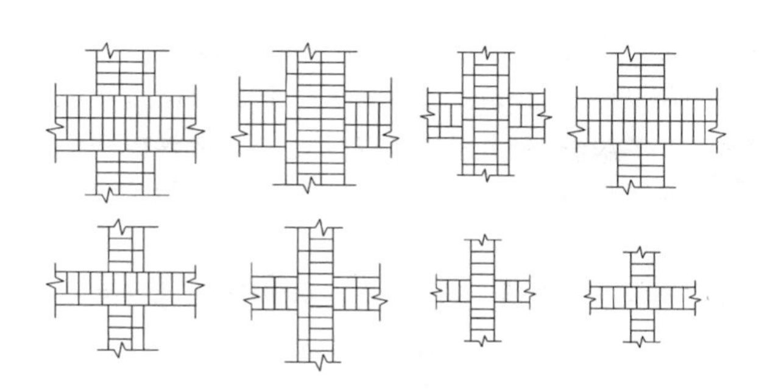

图 6-7 大放脚十字交接处分皮砌法

的高差 H，如图 6-9 所示。

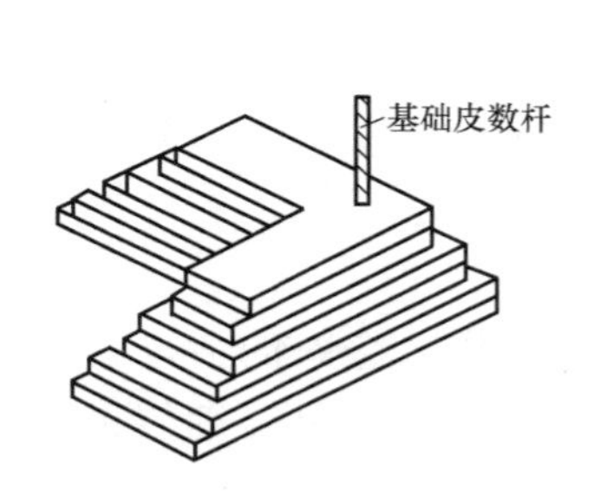

图 6-8 砖基础盘脚

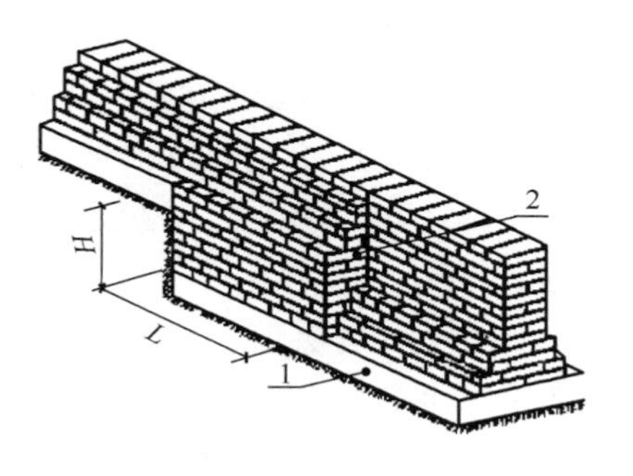

图 6-9 基础高低接头处砌法（砌示意图）

1—混凝土垫层；2—基础扩大部分

砖基础砌筑时，如有沉降缝，其两边的墙角应按直角要求砌筑，先砌一边的墙要把舌头灰刮尽，后砌的墙可采用缩口灰砌筑。掉入沉降缝内的砂浆、杂物应随时清理干净。

砖砌大放脚如遇洞口时，应预留出位置，不得事后凿打。洞宽超过 300mm 时，应砌平拱或设置过梁。

砖基础的水平灰厚度和竖向灰缝宽度应控制在10mm左右，但不应小于8mm，也不应大于12mm。灰缝中砂浆应饱满。水平灰缝的砂浆饱满度不小于80%；竖向灰缝宜采用挤浆或加浆方法，不得出现透明缝、瞎缝和假缝，严禁用水冲浆灌缝。

所有砌体不得产生通缝（是在同一竖直水平面上，上下有三皮砖竖缝相交小于20mm）现象。

大放脚砌到最上一皮后，要从定位桩（或标志板）上拉线，把基础墙的中心线及边线引到大放脚最上皮表面上，以保证基础墙位置正确。

砌完砖基础，应及时做防潮层。防潮层一般应设在首层室内地面标高（±0.000）以下一皮砖处，即－60mm。防潮层应采用1∶2的水泥砂浆加适量的防水剂（按水泥用量的3%～5%）经机械搅拌均匀后铺设，铺设厚度宜为20mm。

铺设防潮层前，应将墙顶面的未粘结稳固的活动砖重新砌牢，清扫干净后，浇水湿润，并应找出防潮层的上标高面，保证铺设的厚度。基础完工后，要及时双侧回填。

6.10 毛石基础一般有哪几种形式？砌筑方法如何？

毛石基础按其剖面形式有矩形、阶梯形和梯形三种，也是农村房屋建筑，特别是山区地带常用的形式，如图6-10所示。

根据经验，阶梯形剖面是每砌300～500mm高后收退一个台阶，收退几次后，达到基础顶面宽度为止；梯形剖面

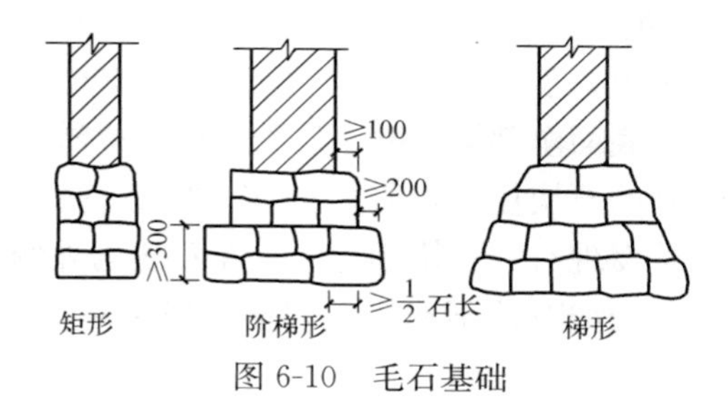

图 6-10 毛石基础

是上窄下宽，由下往上逐步收小尺寸；矩形剖面为满槽装毛石，上下一样宽。毛石基础的标高一般砌到室内地坪以下50mm，基础顶面宽度不应小于400mm。

施工方法：

（1）砌筑第一皮石块。第一皮石块砌筑时，应先挑选比较方整的较大的石块放在基础的四角作为角石。角石要有三个平面大小相差不多，如不合适应加工修凿。以角石作为基准，将水平线拉到角石上，按线砌筑内、外皮面石，再填中间腹石。

第一皮石块应坐浆，即先在基槽垫层上摊铺砂浆，再将石块大面向下砌，并且要挤紧、稳实。砌完内、外皮面石，填充腹石后，即可灌浆。灌浆时，大的石缝中先填1/2～1/3的砂浆，再用碎石块嵌实，并用手锤轻轻敲实。不准先用小石块塞缝后灌浆，否则容易造成干缝和空洞，从而影响砌体质量。

（2）第二皮石块砌筑。第二皮石块砌筑前，选好石块进行错缝试摆，试摆应确保上下错缝，内外搭接；试摆合格即可摊铺砂浆砌筑石块。砂浆摊铺面积约为所砌石块面积的一半，位置应在要砌石块下的中间部位，砂浆厚度控制在40～

50mm，注意距外边 30～40mm 内不铺砂浆。砂浆铺好后将试摆的石块砌上，石块将砂浆挤压成 20～30mm 的灰缝厚度，达到石块底面全部铺满砂浆。石块间的立缝可以直接灌浆塞缝，砌好的石块用手锤轻轻敲实，使之达到稳定状态。敲实过程中若发现有的石块不稳，可在石块的外侧加垫小石片使其稳固。切记石片不准垫在内侧，以免在荷载作用下，石块发生向外倾斜、滑移。

毛石基础的扩大部分，如做成阶梯形，上级阶梯的石块应至少压砌下级阶梯的 1/2，相邻阶梯的毛石应相互错缝搭砌。

（3）砌筑拉结石。这是确保砌石基础整体性的关键。毛石基础同皮内每隔 2m 左右应砌一块横贯墙身的拉结石，上下层拉结石要相互错开位置，在立面的拉结石应呈梅花状。拉结石长度：基础宽度等于或小于 400mm 时，拉结石长度与基础宽度相等；基础宽度大于 400mm 时，可用两块拉结石内外搭接，搭接长度不小于 150mm，且其中一块长度不小于基础宽度的 2/3 每砌完一层，必须对中心线找平一次，保证砌体不偏斜、内陷或外凸。砌好后外侧石缝用砂浆嵌勾严密。

（4）基础顶面。毛石基础顶面的最上一皮，应选用较大块的毛石砌筑，并使其顶面基本平整。每天收工时应在当天砌筑的砌体上，铺一层砂浆，表面应粗糙。夏季施工时，对砌完的砌体，应用草苫覆盖养护一星期时间，避免风吹、日晒、雨淋。

（5）勾缝。毛石基础砌完后，要用抿子将灰缝用砂浆勾塞严实，经房主检查合格后才准填回土。

(6) 砌筑高度控制。毛石基础每日砌筑高度不应超过1.20m。

6.11 砖墙砌筑的主要施工工序是什么?

(1) 抄平放线

在砌筑砖墙之前，应在基础防潮层或者每楼层上定出该施工楼层的设计标高，并用M10水泥砂浆或C15细石混凝土找平，使各施工楼层墙体的底部标高均在同一水平线上，避免螺丝墙的产生。

根据龙门桩上标定的定位轴线或基础外侧的定位轴线桩，将墙体轴线、墙体宽度线等引测到基础顶面或者是楼板之上，并弹出墨线。

(2) 排砖撂底

排砖撂底是指在放线的基础顶面或楼板上，按选定的组砌形式进行干砖试排，以期达到灰缝均匀，门窗两侧的墙面对称，并减少砍砖，提高工效和施工质量。主体第一皮排砖，山墙应排丁砖，前后檐墙应排跑砖，俗称“山丁檐跑”或称“横丁纵顺”。砖墙的转角处和门、窗处顶头砌法，顺砌层到头接七分头砖，丁砖层到头丁到丁，目的是错开砖缝，避免出现通缝。为了快速确定丁砖层排砖数和顺砖层排砖数，可采用下列公式计算：

1) 求墙面的排砖数：丁砖层的丁砖数=(墙面长+10)/125；顺砖层的顺砖数=(墙面长−365)/250

2) 求窗口下面的排砖数：丁砖层的丁砖数=(窗宽−10)/125；顺砖层的顺砖数=(窗宽−135)/250

上述计算时，应取整数，并根据余数的大小确定所加的尺寸。

排砖撂底时，既要保证错缝合理，又要保证清水砖墙面不出现改变竖缝的现象。在排窗间墙的撂底时，要将竖缝的尺寸分好缝，若墙体中需要破活丁砖或七分头砖，应排在窗口中间或附墙垛旁等不明显的位置。此外，还要顾及在门窗洞口上边砖墙合拢时不出现破活，从而使清水墙面美观整洁，缝路清晰。

(3) 立皮数杆

盘角挂线前，应先在墙的四大角和转角处，以及内墙尽端和楼梯间处立皮数杆。皮数杆是砌墙过程中控制砌体竖向尺寸和各种构件设置标高的标准尺度，如图 6-11 所示。

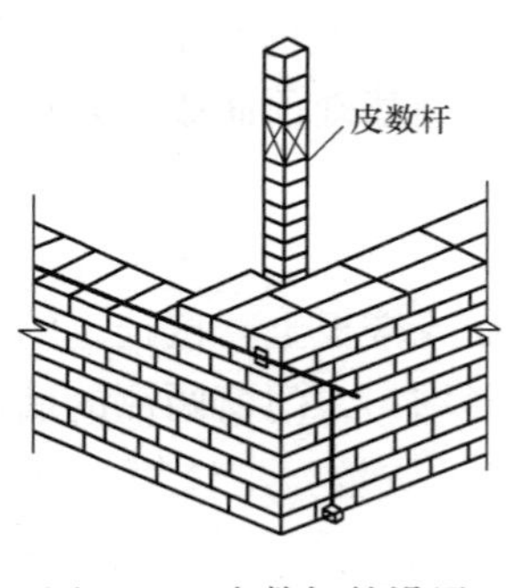

图 6-11　皮数杆的设置

皮数杆是瓦工砌墙时竖向尺寸的标志，用 50mm×70mm 的方木做成，长度应略高于一个楼层的高度。它表示墙体砖的层数（包括灰缝厚度）和建筑物各种门窗洞口的标高，预埋件、构件、圈梁及楼板底的标高。两皮数杆之间的间距为 10～15m。采用外脚手架时，皮数杆一般立在墙里侧；采用里脚手架时，皮数杆立在墙外侧。如果楼层高度与砖层皮数不相吻合时，可以调整灰缝厚薄，使其符合标高和整砖层。

皮数杆均应立于同一标高上，并要抄平检查皮数杆的±0.000 与抄平桩的±0.000 是否重合。

（4）盘角

盘角又称立头角、把大角等。盘角时，除要选择平直、方正的砖外，还应用七分头砖播接、错缝砌筑，从而保证墙角竖缝错开。盘角时，应随砌随盘，每盘一次角不要超过五皮砖。而且一定要随时吊靠，即用线坠和靠尺板对其校正，真正做到墙角方正、墙面顺直、方位准确，如遇偏差及时修正，保证砖角在一条直线上，并上下垂直。

（5）挂线

挂线是指以盘角的墙体为依据，在两个盘角中间的墙体两侧挂通线。挂线时，两端必须拴砖坠拉紧，使线绳水平无下垂。如果墙身过长，线绳中间下垂，这时应先砌一块腰线砖。盘角处通线是靠墙角的灰缝作为挂线卡，为了不使线绳陷入水平灰缝中去，应采用 1mm 厚的薄铁片垫放在盘角墙面与线绳之间。

还有一种挂线方法，俗称挂立线，一般砌间隔墙时用。挂立线前应检查留槎是否垂直，如果不垂直应根据留槎情况调整立线使其垂直，将此立线两端栓紧再钉入纵墙水平灰缝的钉子上。根据挂好的垂直立线拉水平线，水平线的两端要由立线的里侧往外栓，两端的水平线要与砖缝一致，不得错层造成偏差。

（6）勾缝清面

对于清水墙面，每砌完一段高度后，要及时勾缝和清扫墙面。勾缝时可用专制的缝刀进行。清水墙灰缝一般有平缝、圆形缝、三角缝和八字形缝。灰缝的形式如图 6-12 所示。

勾缝时，不是把砖缝内的砂浆给刮掉，而是要用力将砂浆向灰缝内挤压，形成一定的灰缝形式。并且在勾缝时，要

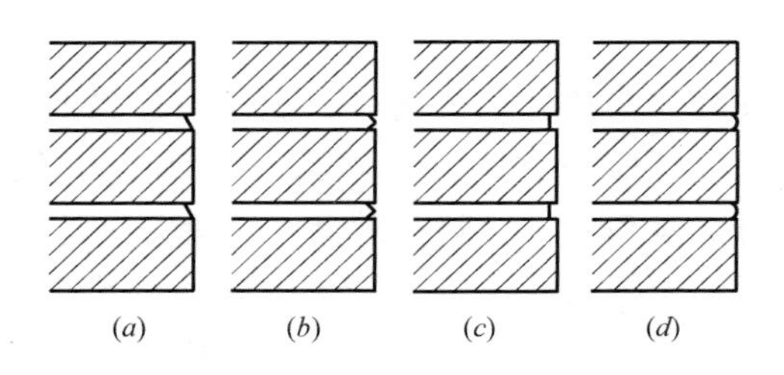

图 6-12 灰缝的形式
（a）八字缝；（b）三角缝；（c）平缝；（d）圆形缝

把有些瞎缝或砂浆不饱满处用同样砂浆将其填满。勾缝时要掌握好勾缝的有利时机，也就是要等砂浆收水后进行。如果砂浆没有收水，勾缝时砂浆容易被挤压到墙面上，造成墙面被污染；如果等到砂浆结硬再勾缝，缝口则显得粗糙，影响外观质量。

6.12 常用的砖墙组砌的方法是什么?

目前常用的有："三一"砌砖法、铺浆法、刮浆法和满刀灰法等。

"三一"砌砖法就是"一铲灰、一块砖、一揉压"，并随手用瓦刀或大铲尖将挤出墙面的灰浆收起。这种砌法的优点是灰浆饱满、粘结力强、墙面整洁，是当前应用最广的砌砖方法之一。对于地震多发区更要采用此法。

铺浆法是先将砂浆倾倒在墙顶面上，随即用大铲或刮尺将砂浆推刮铺平，但每次铺刮长度不应大于 700mm；当气温高于 30℃时，不应超过 500mm。当砂浆推平后，用手拿砖并将砖挤入砂浆层的一定深度和所在位置，放平砖并达到上跟线、下齐边，横平竖直。

刮浆法多用于多孔砖和空心砖。由于砖的规格或厚度较大，竖缝较高，这时竖缝砂浆不容易被填满，因此，必须在竖缝隙的墙面上刮一层砂浆后，再砌砖。

满刀灰法，多用于空斗墙的砌筑。这时应用瓦刀先抄适量的砂浆，并将其抹在左手拿着的普通砖需要粘结的砖面上，随后将砖粘结在应砌的位置上。

在砌筑过程中，必须注意到“上跟线，下跟棱，左右相邻要对平”。“上跟线”是指砖的上棱必须紧跟准线，一般情况下，上棱与准线相距约为1mm，因为准线略高于砖棱，能保证准线水平颤动，出现拱线时容易发觉，从而保证砌筑质量。“下跟棱”是指砖的下棱必须与下皮砖的上棱平齐，保证砖墙的立面垂直平整。“左右相邻要对齐”是指前后、左右的位置要准确，砖面要平整。

砖墙砌到一步架高时，要用靠尺全面检查垂直度、平整度，因为它是保证墙面垂直平整的关键之所在。在砌筑过程中，一般应是“三层一吊，五层一靠”，即：砌三皮砖用线坠吊一吊墙角的垂直情况，砌五皮砖用靠尺靠一靠墙面的平整情况。同时，要注意隔层的砖缝要对直，相邻的上下层砖缝要错开，防止出现“游丁走缝”。

6.13 砌体结构墙体施工时有哪些具体规定?

（1）砌筑留槎

根据规定，“砖砌体的转角处和交接处应同时砌筑，严禁无可靠措施的内外墙分砌施工。对不能同时砌筑而又必须留置的临时间断处，应砌成斜槎”。但是，砖墙在砌筑过程中，由于各种因素的影响，使同层所有墙体不能同时砌筑，需要留槎。留槎应按下列规定。

1）由于其他情况，砖砌体的转角处和交接处不能同时砌筑时，应砌成斜槎，俗称“踏步槎”，斜槎的长度不应小于高度的2/3，如图6-13所示。

2）施工中必须留置的临时间断处，当不能留斜槎时，除转角除外，可留直槎，但直槎必须做成凸槎，并应加设拉结钢筋。拉结钢筋的数量为每120mm墙厚放置1根直径6mm的钢筋，间距沿墙高不得超过500mm；埋入长度从墙的留槎处算起，每边均不应小于500mm；末端应有90°弯钩，如图6-14所示。

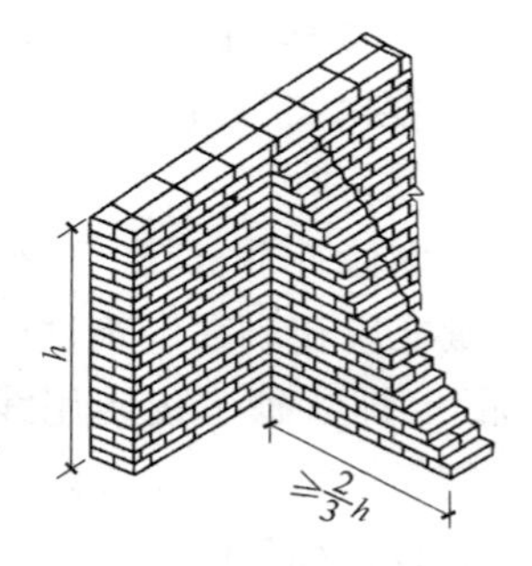

图6-13 斜槎留置

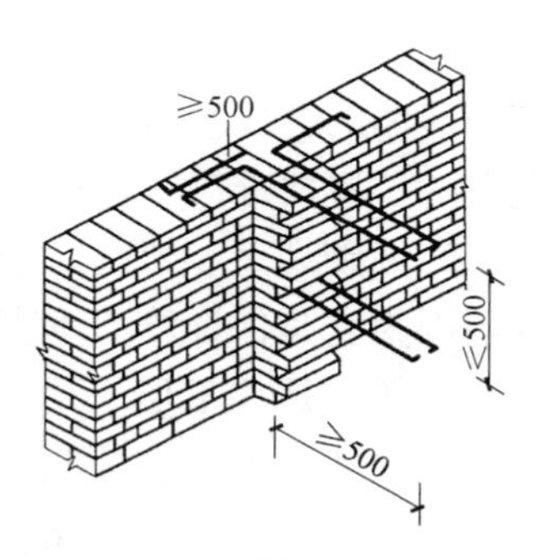

图6-14 直槎留置（mm）

3）隔墙与墙或柱之间不能同时砌筑而又不留成斜槎时，可于墙或柱中引出凸槎，或从墙或柱中伸出预埋的拉结钢筋，拉结钢筋的设置要求同承重墙。

砌体接槎时，必须将接槎处的表面清理干净，浇水湿润，并应填实砂浆，保持灰缝平直。

4）设有钢筋混凝土构造柱的砖混结构，应先绑扎构造柱钢筋然后砌砖墙，最后浇筑混凝土。与柱之间应沿高度方向每隔 500mm 设置一道 2 根直径 6mm 的拉结筋，每边伸入墙内的长度不小于 1000mm；构造柱应与圈梁、地梁连接；与柱连接处的砖墙应砌成马牙槎，每一个马牙槎沿高度方向的尺寸不应超过 300mm，并且马牙槎上口的砖应砍成斜面。马牙槎从每层柱脚开始应先退后进，进退相差 1/4 砖，如图 6-15 所示；拉结筋的布置如图 6-16 所示。

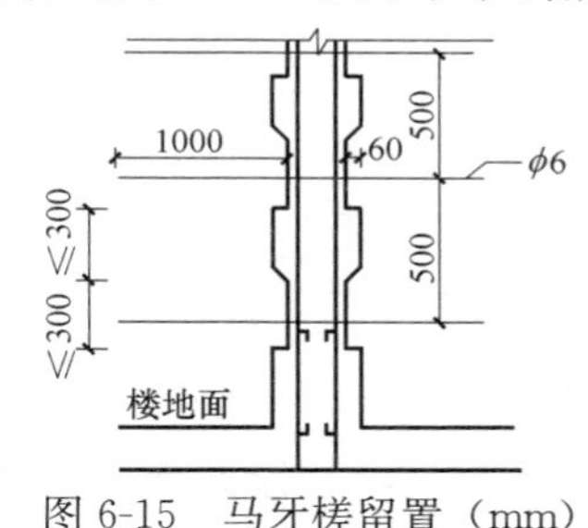

图 6-15　马牙槎留置（mm）

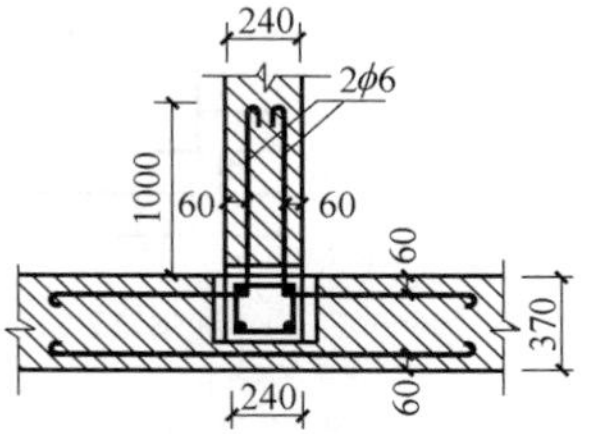

图 6-16　拉结筋的布置（mm）

（2）洞口砌筑

砌筑洞口是指砌筑门窗口，在开始排砖撂底时，应考虑窗间墙及窗上墙的竖缝分配，合理安排七分头砖位置，还要考虑门窗的设置方法。如采用立口，砌砖时，砖要离开门窗口 3mm 左右，不能把框挤得太紧，以免造成门窗框变形，门窗开启困难。如采用塞口，弹墨线时，墨线宽度应比实际尺寸大 10～20mm，以便后塞门窗框。

砌筑门窗框口时，应把木门窗框的木砖或钢门窗框的预埋铁砌入墙内，以保证门窗框与墙体的连接。预埋木砖的数量由洞口的高度决定，洞口在 1.2m 以内，每边埋两块；洞口高 1.2～2m，每边埋 3 块，木砖要做防腐处理，预埋位置一般在洞口"上三下四，中档均分"，即上木砖放在口下第三皮砖处，下木砖放在洞底上第四皮砖处，中间木砖要均匀分布，且将小头在外，大头在内，以防拉出。

（3）转角砌法

砖墙的转角处，为了保证各皮间竖向缝相互错开，必须在外墙角处砌七分头砖。当采用一顺一丁组砌时，七分头砖的顺面方向依次砌顺砖，丁面方向依次砌丁砖，如一砖墙（240mm）的一顺一丁的转角砌法，如图 6-17 所示。

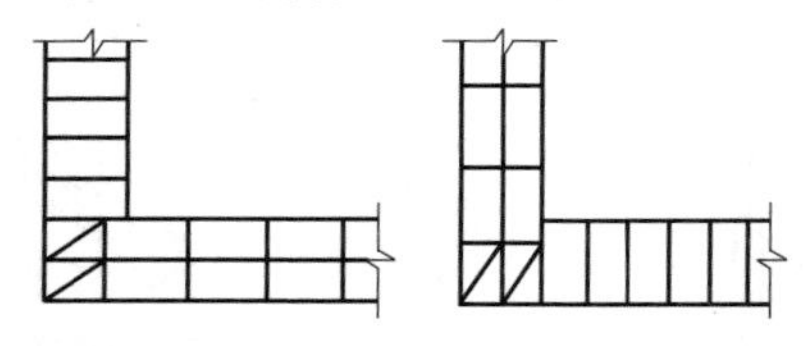

图 6-17　一顺一丁转角处砌法

当采用梅花丁组砌时，在外角仅砌一块七分头砖，七分头砖的顺面相邻砌丁砖，丁面相邻砌顺砖。图 6-18 所示是一砖墙转角处采用梅花丁砌法的示意图。

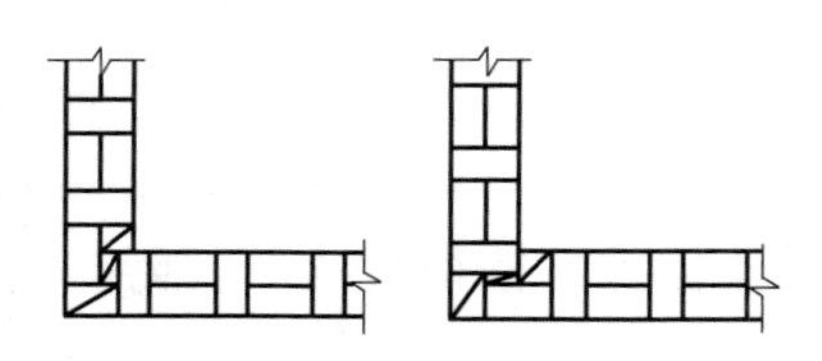

图 6-18　转角处梅花丁砌法

（4）交接处砌筑法

图 6-19 是一砖墙所用一顺一丁在丁字交接处的砌法。砌筑时，应分皮相互砌通，内角相接处竖缝应错开 1/4 砖长，并在横墙端头加砌七分头转。而在墙的十字交接处，应分皮相互砌通，交接处的竖缝相互错开 1/4，图 6-20 是一砖墙的一顺一丁砌法。

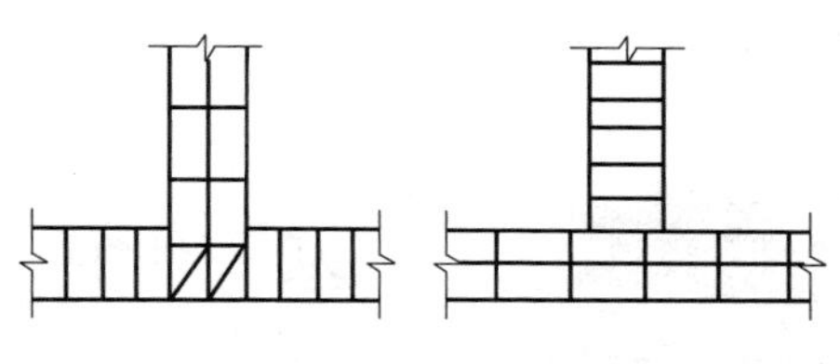

图 6-19 一顺一丁在丁字交接处砌法

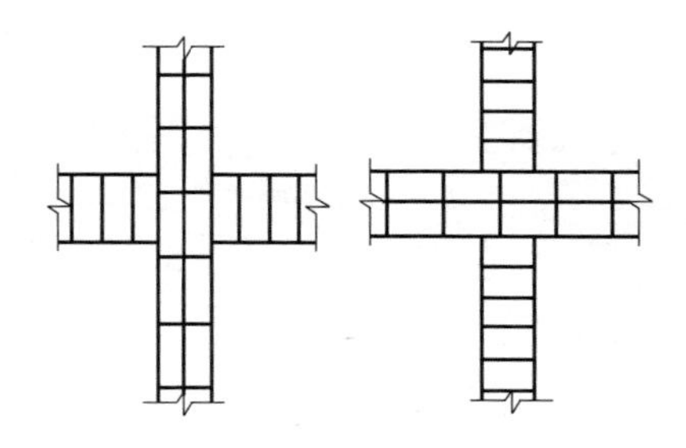

图 6-20 一顺一丁在十字交接处砌法

6.14 简述檐口及山尖的砌筑工艺

目前部分农村住宅或少数民族的建筑中，仍讲究着带有民族或装饰性的古老建筑特色的房屋，最为典型的就是檐口和山尖的建造，它不但反映了当地的民族建筑特色，还丰富了建筑的结构层次，增加了房屋的客观性和艺术性，具有显著的防火功能，也充分展现了当地工匠们高超的施工技艺。

封檐和封山，由于砖体逐渐外挑，最容易出现下倾现象，所以，在进行封檐和封山砌砖的过程中，一定要方法科学，搭接正确，啮合紧密，砂浆饱满。

（1）檐口砌筑

檐口砌砖的形式多种多样，各地均不统一，但是檐口的形式基本有圆弧檐、棱形檐、齿形檐、连珠檐，如图 6-21 所示。

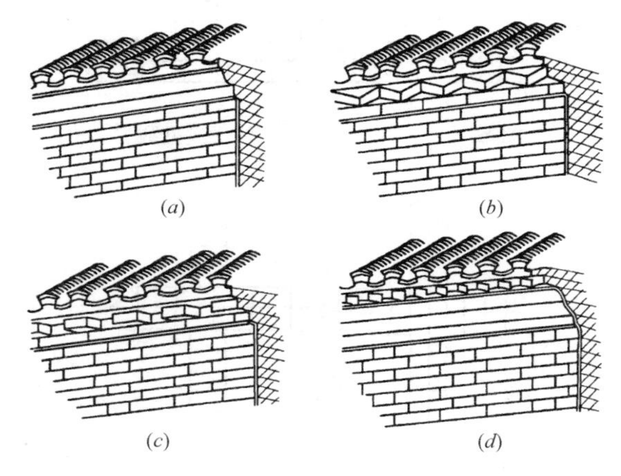

图 6-21 檐口形式

(*a*) 圆弧檐；(*b*) 棱形檐；(*c*) 齿形檐；(*d*) 连珠檐

在砌筑檐口时，一是先算出砖檐的挑出宽度，确定每层外挑的尺寸。对于有装饰图案的檐口，则根据砖檐挑出宽度和总高度先做出大样，砌筑时则依大样的顺序进行砌筑。为了保证坡屋面有一定向下的弧面，所有檐口稍微高些属于正常。这就是工匠们常说的“俏砌山，冒叠檐”。

为了保证檐口的砖砌质量，施工中应注意如下事项：

1）砌砖前必须根据所砌檐口的形式进行排砖，如果出现有非整砖时，应通过调整灰缝处理。

2）砌筑檐口挂线时，同其他砌砖相反，通线应挂在出檐砖的底棱，因为檐口是以檐砖的底面齐平为标准的。

3）所用灰浆必须有一定的黏度，最好采用麻刀灰。砖应提前浇水湿润，以水渗入砖内 15mm 为宜，不得随用随浇水润砖。

4）砌筑时先将出檐砖坐浆砌牢，然后补齐后口砖，再用砖块压住出檐砖的后半部分，防止出檐砖下垂，如图 6-22所示。在进行后口处理时，一定要用左手按稳出檐砖，防止后口处理时把出檐砖向外挤移。

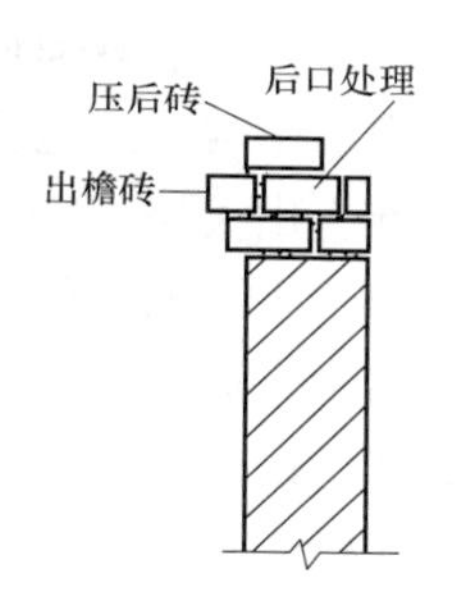

图 6-22 檐口砖施工

5）砌檐口砖时应用满刀灰法将灰浆满铺在砌筑面上，所有竖向灰缝应全部为满缝。

6）出檐砖砌有两皮以后，不得用瓦刀敲砖来调整平直度。

（2）山尖的砌法

山墙山尖的砌法主要有两种：一是封檐和封山相结合，另一种是指封山不封檐。封山的形式千姿百态，各有千秋。如图 6-23 所示为农宅山墙。

(a)

(b)

图 6-23 农宅山墙

（3）山墙墙顶处理

坡屋顶房屋的山墙在墙顶的三角形部位称山尖。山墙砌至檐口标高后就要向上收砌山尖。砌山尖的方法：皮数杆立在山墙中心，通过屋脊顶和左右挂斜线，收砌山尖时以斜线为准。山尖墙上安完檩条后开始封山。封山分为平封山和高封山。平封山是能在山墙处看到屋面的分边瓦；高封山是封山的山尖高出了屋面。山尖顶面形式多种多样，常用的有尖山式、圆山式、琵琶式、铙钹式等，各地均应结合当地的建筑风格去选定。

平封山前应检查山尖是否对中，房屋两端的山尖是否对称。符合要求后，按已安放好的棱条上皮拉斜面线找平，将封山顶坡使用的砖砍成楔形，再砌成斜坡，抹灰找平。

高封山是山墙高于屋面的构造形式，高封山有人字形及阶梯平顶形，马头墙就是阶梯平顶这种形式。

高封山的砌法：根据图纸要求高出屋面的尺寸，在脊棱端头钉一根挂线杆，自高封山顶部标高往前后墀头顶拉线，并且注意斜线的坡度与屋面的坡度一致。向上收砌斜坡时，要与檐口处的墀头交圈。如果高封山高出屋面较多时，应在封山内侧 200mm 高处向屋面一侧挑出一道 60mm 的滴水檐。高封山砌完后，在墙顶上砌一层或两层压顶面檐砖，然后抹灰。

对于不封檐的山墙，就要砌筑墀头，俗称拔檐，是指山墙在前后檐口标高处挑出的檐子。如图 6-24 所示，门面两侧墙伸出檐柱外处，山墙侧的上身墙处，墀头分上、中、下三部分外挑，上部分砌成龙口含珠，中下二部分雕垫花，圆线凹进凸出，变化多端。这种砌法必须先将墀头用放大样的方法在地面将砖按样磨好，在背面做上顺序号。砌砖时先砌内侧砖，后砌外口砖，并且要使灰缝外侧稍厚，内侧稍薄，避免出檐倾斜。

图 6-24 山墙墀头

6.15 墙体砌筑时墙洞的留设有何要求？

墙洞的留设关系到砌体的结构安全和稳定性。农村中产生的房倒屋塌事故中就有与洞口留设有关的例子，所以必须引起重视，并按要求留设。墙体上留洞包括预留脚手眼，施工洞等。

(1) 脚手眼

脚手眼是设置单排立杆脚手架预留的墙洞，墙体砌完后需堵上。当墙体砌筑到离地面或脚手板 1m 左右留一个脚手眼。单排立直脚手架若使用木质小横木，其脚手眼高三皮砖，形成十字洞口，洞口上砌 3 皮砖起保护作用。单排立杆脚手架若使用钢管小横木，其脚手眼为一个丁砖大小的洞口。当脚手眼较大时，留设的部位应不影响墙的整体承载能力。下列墙体或部位中不得设置脚手眼：

1）墙体厚度小于或等于 180mm；

2）宽度不小于 1m 的窗间墙；

3）过梁上与过梁成 60°角的三角形范围及过梁净跨度 1/2 的高度范围内；

4）梁和梁垫下及其左右各 500mm 范围内；

5）门窗洞口两侧 200mm 和转角处 450mm 的范围内，其他砖砌体的门窗洞口两侧 300mm 和转角处 600mm 的范围内；

6）设计不允许设置脚手眼的部位。

（2）施工洞

施工洞是砌墙过程中运送材料和便于人员通行而留设的临时性洞口，一般设在外墙和单元楼的单元分隔墙上。洞口侧边离交接处的墙面不应小于 500mm；洞口顶处宜设置过梁。普通砖砌体也可在洞口上部采取逐层挑砖的方法封口，并应预埋水平拉结钢筋，洞口净宽度不应超过 1.00m。临时施工洞口补砌时，洞口周围砖的表面应清理干净，并浇水湿润，再用与原墙相同的材料补砌严密。

6.16 混凝土小型空心砌块砌体的构造要求主要有哪些？

（1）不同基土、墙体所用材料的最低强度等级

在农村，地面以下或防潮层以下的砌体、潮湿房间的墙所用的混凝土砌块，水泥砂浆的最低强度等级应符合下列

要求：

1）稍潮湿的基土：混凝土砌块为MU7.5；水泥砂浆为M5.0。

2）很潮湿的基土：混凝土砌块为MU7.5；水泥砂浆为M7.5。

3）含水饱和的基土：混凝土砌块为MU10.0；水泥砂浆为M10.0。

（2）混凝土灌实砌体孔洞的部位

在墙体的下列部位，应采用C20混凝土灌实砌体的孔洞：

1）底层室内地面以下或防潮层以下的砌体。

2）无圈梁的檩条和钢筋混凝土楼板支承面下的第一皮砌体。

3）未设置混凝土垫块的屋架、梁等构件支承处，灌实宽度不应小于600mm，高度不应小于600mm的砌块。

4）挑梁支承面下，距墙中心线每边不应小于300mm，高度不应小于600mm的砌体。

（3）跨度及其他构造

1）跨度大于6.00m的屋架和跨度大于4.8m的梁，其支承面下应设置混凝土或钢筋混凝土垫块。当墙中设有圈梁时，垫块宜与圈梁浇成整体。对厚度≤240mm的砖砌体墙，当大梁跨度不小于6.00m，其支承处应加设山壁柱，或采取其他加强措施。

2）小砌块墙与后砌隔墙交接处，应沿墙高每400mm在水平灰缝内设置不少于2ϕ4、横筋间距不大于200mm的焊接钢筋网片，钢筋网片伸入后砌隔墙内不应小于600mm，

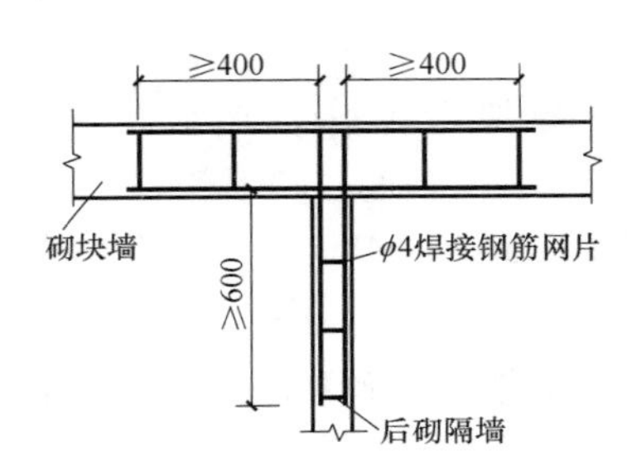

图 6-25　小砌块墙与后砌隔墙交接处钢筋网片（mm）

如图 6-25 所示。

3）预制钢筋混凝土板在墙上支承长度不应小于 100mm，在钢筋混凝土圈梁上不宜小于 80mm；预制钢筋混凝土梁在墙上的支承长度不宜小于 240mm；当支承长度不足时，应采取有效的锚固措施。

4）支承在墙、柱上的屋架和吊车梁或搁置在砖砌体上跨度大于或等于 9m 的预制梁端部，应采用锚固件与墙、柱上的垫块锚固。

5）混凝土小砌块房屋纵横交接处；距墙中心线每边不小于 300mm 范围内的孔洞，应采用不低于 C20 混凝土灌实，灌实高度应同墙身高度。

6）墙处的壁柱，宜砌至山墙顶部；檩条与山墙锚固。

（4）抗裂措施

为防止裂缝的产生，小砌块房屋顶层墙体可根据具体情况采取以下防裂措施：

1）采用装配式有檩体系钢筋混凝土屋盖和瓦材屋盖。

2）当顶层屋面板下设置现浇钢筋混凝土圈梁并沿内外墙拉通时，圈梁高度不宜小于 190mm，纵向钢筋不应小于 4ϕ12。房屋两端圈梁下的墙体内应设置水平筋。

3）顶层挑梁末端下墙体灰缝内，设置不少于 2ϕ4 纵向焊接钢筋网片和钢筋间距不大于 200mm 的横向焊接钢筋网片。钢筋网片应自挑梁末端伸入两边墙体不小于 1.00m，如

图 6-26所示。

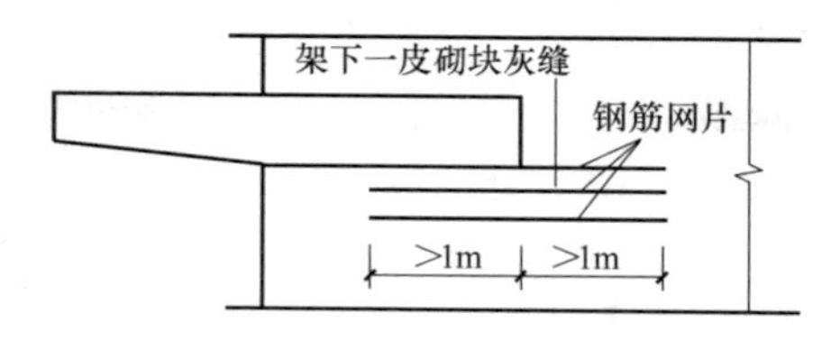

图 6-26 顶层挑梁末端钢筋网片

4）顶层墙体门窗洞口过梁上砌体每皮水平灰缝内设置 2ϕ4 焊接钢筋网片，并应伸入过梁两端墙内不小于 600mm。

5）加强顶层芯柱或构造柱与墙体的拉结，拉结钢筋网片的竖向间距不宜大于 400mm，伸入墙体长度不宜小于 1000mm。当顶层房屋两端第一、二开间的内纵墙长度大于 3m 时，在墙中应加设钢筋混凝土芯柱，并设置横向水平钢筋网片。顶层横墙在窗口高度中部宜加设 3～4 道钢筋网片。

6）房屋山墙可采取设置水平钢筋网片或在山墙中增设钢筋混凝土芯柱或构造柱。在山墙内设置水平钢筋网片时，其间距不宜大于 400mm；在山墙内增设钢筋混凝土芯柱或构造柱时，其间距不宜大于 3.00m。

7）防止房屋底层墙体裂缝；可根据情况采取下列技术措施：增加基础和圈梁刚度；基础部分砌块墙体在砌块孔洞中用 C20 混凝土灌实；底层窗台下墙体设置通长钢筋网片，竖向间距不大于 400mm；底层窗台采用现浇钢筋混凝土窗台板，窗台板伸入窗间墙内不小于 600mm。

8）对出现在小砌块房屋顶层两端和底层第一、二开间门窗洞口的裂缝，可采取下列措施进行控制：在门窗洞口两侧不少于一个孔洞中设置不小于 1ϕ12 钢筋，钢筋应与楼层圈梁或基础锚固，并采用不低于 C20 混凝土灌实；在门窗洞孔两边的墙体水平灰缝中，设置长度不小于 900mm、竖向间距为 400mm 的 2ϕ4 焊接钢筋网片，在顶层和底层设置通长钢筋混凝土窗台梁时，窗台梁的高度宜为砌块高的模数，纵筋不少于 4ϕ10，钢箍为 ϕ6@200，混凝土强度等级为 C20。

（5）圈梁、过梁、芯柱和构造柱

1）农房建筑中，钢筋混凝土圈梁应按以下规定设置：多层房屋或比较空旷的单层房屋，应在基础部位设置一道现浇圈梁；当房屋建筑在软弱地基或不均匀地基上时，圈梁刚度则应加强；比较空旷的单层房屋，当檐口高度为 4.00～5.00m 时，应设置一道圈梁；当檐口高度大于 5.00m 时，宜适当增设；当为多层房屋时，应按表 6-5 的规定设置圈梁。

多层民用房屋圈梁设置要求　　表 6-5

圈梁位置	圈梁设置要求
沿外墙	基础、楼盖、屋盖处必须设置
沿内横墙	屋盖处必须设置，间距不大于 7m 楼盖处隔层设置，间距不大于 15m
沿内纵墙	屋盖处必须设置 楼盖处：房屋总进深小于 10m 者，可不设置 房屋总进深大于或者等于 10m 者，宜隔层设置

2）圈梁应符合下列构造要求：

① 圈梁宜连续地设在同一水平面上，并形成封闭状；当不能在同一水平面上闭合时，应增设附加圈梁，其搭接长度不应小于两倍圈梁的垂直距离，且不应少于 1.00m。

② 圈梁截面高度不应小于 200mm，纵向钢筋不应少于 4ϕ10，箍筋间距不应大于 300mm，混凝土强度等级不应低

于 C20。

③ 圈梁兼作过梁时，过梁部分的钢筋应按计算用量单独配置。

④ 挑梁与圈梁相遇时，宜整体现浇；当采用预制挑梁时，应采取适当措施，保证圈梁、过梁、芯柱的整体连接。

⑤ 屋盖处圈梁宜采用现浇施工工艺。

3）在外墙转角、楼梯间四角的纵横墙交接处的三个孔洞，应设置素混凝土芯柱。芯柱截面不宜小于 120mm×120mm，应采用不低于 C20 的细石混凝土灌实。钢筋混凝土芯柱每孔内插竖筋不应小于 1ϕ10，底部应伸入室内地坪下 500mm 或与基础圈梁锚固，顶部应与屋盖圈梁锚固。

芯柱应沿房屋全高贯穿，并与各层圈梁整体现浇，如图 6-27 所示。在钢筋混凝土芯柱处，沿墙高每隔 600mm 应设 ϕ4 钢筋网片拉结，每边伸入墙体不应小于 1000mm。

4）采用小砌块的房屋，应在外墙四角、楼梯间四角的纵横墙交接处设置构造柱。构造柱最小截面宜为 190mm×190mm，纵向钢筋宜采用 4ϕ12，横筋间距不宜大于 250mm。

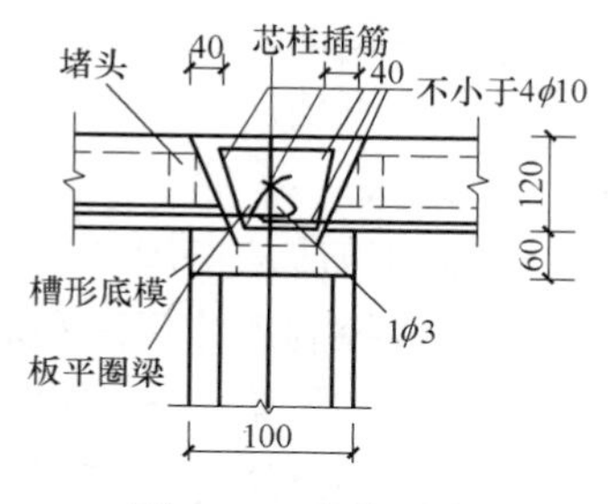

图 6-27 芯柱贯穿楼板的构造（mm）

构造柱与砌块连接处宜砌成马牙槎，并应沿墙高每隔 400mm 设焊接钢筋网片，钢筋网片的纵向钢筋不应少于 2ϕ4，横筋间距不应大于 200mm，网片伸入墙体不应小于 600mm。与圈梁连接处的构造柱的纵筋应穿过圈梁，构造柱纵筋应上下贯通。

6.17 混凝土小型空心砌块施工时有哪些砌筑要求？

（1）墙体砌筑

1）墙体放线及设皮数杆

施工前，应将基础面或楼层结构面按标高找平，并放出一皮砌块的轴线、砌体边线、洞口线等。放线结束后还应进行复线。并在房屋四周等处设置皮数杆，皮数杆间距不宜超过 15m，相对两皮数杆之间拉准线，依准线砌筑。

2）砌块排列

砌块排列按砌块规格在墙体范围内分块定尺寸、划线。排列砌块时应从基础面开始。外墙转角及纵横墙交接处，应将砌块分皮咬槎、对孔错缝搭砌。

3）砌块的湿润

普通混凝土小型砌块不宜浇水湿润；在天气干燥炎热的情况下，可提前洒水湿润，小砌块表面有浮水或受潮后，必须干燥后方可使用。

4）砌筑

墙体砌筑应从房屋外墙转角定位处开始。应砌一皮校正一皮，拉线控制砌体标高和墙面平整度。在基础顶面和楼面圈梁顶面，砌筑第一皮砌块时，砂浆应满铺。小砌块或带保温夹芯层的小砌块，均应底面向上进行反砌。

小砌块墙内不得混砌黏土砖或其他墙体材料。小砌块砌筑形式应每皮顺砌，上下皮小砌块应对孔，竖缝应相互错开 1/2 主规格小砌块长度。190mm 厚度的小砌块内外墙和纵横墙必须同时砌筑并相互交错搭接。临时间断处应砌成斜槎，斜槎水平投影长度不应小于斜槎高度。严禁留直槎。

砌筑小砌块的砂浆应随铺随砌，砌体灰缝应横平竖直。水平灰缝宜采用坐浆法满铺小砌块全部壁肋或多排孔小砌块的封底面；竖向灰缝应采取满铺端面法：即将小砌块端面向上铺满砂浆再上墙挤紧，然后加浆插捣密实。水平灰缝的砂浆饱满度均不得低于90%；竖向灰缝的砂浆饱满度不得低于80%；砂浆中不得出现瞎缝、透明缝。水平灰缝厚度和竖向灰缝宽度宜为10mm，但不得小于8mm，也不得大于12mm。墙面必须用原浆做勾缝处理，缺灰处应补浆压实，并宜做成凹缝，凹进墙面2mm。

小砌块墙体孔洞中需充填隔热隔声材料时，应砌一皮填一皮。并应填满，不得捣实。

砌筑带保温夹芯层的小砌块墙体时，应将保温夹芯层一侧靠置室外，并应对孔错位。左右相邻小砌块中的保温夹芯层应互相衔接，上下保温夹芯层之间的水平灰缝处应砌入同质保温材料。

正常施工条件下，小砌块墙体日砌筑高度宜控制在1.4m或一步脚手架高度内。

房屋顶层内粉刷必须待钢筋混凝土平屋面保温层、隔热层施工完成后进行；对钢筋混凝土坡屋面，应在屋面工程完工后进行。房屋外墙抹灰必须待屋面工程全部完工后进行。墙面设有钢丝网的部位，应先用有机胶拌制的水泥浆或界面剂等材料满铺后，方可进行抹灰施工。

抹灰前墙面不宜洒水。天气炎热干燥时可在操作前1～2h适度喷水。墙面抹灰应分层进行，总厚度应为18～20mm。

（2）芯柱施工

芯柱施工应符合下列要求：

1）每层每根芯柱柱脚应采用竖砌单孔 U 型、双孔 E 型或 L 型小砌块留设清扫口。

2）灌筑芯柱的混凝土应采用坍落度为 70～80mm 的细石混凝土。灌注芯柱前，应先浇筑 50mm 厚的水泥砂浆，水泥砂浆应与芯柱混凝土成分相同。芯柱混凝土必须待砌体砂浆抗压强度达到 1.0MPa 时方可浇灌，并应定量浇灌。

3）浇柱混凝土必须按连续浇灌、分层捣实的原则进行操作，一直浇筑至离该芯柱最上一皮小砌块顶面 50mm 止，不得留施工缝。分层厚度在 300～500mm。振捣时宜选用微型插入式振动棒。

4）芯柱钢筋应采用带肋钢筋，并从上向下穿入芯柱孔洞，通过清扫口与基础圈梁、层间圈梁伸出的插筋绑扎搭接，搭接长度应为钢筋直径的 40 倍。

5）每层墙体砌筑到要求标高后，应及时清扫芯柱孔洞内壁及芯柱孔道内掉落的砂浆等杂物。

（3）构造柱施工

设置钢筋混凝土构造柱的小砌块砌体，应按绑扎钢筋、砌筑墙体、支设模板、浇筑混凝土的施工顺序进行。

墙体与构造柱连接处应砌成马牙槎。从每层柱脚开始，先退后进，形成 100mm 宽、200mm 高的凹凸槎口。柱脚间应采用 2ϕ6 的拉结筋拉结、间距为 400mm，每边伸入墙内长度应为 1000mm 或伸至洞口边。

构造柱混凝土保护层应为 20mm，且不应小于 15mm。混凝土坍落度应为 50～70mm。

浇筑混凝土前应清除落地灰等杂物并将模板浇水湿润，然后先注入与混凝土成分相同的 50mm 厚水泥砂浆，再分层浇灌、振捣混凝土，直至完成。

6.18 模板的种类有哪些？模板系统由哪几部分组成？在钢筋混凝土工程施工中，对模板有哪些要求？

模板的种类很多，按材料分类，可分为：木模板、钢木模板、胶合板模板、钢竹模板、钢模板、塑料模板、玻璃钢模板、铝合金模板等。

按结构的类型分类有：基础模板、柱模板、楼板模板、楼梯模板、墙模板、壳模板和烟窗模板等。

按施工方法分类有：现场装拆式模板、固定式模板、移动式模板和永久性模板等。

模板系统由两部分组成：一部分是形成混凝土结构或构件形状和几何尺寸的模板，另一部分是保证模板设计位置的支撑和连接件。

在钢筋混凝土工程施工中，要求模板及其支撑能保证结构和构件的形状、尺寸和相互间的位置正确；要有足够的强度、刚度和稳定性，能可靠地承受新浇混凝土的自重和侧压力，以及施工中产生的荷载；构造要简单，装拆尽量方便，能多次周转使用；模板的接缝要严密，不露浆；所用材料受潮后不易变形。

6.19 基础模板由哪些构造部分组成？

基础的特点是高度较小而体积较大。基础模板一般利用地基或基坑（基槽）进行支撑。如土质良好，基础的最下一级可不用模板而采用原槽浇筑。安装基础模板时，应严格控制好基础平面的轴线和模板上口的标高，保证上下模板不发生相对位移。无论是条形基础还是独立基础，都必须弹好线后再支模。基础模板的常用形式如图 6-28 所示。

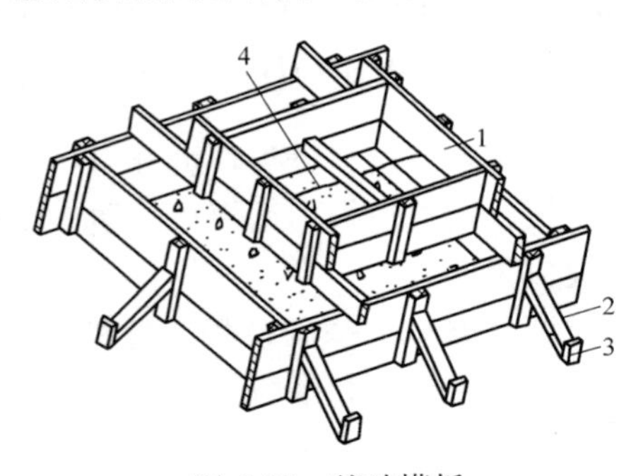

图 6-28　基础模板

1—拼板；2—斜撑；3—木桩；4—铁丝

6.20　柱模板的构造组成是什么？安装时有哪些注意事项？

柱的特点是断面尺寸不大而高度较大。柱模板安装必须与钢筋骨架的绑扎密切配合，还应考虑浇筑混凝土的方便和保证混凝土的质量。柱模板的安装，主要解决柱子的垂直和模板的侧向稳定，为防止混凝土振捣时发生爆模现象，在支模时必须设置一定数量的柱箍，且越往下越密。为浇筑混凝土和清理垃圾的方便，当柱子较高时在柱模板上留设混凝土浇筑孔和垃圾清理孔。模板的垂直度一般用吊垂线的方法来校正。矩形柱模板如图 6-29 所示。

柱模板安装时的注意事项：

（1）先找平调整柱底标高，必要时可用水泥砂浆修整。

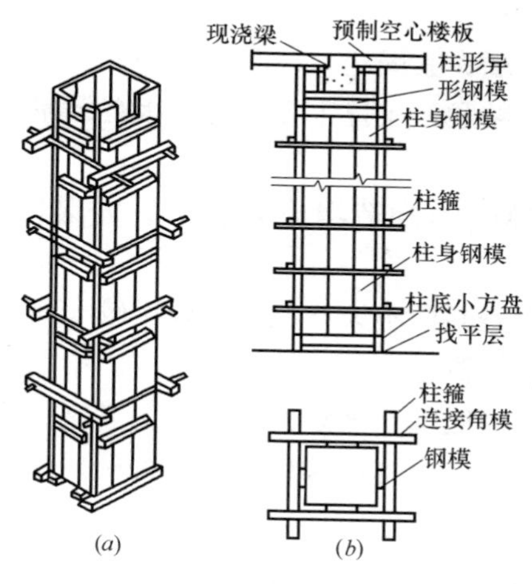

图 6-29 矩形柱模板

(2) 柱模板可用木模或钢模，可采用整板式或拼装式，柱脚应预留清扫口，柱子较高时，应每隔 2m 预留浇筑施工口。

(3) 采用木模板时，柱模一般应加立楞（一般采用 50mm×100mm 方木），用方木夹箍和直径 12～16mm 的夹紧螺栓固定。

(4) 使用钢模板时，柱子可直接加箍固定，宜采用工具式柱箍，柱箍形式有扁钢柱箍（—60×5 扁钢）、角钢柱箍（∟ 75×50×5）、钢管柱箍（直径 48mm 厚度 3.5mm）等；柱箍间距一般情况下为 400～1000mm。

(5) 柱模顶端距梁底或板底 50mm 范围内，应确保柱与梁或板接头不变形及不漏浆，所有接头处模板应制作认真，拼缝严密、牢固。

（6）构造柱模板，在各层砖墙留马牙槎砌好后，分层支模，用柱箍穿墙夹紧固定，柱和圈梁的模板，都必须与所在墙的两侧严密贴紧，支撑牢靠，防止板缝漏浆。

6.21 梁板模板的构造组成是什么？安装时有哪些注意事项？

梁的特点是断面不大，但水平长度较大而且架空。梁模板由梁底模、两侧模以及支撑系统组成。梁的侧模板承受混凝土侧压力，故底部用夹条夹牢而内侧紧靠在底模上，侧模上部靠斜撑固定或由支撑楼板模板的格栅顶住。梁底模和支柱承受全部垂直荷载，应具备足够的强度和刚度，故梁底模一般用 50mm 的厚板。底模下的支柱应支撑在坚实的地面楼面或垫木板上。支柱应用伸缩式的或在底部垫一对木楔，以便调整梁底标高和拱度。支柱间应用水平和斜向拉杆拉牢，以增加整体稳定性。当层高高度大于 5.00m 时，且选用桁架等支模，以减少支柱的数量。当梁的跨度≥4.00m 时，应使梁底模中部略为拱起，以防止由于灌注混凝土后跨中梁底下垂。如设计无规定时，起拱高度宜为全跨长度的0.1％～0.3％。

楼板的特点是面积大而厚度小。由于平面面积大而又架空，故底模和支撑必须牢固稳定，目前多采用定型模板，它支撑在格栅上，格栅支撑在梁侧模外的横档上，跨度大的楼板，格栅中间可以再加一至几排牵杠和牵杠撑作为支撑。如图 6-30 所示。

安装时注意事项：

（1）组成梁模板的梁底模（木板厚度不小于 50mm）及

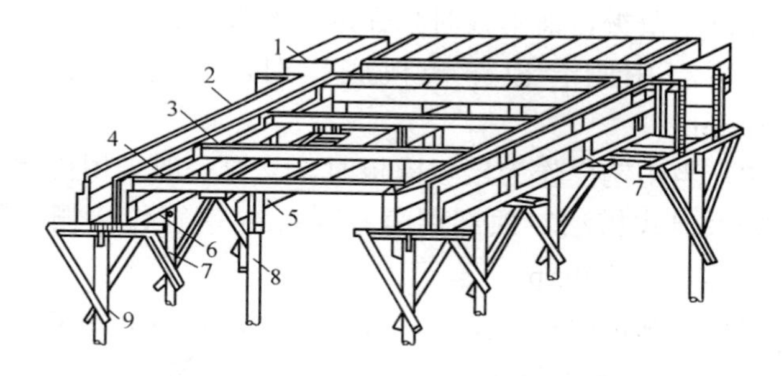

图 6-30 有梁模板一般支撑方法

1—楼板模板；2—梁侧模板；3—栅格；4—横档；
5—牵杠；6—夹条；7—短撑木；8—牵杠撑；9—支柱（琵琶撑）

侧模板（木模或胶合板拼制而成），在梁底均应有支撑系统，一般采用支柱（琵琶撑）或桁架支撑，当采用脚手钢管和扣件搭设支撑时，宜搭设成整体排架式。

（2）梁模板宜采用侧包底的支模法，侧模背面应加钉竖向、水平向及斜向支撑。

（3）支柱（琵琶撑）之间应设拉杆，互相拉撑成一整体，离地面 500mm 设一道，以上每隔 2m 设一道，支柱下均垫楔子（校正高低后钉牢）和垫板。

（4）在架设支柱影响交通的地面，可采用斜撑、两边对撑（俗称龙门撑）或架空支模；上下层梁底模支柱，一般应安装在一条竖向中心线上。

（5）圈梁模板采用卡具法（适用于钢模）和挑扁担法（适用于木模和钢模）。

（6）当板跨度超过 1500mm 时，应设大横楞（俗称牵杠）和立柱支撑，上铺平台格栅（木方），格栅找平后，在上面铺钉木模板，铺木板时只在两端及接头处钉牢。

（7）当用胶合板作楼板底模时，格栅间距不宜大于300mm。

（8）当用钢模作为楼板模板时，支撑一般采用排架式或满堂脚手架式搭法，顶部用直径48mm钢管作格栅，间距一般不得大于750mm。

（9）悬挑板模板其支柱一般不落地，采用下部结构作基点，斜撑支承悬挑部分。也可用三脚架支模法，采用直径48mm钢管支模时，一般采用排架及斜撑杆由下一层楼面架设，悬挑模板必须搭牢拉紧，防止向外倾覆。

（10）支撑板式楼梯底板的格栅间距宜为500mm，支承格栅和横托木间距为1000～2000mm，托木两端用斜支撑支柱，下用单楔楔紧，斜撑用牵杠互相拉牢，格栅外面钉上外帮侧板，其高度与踏步口齐。

（11）梯步高度要均匀一致，踏步侧板下口钉一根小支撑，以保证踏步侧板的稳固，楼梯扶手栏杆预留孔或预埋件应按图纸位置正确埋好。

6.22 如何确定模板的拆除时间和拆除顺序?

（1）模板的拆除时间：

1）侧模板（如柱模、梁侧模）应在混凝土的强度能保持其表面及棱角在拆模时不致损坏时，方可拆除模板。

2）芯模拆除：在混凝土强度能保证其表面及孔洞不塌陷和裂缝后，方可拆除。

3）底模及冬期施工模板的拆除，必须执行《混凝土结构工程施工质量验收规范》GB 50204—2015及《建筑工程冬期施工规程》JGJ/T 104—2011 的有关条款（表 6-6），作业班组必须进行拆模申请，经技术部门批准后方可拆除。

底模拆除时的混凝土强度要求　　表 6-6

构件类型	构件跨度(m)	达到设计的混凝土立方体抗压强度标准值的百分率(%)
板	≤2	≥50
	>2,≤8	≥75
	>8	≥100
梁、拱、壳	≤8	≥75
	>8	≥100
悬臂构件	—	≥100

4）预应力混凝土结构构件模板的拆除，除执行《混凝土结构工程施工质量验收规范》GB 50204—2015 中相应规定外，侧模应在预应力张拉前拆除；底模应在结构构件形成预应力后拆除。

（2）模板的拆除顺序：

1）柱子模板：

拆除拉杆或斜撑→自上而下拆除柱箍→拆除部分竖肋→拆除模板及配件运输维护

2）梁、板模板：

拆除支架部分水平拉杆和剪刀撑→拆除梁侧模→下调楼板支柱→使模板下降→分段分片拆除楼板模板→拆木龙骨及支柱→拆除梁底模板及支撑系统

3）现浇钢筋混凝土结构施工中一般的拆模顺序及要求应遵循：后支的先拆，先支的后拆；先拆侧模，后拆底模；

先拆非承重部分模，后拆承重部分模；梁下支架由跨中向梁端依次拆除；重大复杂模板的拆除、后张法预应力混凝土结构构件模板的拆除，应按技术方案要求进行拆除。

6.23 钢筋是如何进行分类的?

钢的品种繁多，为了便于掌握和选用，常将钢按不同角度进行分类。

（1）按化学成分分

碳素钢
- 低碳钢（含碳量<0.25%）
- 中碳钢（含碳量 0.25%～0.60%）
- 高碳钢（含碳量>0.60%）

合金钢
- 低合金钢（合金元素含量<5%）
- 中合金钢（合金元素含量 5%～10%）
- 高合金钢（合金元素含量>10%）

（2）按质量分

普通碳素钢（含硫量在 0.050%，含磷量在 0.045%）；

优质碳素钢（含硫量在 0.035%，含磷量在 0.035%）；

高级优质碳素钢（含硫量在 0.030%，含磷量在 0.030%）；

特级优质碳素钢（含硫量在 0.020%，含磷量在 0.025%）。

（3）按用途分

结构钢：包括建筑工程用结构钢和机械制造用结构钢。

工具钢：主要用于制作刀具、量具、模具等。

特殊钢：具有特殊的物理、化学或机械性能的钢，如不锈钢、耐酸钢、耐热钢、耐磨钢、磁钢等。

目前，在建筑工程中常用的钢种是普通碳素结构钢和普通低合金结构钢。钢筋混凝土结构用的钢筋和钢丝，主要由碳素结构钢和低合金结构钢轧制而成。主要品种有热轧钢筋、冷加工钢筋、热处理钢筋、预应力混凝土用钢丝和钢绞线。

（4）按绑扎外形分类

光圆钢筋。HPB300级钢筋均轧制为光面圆形截面，通常直径6～10mm的钢筋盘圆制成圆盘供应，直径大于12mm的钢筋轧成6～12m的直条供应。使用时端头需加工弯钩。

带肋钢筋。一般HRB335级、HRB400级、RRB400级钢筋，表面被扎制成螺旋纹、人字纹、月牙纹，增大与混凝土的粘结力。

钢丝与钢绞线。按直径分类：直径3～5mm的称为钢丝，直径6～12mm的称为细钢筋，直径大于12mm的称为粗钢筋。

6.24　农村建房中钢筋的制作有哪些要求？

（1）钢筋的级别、种类和直径应按图纸要求采用，当需要代换时，应征得设计或主管单位同意。

（2）钢筋加工的形状、尺寸必须符合图纸要求。钢筋表面应洁净、无损伤。带有颗粒或片状老锈的钢筋不得使用。

（3）HPB300级钢筋末端需要做180°弯钩，其圆弧弯曲直径应不小于钢筋直径的2.5倍，平直部分长度不宜小于钢筋直径的3倍；HRB335级钢筋末端需做90°或135°弯折，其弯曲直径不宜小于钢筋直径的4倍，平直部分应按设计要求确定。

（4）箍筋末端应作弯钩，用HPB300级钢筋或冷拔低碳钢丝制作的箍筋，其弯曲直径不得小于箍筋直径的 2.5 倍，平直部分的长度一般结构不宜小于箍筋直径的 5 倍，弯钩形式 90°/180°或 90°/90°；对有抗震要求的结构不应小于箍筋直径的 10 倍和 75mm 两者中的较大值；对有抗震要求和受扭的结构，弯钩形式 135°/135°。

（5）钢筋在加工过程中发现脆断、焊接性能不良时，应抽样进行化学成分检验或其他专项检验。

6.25 常用的钢筋连接方法有哪些？连接时应符合哪些规定？

钢筋接头的连接方法有：绑扎连接、焊接连接、机械连接。

（1）钢筋的绑扎

钢筋的绑扎连接时，在钢筋搭接处中心及两端，用 20 号～22 号钢丝扎牢。绑扎钢筋系纯手工操作，劳动量大，浪费钢材，但优点是不受部位和工具的限制，操作简便。纵向受拉钢筋绑扎搭接接头的搭接长度应按现行《混凝土结构设计规范（2015 年版）》GB 50010—2010 的规定进行计算确定。混凝土结构中受力钢筋的连接接头宜设置在受力较小处。在同一根受力钢筋上宜少设接头。在结构的重要构件和关键传力部位，纵向受力钢筋不宜设置连接接头。

轴心受拉及小偏心受拉杆件的纵向受力钢筋不得采用绑扎搭接；其他构件中的钢筋采用绑扎搭接时，受拉钢筋直径不宜大于 25mm，受压钢筋直径不宜大于 28mm。

同一构件中相邻纵向受力钢筋的绑扎搭接接头宜互相错开。钢筋绑扎搭接接头连接区段的长度为 1.3 倍搭接长度，凡搭接接头中点位于该连接区段长度内的搭接接头均属于同一连接区段，如图 6-31 所示。同一连接区段内纵向受力钢筋搭接接头面积百分率为该区段内有搭接接头的纵向受力钢筋与全部纵向受力钢筋截面面积的比值。当直径不同的钢筋搭接时，按直径较小的钢筋计算。

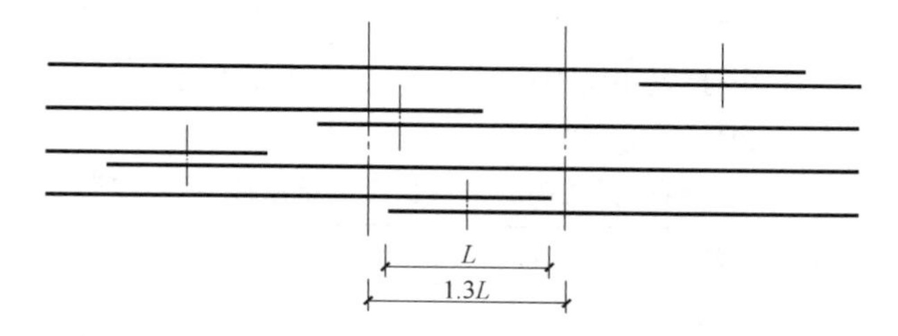

图 6-31 同一连接区段内的纵向受拉钢筋绑扎搭接接头

注：图中所示同一连接区段内的搭接接头钢筋为两根，当钢筋直径相同时，钢筋搭接接头面积百分率为 50%。

位于同一连接区段内的受拉钢筋搭接接头面积百分率：对梁类、板类及墙类构件，不宜大于 25%；对柱类构件，不宜大于 50%。当工程中确有必要增大受拉钢筋搭接接头面积百分率时，对梁类构件，不宜大于 50%；对板、墙、柱及预制构件的拼接处，可根据实际情况放宽。

并筋采用绑扎搭接连接时，应按每根单筋错开搭接的方式连接。接头面积百分率应按同一连接区段内所有的单根钢筋计算。并筋中钢筋的搭接长度应按单筋分别计算。

纵向受拉钢筋绑扎搭接接头的搭接长度，应根据位于同一连接区段内的钢筋搭接接头面积百分率、按下列公式计算，且不应小于 300mm。

$$l_1 = \zeta_1 l_a$$

l_a——纵向受拉钢筋的搭接长度；

ζ_1——纵向受拉钢筋搭接长度的修正系数，按表 6-7 取用。当纵向搭接钢筋接头面积百分率为表 6-7 的中间值时，修正系数可按内插取值。

构件中的纵向受压钢筋，当采用搭接连接时，其受压搭接长度不应小于表 6-7 中纵向受拉钢筋搭接长度的 70%，且不应小于 200mm。

纵向受拉钢筋搭接长度修正系数　　表 6-7

纵向钢筋搭接接头面积百分率(%)	≤25	50	100
ζ_1	1.2	1.4	1.6

（2）钢筋的焊接

以焊接代替绑扎，可节约钢筋，改善结构受力性能，提高工效，降低成本。工程中常用的焊接方法有闪光对焊、电弧焊、电渣压力焊、埋弧压力焊及点焊等。

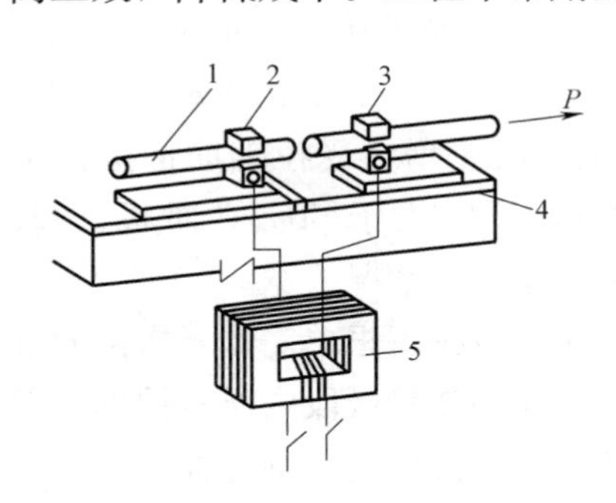

图 6-32　闪光对焊示意图

1—钢筋；2—固定电极；3—可动电极；4—基座；5—焊接变压器

1）闪光对焊：闪光对焊广泛用于钢筋接长及预应力筋与螺丝端杆的焊接。闪光对焊是利用对焊机使电极间的钢筋两端接触，通过低电压电流，使钢筋加热到可焊温度后，加压焊合成对焊接头。焊接时会产生金属火花飞溅，形成闪光现象，可获得较好的焊接质量。如图 6-32 所示。

2）电弧焊：电弧焊是利用弧焊机送出低压的高电流，使焊条与电弧燃烧范围内的焊件熔化，待其凝固便形成焊缝或接头。电弧焊广泛用于钢筋接头、钢筋骨架焊接、装配式结构接头的焊接、钢筋与钢板的焊接及各种钢结构焊接等，钢筋电弧焊的接头主要有形式有坡口焊、帮条焊、搭接焊如图 6-33 所示。农村建房中宜采用帮条焊和搭接焊。

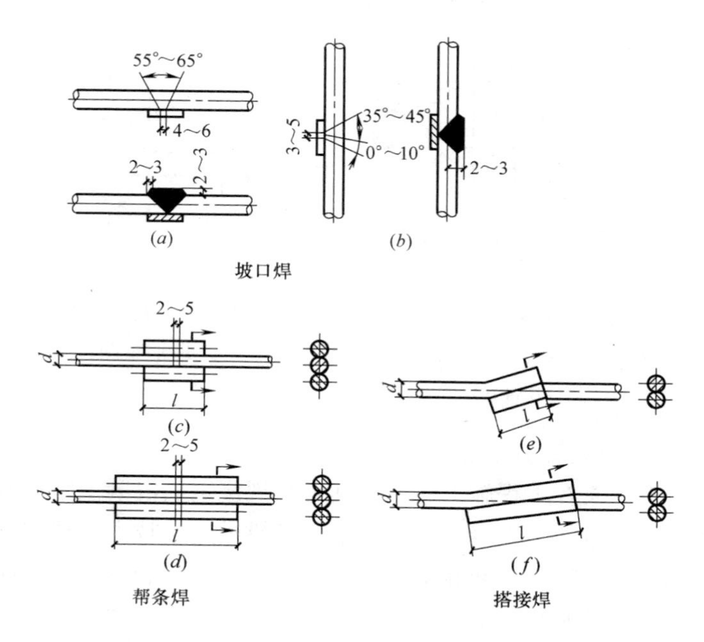

图 6-33　坡口焊、帮条焊、搭接焊（mm）

3）电渣压力焊：电渣压力焊是利用电流通过渣池产生的电阻热将钢筋端部熔化，然后施加电压使钢筋焊接在一起。这种方法适用于现场竖向钢筋的接长，比电弧焊工效高、省钢材、成本低，多用于现浇钢筋混凝土结构竖向钢筋的接长，如图 6-34 所示。

4）点焊：利用点焊机进行交叉钢筋的焊接，可成型为钢筋网片或骨架，以代替人工绑扎，如图 6-35 所示。同人工绑扎相比较，点焊具有工作高效、节约劳动力、成品整体性好、节约材料、降低成本等特点。

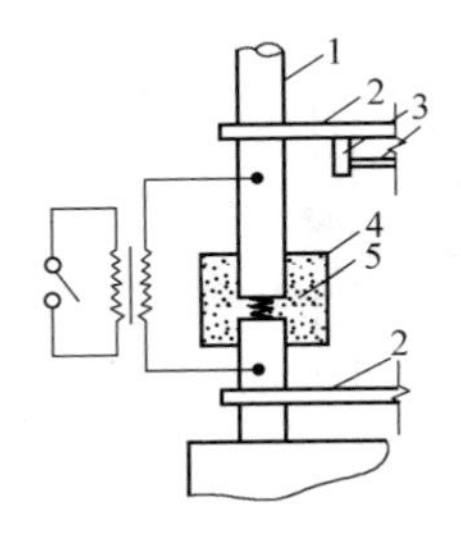

图 6-34　电渣压力焊工作原理图

1—钢筋；2—夹钳；3—凸轮；4—焊剂；5—铁丝团环球或导电焊剂

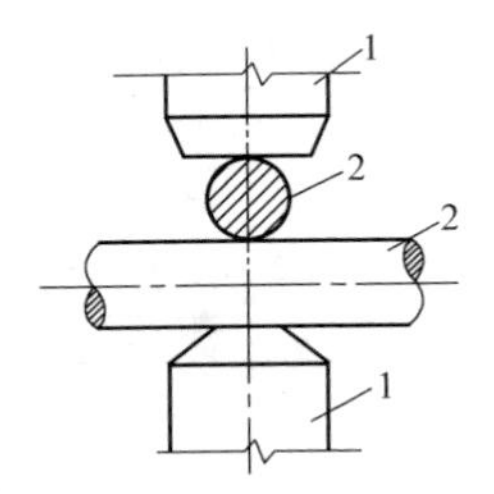

图 6-35　电焊工作原理示意图

1—电极；2—钢筋

（3）钢筋的机械连接

近年来在工程施工中，尤其是在现浇钢筋混凝土结构施工现场粗钢筋的连接中，广泛采用了机械连接技术，常用的有钢筋套筒挤压连接和锥螺纹套管连接，都是利用钢筋表面轧制（或特制）的螺纹（或横肋）和连接套管之间的机械咬合作用来传递钢筋的拉压力。机械连接方法具有工艺简单、节约钢材、改善工作环境、接头性能可靠、技术易掌握、工作效率高、节约成本等优点。

1）钢筋套筒挤压连接：钢筋套筒挤压连接是将需连接的带肋钢筋插入特制钢套筒内，利用挤压机（专用液压压接钳）挤压钢套筒，使之产生塑性变形，其内周壁变形而嵌入钢筋螺纹，从而紧紧咬住变形钢筋以实现连接。它适用于较大直径（$\phi20$～$\phi40$）带肋钢筋的连接。

钢筋套筒挤压连接有径向挤压两种，如图 6-36 所示。

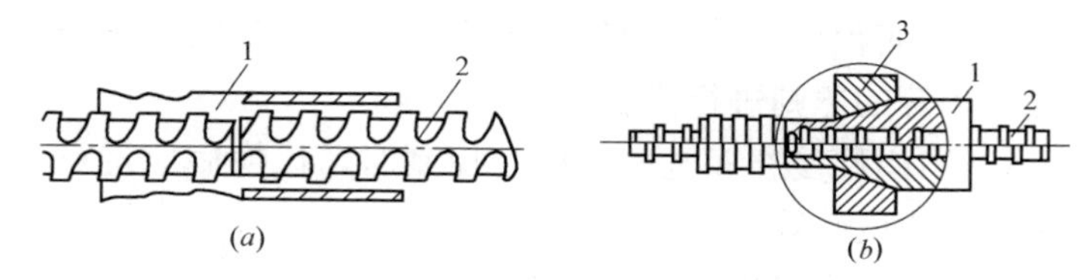

图 6-36　钢筋套筒挤压连接

1—钢套筒；2—带肋钢筋；3—压膜

2）钢筋锥螺纹套管连接：钢筋锥螺纹套管连接是利用锥螺纹能承受轴向力和水平力，密封自锁性好的原理，靠规定的机械力把钢筋连接在一起，如图 6-37 所示。施工过程为：用于连接的钢套管内壁在工厂专用机床上加工有锥螺纹，钢筋的对接接头亦在钢筋套丝机上加工成与套管匹配的锥螺纹。钢筋连接时，经对螺纹检查无油污和损伤后，先用手旋入钢筋，然后用扭矩扳手紧固至规定的扭矩后即完成。

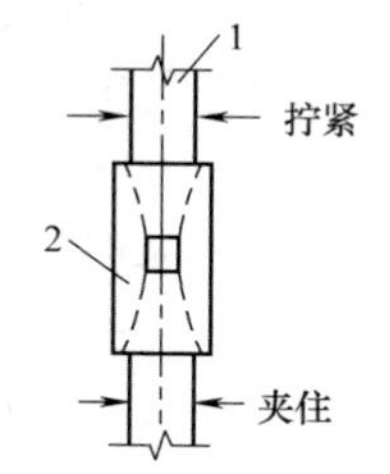

图 6-37　钢筋锥螺纹套管连接

1—连接钢筋；2—钢套管

6.26 钢筋的代换应遵循哪些原则?

(1) 当施工中遇有钢筋的品种或规格与设计要求不符合时，经设计单位同意，办理了设计变更文件后可参照代换原则：

1) 等强度代换：当构件受强度控制时，钢筋可按强度相等的原则进行代换。

2) 等面积代换：当构件按最小配筋率配筋时，钢筋可按面积相等的原则进行代换。

3) 当构件受裂缝宽度或挠度控制时，代换后应进行裂缝宽度或挠度验算。

(2) 注意钢筋代换注意事项：

1) 钢筋代换时，要充分了解设计意图和代换材料的性能，按设计规范和有关规定经计算后提出。

2) 当构件受抗裂、裂缝宽度或挠度控制时，钢筋代换后应进行抗裂、裂缝宽度或挠度验算。

3) 钢筋代换后，应满足混凝土结构设计规范中所规定的钢筋间距、锚固长度、最小钢筋直径、根数等要求。一般情况下，代换钢筋还必须满足截面对称的要求。

4) 对抗裂要求较高的构件（如屋架下弦、薄腹梁），不得用 HPB300 级光面钢筋代替变形（带肋）钢筋。

5) 梁的纵向受力钢筋与弯起钢筋以及箍筋应分别进行代换与验算。

6) 对有抗震要求的框架，不宜用强度较高的钢筋代替原设计中的钢筋；当必须代换时，应按钢筋受拉承载力设计值相等的原则进行代换，并应满足正常使用极限状态和抗震构造措施要求。

7）预制构件的吊环，必须采用未经冷拉的 HPB235 级热轧钢筋制作，严禁用其他钢筋代换。

8）钢筋代换后其用量不宜大于原设计的 5%，不低于原设计的 2%。

9）同一截面内，可同时配有不同类和直径的代换钢筋，但每根钢筋的拉力差不应过大（如同品种钢筋的直径差值一般不大于 5mm)，以免构件受力不均。

6.27 现浇混凝土现场搅拌有哪些规定？

混凝土的搅拌要达到两方面的要求：一是保证混凝土拌合物的均匀性，二是能够保证按施工进度所要求的产量。

（1）搅拌混凝土时应用机械搅拌，必须按试验的配合比所规定的材料品种、规格和数量进行配料。

（2）拌制混凝土宜采用饮用水，不得采用海水拌制。

（3）搅拌时间是影响混凝土质量及搅拌机生产效率的重要因素之一。不同搅拌机类型及不同程度的混凝土拌合物有不同的搅拌时间。强制式搅拌的最短时间为 60s，当掺有外加剂时，搅拌时间应适当延长 30～60s；严禁在拌料出机后外加水分。

（4）振动器捣实板、梁、柱的混凝土坍落度控制在5～7cm。

（5）混凝土坍落度检测。现场搅拌混凝土，每工作台班取样不得少于两次；坍落度的允许偏差正负 10mm。

（6）混凝土强度检验的规定：

1）现场搅拌混凝土取样频率，每拌制 100 盘且不超过 $100m^3$ 的同配合比混凝土，其取样不得少于一次；

2）每工作班拌制的相同配合比的混凝土不足 100 盘时，其取样也不得少于一次，每次取样应至少留置一组标准养护试件（每组 3 个）；

3）连续浇筑超过 $1000m^3$ 时，每 $200m^3$ 取样不得少于一次；

4）对现浇混凝土结构，每一现浇楼层同配合比的混凝土，其取样不得少于一次。

6.28 混凝土的运输包括哪些方面？基本要求是什么？

混凝土应及时运送至浇筑点，包括地面水平运输、垂直运输和楼层面上的水平运输。对混凝土运输的基本要求是：

（1）混凝土的运输过程中要能保持良好的均匀性，不离析，不漏浆。

（2）保证混凝土具有所规定的坍落度。

（3）使混凝土初凝前浇筑完毕。

（4）保证混凝土浇筑的连续进行。

混凝土的垂直运输多采用塔吊、井架、龙门架或混凝土泵等。混凝土的地面水平运输可采用双轮手推车、机动翻斗车、混凝土搅拌运输车或自卸汽车。当混凝土需要量大，运距较远或使用商品混凝土时，多用自卸汽车或混凝土搅拌运输车。

楼面水平运输可用双手推车、皮带运输机，塔吊和混凝土泵也可以解决一定的水平运输。楼面运输时必须采取措施防止钢筋位置变位，还要随时检查模板情况防止发生变形，并要尽量减少颠簸防止混凝土离析。

6.29 混凝土浇筑时的注意事项有哪些?

混凝土的浇筑是将混凝土放入已安装好的模板内并振捣密实以形成符合要求的结构或构件。混凝土浇筑前，应进行模板钢筋工程的检查验收，验收合格后，要填好有关技术资料；要设计好施工方案，准备好各种原材料和施工机具设备，搞好水电供应工作，检查安全设施是否完备，运输通道是否通畅，还要了解天气情况。

混凝土浇筑的注意事项如下：

(1) 混凝土应在初凝之前浇筑完毕，如在浇筑之前已有初凝或离析现象，则应进行强力搅拌，使其恢复流动性后方可入模。

(2) 混凝土的自由降落高度，不应大于2.00m。当浇筑高度大于3.00m时，应采用串筒溜槽或采用带节管的振动串筒使混凝土下落，如图6-38所示。

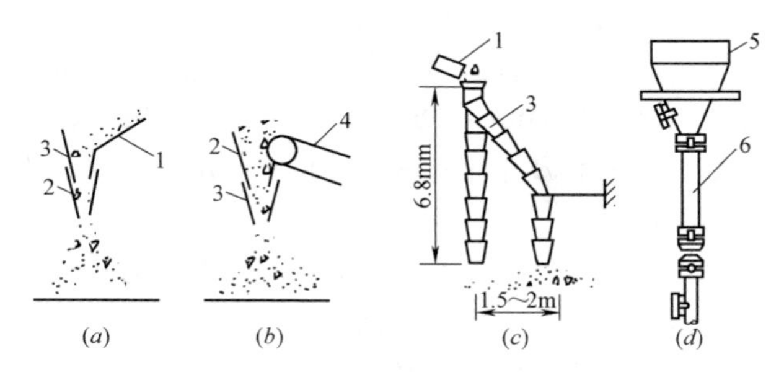

图6-38 防止混凝土离析的措施

1—溜槽；2—挡板；3—串筒；4—漏斗；5—节管；6—振动器

(3) 为了保证混凝土构件的整体性，浇筑时必须分层浇筑，分层振捣密实。

（4）混凝土的浇筑应尽量连续进行，重要构件最好一次浇筑完毕。间歇时间超过相关规定时，应在规定位置按要求留设施工缝。

（5）应注意混凝土的浇筑顺序。一般是自下而上、由外向里对称浇筑。对于厚大体积的混凝土的浇筑，浇筑前应制定出详细的浇筑方案。

6.30 混凝土振捣有哪些规定?

（1）混凝土应机械振捣成型。

（2）柱、梁应用插入式振动器振实，每次振捣时间为20～30s，插入深度为棒长的3/4，振动棒的作用半径一般为300～400mm，分层浇筑时，应插入下一层中50mm左右，应做到“快插慢拔”。

（3）屋面、楼板、地面、垫层等应用平板式振动器振捣密实，每一位置上应连续振动约25～40s，以混凝土表面出现浮浆为准，前后位置和排间相互搭接应为3～5cm，移动速度通常为2～3m/min，防止漏振。平板式振动器的有效作用深度，在无筋及单筋平板中约200mm，在双筋平板中约为120mm。

（4）当平板厚度大于200mm和带梁平板时，应先用插入式振动器振实，表面再用平板式振动器振实。

（5）混凝土用机械振捣密实后，表面用刮尺刮平，应在混凝土终凝前二次或三次压光予以修整。

6.31 混凝土的养护方法有哪几种？各有什么要求？

混凝土浇筑后，应提供良好的温度和湿度环境，以保证混凝土能正常凝结和硬化。混凝土养护不好，会影响其强度、耐久性和整体性，表面会出现片状或粉状剥落、产生干缩裂纹等。混凝土养护分为自然养护和加热养护两种。

（1）自然养护

混凝土的自然养护是指在常温（平均气温不低于5℃）条件下，于一定时间内使混凝土保持湿润状态。

自然养护又可分为洒水养护、覆盖养护和喷涂养护。

混凝土洒水养护是指用吸水保温能力较强的材料（如草帘、芦席、麻袋、锯末等）将混凝土覆盖，也可采用直接洒水、蓄水等方式养护，洒水养护应保持混凝土处于湿润状态，是施工现场使用最多的养护方式。

混凝土覆盖养护是指在混凝土终凝后进行，覆盖物应严密，覆盖物的层数应按施工方案确定。覆盖应严密，覆盖物（裸露表面覆盖塑料薄膜、塑料薄膜加草帘）相互搭接不宜小于100mm。采用塑料薄膜应紧贴混凝土裸露表面，塑料薄膜内应保持有凝结水，保证混凝土湿润状态。

混凝土喷涂养护是指在混凝土表面上喷洒养生液，形成一层薄膜，使混凝土与空气隔绝，阻止水分的蒸发，保证水化作用的正常进行，它适用于不易洒水养护的高耸构筑物和大面积混凝土结构及缺水地区。

（2）加热养护

自然养护成本低、效果好，但养护期长。为缩短养护期，提高模板的周转率和场地的利用率，一般生产预制构件时，宜采用加热养护，在较高的温度和相对湿度环境中对混凝土进行养护，以加速混凝土硬化，使其在较短时间内达到规定的强度标准值。常用的有蒸汽养护和热模养护等。

6.32 常用的混凝土质量缺陷的修补方法有哪些？

（1）表面抹浆修补

对于属于一般缺陷的裂缝、麻面、露筋、蜂窝等缺陷，可采用1∶2～1∶2.5水泥砂浆抹面修整。在抹砂浆前，需先用钢丝刷清理并清洗湿润，抹后应做好养护工作。

（2）细石混凝土填补

对于属于严重缺陷的露筋、蜂窝等缺陷，以及空洞夹渣疏松等缺陷，应先将有缺陷的混凝土清除，清理干净并湿润后，再用比原来强度等级高一级的细石混凝土填补并捣实。修补时应注意不要出现死角。考虑到后补混凝土的收缩，可以在后补混凝土中加入适量的微膨胀剂，后补混凝土水胶比宜在0.5以内。

（3）水泥灌浆和化学灌浆

对于属严重缺陷的裂缝，为保证结构的受力性能和使用性能，应根据裂缝的宽度性能和施工条件等，采用水泥灌浆或化学灌浆的方法予以修补。对于宽度大于0.5mm的裂缝，可采用水泥灌浆；宽度小于0.5mm的裂缝，宜采用化学灌浆。化学灌浆所用的灌浆材料，应根据裂缝性质、缝宽和干燥情况选用。补强用灌浆材料，常用的有环氧树脂浆液和甲凝等；防渗堵漏用的灌浆材料，常用的有丙凝和聚氨酯等。

6.33 屋面防水工程施工如何分类？具体构造如何？

防水工程按其构造做法分为两大类：一是结构自防水，

主要是依靠结构构件材料自身的密实性及其某些构造措施（坡度、埋设止水带等），使结构构件起到防水作用；二是防水层防水，是在结构构件的迎水面或背水面以及接缝处，附加防水材料做成防水层，以起到防水作用，如卷材防水、涂料防水、刚性材料防水层防水等。根据《屋面工程技术规范》GB 50345—2012 的规定，各类型屋面构造层次如表 6-8 所示。

各类型屋面造层次　　表 6-8

屋面类型	基本构造层次（自上而下）
卷材、涂膜屋面	保护层、隔离层、防水层、找平层、保温层、找平层、找坡层、结构层
	保护层、保温层、防水层、找平层、找坡层、结构层
	种植隔热层、保温层、耐根穿刺防水层、防水层、找平层、保温层、找平层、找坡层、结构层
卷材、涂膜屋面	架空隔热层、防水层、找平层、保温层、找平层、找坡层、结构层
	蓄水隔热层、隔离层、防水层、找平层、保温层、找平层、找坡层、结构层
瓦屋面	块瓦、挂瓦条、顺水条、持钉层、防水层或防水垫层、保温层、结构层
	沥青瓦、持钉层、防水层或防水垫层、保温层、结构层
金属板屋面	压型金属板、防水垫层、保温层、承托网、支承结构
	上层压型金属板、防水垫层、保温层、底层压型金属板、支承结构
	金属面绝热夹芯板、支承结构

续表

屋面类型	基本构造层次（自上而下）
玻璃采光顶	玻璃面板、金属框架、支承结构
	玻璃面板、点支承装置、支承结构

注：1. 表 6-8 中结构层包括混凝土基层和木基层；防水层包括卷材和涂膜防水层；保护层包括块体材料、水泥砂浆、细石混凝土保护层；
2. 有隔汽要求的屋面，应在保温层与结构层之间设隔汽层。

6.34 防水屋面施工的基本要求有哪些?

（1）屋面防水的选择应结合农村的使用要求来考虑，选择平屋面可以兼作粮食晒场，但平屋面防水还存在一些问题未解决，如果防水未能做好，会产生渗漏现象。目前住宅常采用坡屋面。

（2）屋面防水工程应有具备相应资质的专业队伍进行施工。作业人员持证上岗。施工作业符合相关规范规定的安全及防火安全规定。

（3）屋面工程施工的每道工序完成后，应经主管单位检查验收，并应在合格后再进行下道工序的施工。当下道工序或相邻工程施工时，应对已完成的部分采取保护措施。

（4）屋面工程所采用的防水、保温材料应有产品合格证书和性能检测报告，材料的品种、规格、性能等应符合设计和产品标准的要求。材料进场后，应按规定抽样检验，出示检验报告。工程中严禁使用不合格的材料。

（5）屋面防水施工完毕后，必须进行淋（蓄）水试验，经过雨后检查，确保不渗不漏。

（6）混凝土结构层宜采用结构找坡，坡度不应小于

3%；当采用材料找坡时，宜采用质量轻、吸水率低和有一定强度的材料，坡度宜为2%。卷材、涂膜的基层宜设找平层。找平层厚度和技术要求应符合有关规定。保温层上的找平层应留设分格缝，缝宽宜为5～20mm，纵横缝的间距不宜大于6m。

（7）卷材防水层最小厚度应符合表6-9的规定。

卷材防水层最小厚度　　表6-9

<table>
<tr><th colspan="3">防水卷材类型</th><th>卷材防水层最小厚度（mm）</th></tr>
<tr><td rowspan="5">聚合物改性沥青类防水卷材</td><td colspan="2">热熔法施工聚合物改性防水卷材</td><td>3.0</td></tr>
<tr><td colspan="2">热沥青粘结和胶粘法施工聚合物改性防水卷材</td><td>3.0</td></tr>
<tr><td colspan="2">预铺反粘防水卷材（聚酯胎类）</td><td>4.0</td></tr>
<tr><td rowspan="2">自粘聚合物改性防水卷材（含湿铺）</td><td>聚酯胎类</td><td>3.0</td></tr>
<tr><td>无胎类及高分子膜基</td><td>1.5</td></tr>
<tr><td rowspan="5">合成高分子类防水卷材</td><td colspan="2">均质型、带纤维背衬型、织物内增强型</td><td>1.2</td></tr>
<tr><td colspan="2">双面复合型</td><td>主体片材芯材0.5</td></tr>
<tr><td rowspan="2">预铺反粘防水卷材</td><td>塑料类</td><td>1.2</td></tr>
<tr><td>橡胶类</td><td>1.5</td></tr>
<tr><td colspan="2">塑料防水板</td><td>1.2</td></tr>
</table>

注：《建筑与市政工程防水通用规范》GB 55030—2022第3.3.10条。

反应型高分子类防水涂料、聚合物乳液类防水涂料和水性聚合物沥青类防水涂料等涂料防水层最小厚度不应小于1.5mm，热熔施工橡胶沥青类防水涂料防水层最小厚度不应小于2.0mm。

当热熔施工橡胶沥青类防水涂料与防水卷材配套使用作为一道防水层时，其厚度不应小于1.5mm。

（8）檐沟、天沟与屋面交接处、屋面平面与立面交接处，以及水落口、伸出屋面管道根部等部位，应设置卷材或涂膜附加层；屋面找平层分格缝等部位，宜设置卷材空铺附加层，其空铺宽度不宜小于 100mm；防水卷材接缝应采用搭接缝，卷材搭接宽度应符合有关规定。

（9）上人屋面保护层可采用块体材料、细石混凝土等材料，不上人屋面保护层可采用浅色涂料、铝箔、矿物粒料、水泥砂浆等材料。

（10）檐沟、天沟的过水断面，应根据屋面汇水面积的雨水流量经计算确定。钢筋混凝土檐沟、天沟净宽不应小于 300mm，分水线处最小深度不应小于 100mm；沟内纵向坡度不应小于 1%，沟底水落差不得超过 200mm；檐沟、天沟排水不得流经变形缝和防火墙。金属檐沟、天沟的纵向坡度宜为 0.5%。坡屋面檐口宜采用有组织排水，檐沟和水落斗可采用金属或塑料成品。

6.35 常见的卷材防水层屋面的施工有哪几种?

（1）沥青卷材防水施工

卷材防水层施工的一般工艺流程如图 6-39 所示。

1）铺设方向

卷材的铺设方向应根据屋面坡度和屋面是否有振动来确定。当屋面坡度小于 3%时，卷材宜平行于屋脊铺贴；屋面坡度在 3%～15%之间时，卷材可平行或垂直于屋脊铺贴；屋面坡度大于 15%或屋面受振动时，沥青防水卷材应垂直于屋脊铺贴。上、下层卷材不得相互垂直铺贴。

2）施工顺序

屋面防水层施工时，应先做好节点、附加层和屋面排水比较集中部位（如屋面与水落口连接处、檐口、天沟、屋面转角处、板端缝等）的处理，然后由屋面最低标高处向上施工。铺贴天沟、檐沟卷材时，宜顺天沟、檐口方向，尽量减少搭接。铺贴多跨和有高低跨的屋面时，应按先高后低、先远后近的顺序进行。大面积屋面施工时，应根据屋面特征及面积大小等因素合理划分流水施工段。施工段的界线宜设在屋脊、天沟、变形缝等处。

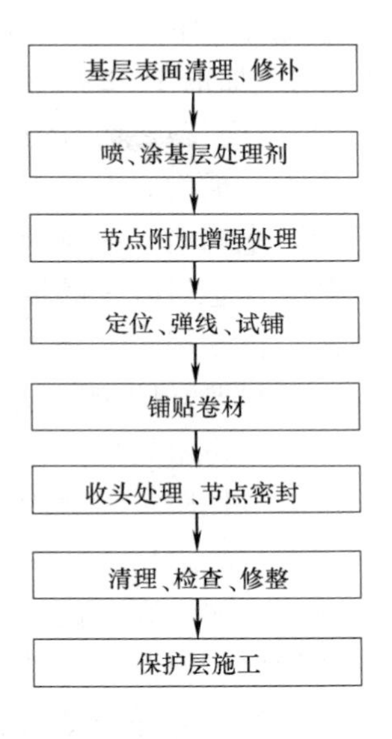

图 6-39 卷材防水层施工的一般工艺流程图

3）搭接方法及宽度要求

铺贴卷材采用搭接法，上下层及相邻两幅卷材的搭接缝应错开。平行于屋脊的搭接应顺流水方向；垂直于屋脊的搭接应顺主导风向。叠层铺设的各层卷材，在天沟与屋面的连接处，应采用叉接法搭接，搭接缝应错开，接缝宜留在屋面或天沟侧面，不宜留在沟底。

4）铺贴方法

沥青卷材的铺贴方法有浇油法、刷油法、刮油法、撒油法等四种。通常采用浇油法或刷油法，在干燥的基层上满涂沥青胶，应随浇涂随铺油毡。铺贴时，油毡要展平压实，使之与下层紧密粘结，卷材的接缝，应用沥青胶赶平封严。对容易渗漏水的薄弱部位（如天沟、檐口、泛水、水落口处等），均应加铺1～2层卷材附加层。

5）屋面特殊部位的铺贴要求

天沟、檐沟、檐口、水落口、泛水、变形缝和伸出屋面管道的防水构造，必须符合设计要求。天沟、檐沟、檐口、泛水和立面卷材收头的端部应裁齐，塞入预留凹槽内，用金属压条，钉压固定，最大钉距不应大于800mm，并用密封材料嵌填封严，凹槽距屋面找平层不小于250mm，凹槽上部墙体应做防水处理。

水落口杯应牢固地固定在承重结构上，如系铸铁制品，所有零件均应除锈，并刷防锈漆；天沟、檐沟铺贴卷材应从沟底开始。如沟底过宽，卷材纵向搭接时，搭接缝必须用密封材料封口，密封材料嵌填必须密实、连续、饱满，粘结牢固，无气泡，不开裂脱落。沟内卷材附加层在与屋面交接处宜空铺，其空铺宽度不小于200mm，其卷材防水层应由沟底翻上至沟外檐顶部，卷材收头应用水泥钉固定并用密封材料封严，铺贴檐口800mm范围内的卷材应采取满粘法。

铺贴泛水处的卷材应采取满粘法，防水层贴入水落口杯内不小于50mm，水落口周围直径500mm范围内的坡度不小于5%，并用密封材料封严。

变形缝处的泛水高度不小于250mm，在管道根部直径500mm范围内，找平层应抹出高度不小于30mm的圆台，伸出屋面管道的周围与找平层或细石混凝土防水层之间，应预留20mm×20mm的凹槽，并用密封材料嵌填严密，管道根部四周应增设附加层，宽度和高度均不小于300mm。管道上的防水层收头应用金属箍紧固，并用密封材料封严。

（2）高聚物改性沥青卷材防水施工

依据高聚物改性沥青防水卷材的特性，其施工方法有冷粘法、热熔法和自粘法之分。在立面或大坡面铺贴高聚物改性沥青防水卷材时，应采用满粘法，并宜减少短边搭接。

1）冷粘法施工

冷粘法施工是利用毛刷将胶粘剂涂刷在基层或卷材上，然后直接铺贴卷材，使卷材与基层、卷材与卷材粘结的方法。施工时，胶粘剂涂刷应均匀、不露底、不堆积。空铺法、条粘法、点粘法应按规定的位置与面积涂刷胶粘剂。铺贴卷材时应平整顺直，搭接尺寸准确，接缝应满涂胶粘剂，辊压粘结牢固，不得扭曲，破折溢出的胶粘剂随即刮平封口；也可采用热熔法接缝。接缝口应用密封材料封严，宽度不应小于10mm。

2）热熔法施工

热熔法施工是指利用火焰加热器熔化热熔型防水卷材底层的热熔胶进行粘贴的方法。施工时，在卷材表面热熔后（以卷材表面熔融至光亮黑色为度）应立即滚铺卷材，使之平展，并辊压粘结牢固。搭接缝处必须以溢出热熔的改性沥青胶为度，并应随即刮封接口。加热卷材时应均匀，不得过分的热或烧穿卷材。

3）自粘法施工

自粘法施工是指采用带有自粘胶的防水卷材，不用热施工，也不需涂胶结材料，而进行粘结的方法。铺贴前，基层表面应均匀涂刷基层处理剂，待干燥后及时铺贴卷材。铺贴时，应先将自粘胶底面隔离纸完全撕净，排除卷材下面的空气，并辊压粘结牢固，不得空鼓。搭接部位必须采用热风焊枪加热后随即粘贴牢固，溢出的自粘胶随即刮平封口。接缝口用不小于 10mm 宽的密封材料封严。对厚度小于 3mm 的高聚物改性沥青防水卷材，严禁采用热熔法施工。

（3）合成高分子卷材防水施工

合成高分子卷材的主要品种有：三元乙丙橡胶防水卷材；氯化聚乙烯—橡胶共混防水卷材；氯化聚乙烯防水卷材和聚氯乙烯防水卷材等。其施工工艺流程与前相同。

施工方法一般有冷粘法、自粘法、焊接法和机械固定法四种。一般常用冷粘法。

冷粘法、自粘法施工要求与高聚物改性沥青防水卷材基本相同，但冷粘法施工时搭接部位应采用与卷材配套的接缝专用胶粘剂，在搭接缝粘结面上涂刷均匀，并控制涂刷与粘结的间隔时间，排除空气，辊压粘结牢固。

焊接法是利用半自动化温控热熔焊机、手持温控热熔焊枪或专用焊条对所铺卷材的接缝进行焊接铺设的施工方法。焊接前卷材铺放应平整顺直，搭接尺寸正确；施工时焊接缝的结合面应清扫干净，应无水滴、油污及附着物。先焊长边搭接缝，后焊短边搭接缝，焊接处不得有漏焊、缺焊、焊焦或焊接不牢的现象，也不得损害非焊接部位的卷材。

机械固定法是使用专用螺钉、垫片、压条及其他配件，将合成高分子卷材固定在基层上、但其接缝应用焊接法或冷粘法进行。

6.36 防水坡屋面施工有哪些注意事项？

（1）根据《坡屋面工程技术规范》GB 50693—2011 及

《屋面工程技术规范》GB 50345—2012，坡屋面工程施工应符合下列规定：

1）施工单位应遵守有关施工安全、劳动保护、防火和防毒的法律法规，建立相应的管理制度，并应配备必要的设备、器具和标识。

2）当屋面坡度大于30%时，施工过程中应采取防滑措施。

3）施工人员应戴安全帽，系安全带和穿防滑鞋。

4）雨天、雪天或五级及以上大风环境下，不应进行露天防水施工。

5）屋面工程施工的防火安全应符合规范的规定，施工作业区应配备消防灭火器材，火源、热源等火灾危险源应加强管理。

（2）烧结瓦、混凝土瓦屋面工程施工应符合下列规定：

1）烧结瓦、混凝土瓦屋面的坡度不应小于30%；

2）采用的木质基层、顺水条、挂瓦条，均应做防腐、防火和防蛀处理；采用的金属顺水条、挂瓦条，均应作防锈蚀处理。

3）烧结瓦、混凝土瓦应采用干法挂瓦，瓦与屋面基层应固定牢靠。

4）烧结瓦和混凝土瓦铺装的有关尺寸应符合下列规定：

① 瓦屋面檐口挑出墙面的长度不宜小于300mm；

② 脊瓦在两坡面瓦上的搭盖宽度，每边不应小于40mm；

③ 脊瓦下端距坡面瓦的高度不宜大于80mm；

④ 瓦头伸入檐沟、天沟内的长度宜为50～70mm；

⑤ 金属檐沟、天沟伸入瓦内的宽度不应小于150mm；

⑥ 瓦头挑出檐口的长度宜为 50～70mm；

⑦ 突出屋面结构的侧面瓦伸入泛水的宽度不应小于 50mm。

（3）沥青瓦屋面工程施工应符合下列规定：

① 沥青瓦屋面的坡度不应小于 20％。

② 沥青瓦应具有自粘胶带或相互搭接的连锁构造。矿物粒料或片料覆面沥青瓦的厚度不应小于 2.6mm，金属箔面沥青瓦的厚度不应小于 2mm。

③ 沥青瓦的固定方式应以钉为主、粘结为辅。每张瓦片上不得少于 4 个固定钉；在大风地区或屋面坡度大于 100％时，每张瓦片不得少于 6 个固定钉。

④ 天沟部位铺设的沥青瓦可采用搭接式、编织式、敞开式。搭接式、编织式铺设时，沥青瓦下应增设不小于 1000mm 宽的附加层；敞开式铺设时，在防水层或防水垫层上应铺设厚度不小于 0.45mm 的防锈金属板材，沥青瓦与金属板材应用沥青基胶结材料粘结，其搭接宽度不应小于 100mm。

⑤ 沥青瓦铺装的有关尺寸应符合下列规定：

a. 脊瓦在两坡面瓦上的搭盖宽度，每边不应小于 150mm；

b. 脊瓦与脊瓦的压盖面不应小于脊瓦面积的 1/2；

c. 沥青瓦挑出檐口的长度宜为 10～20mm；

d. 金属泛水板与沥青瓦的搭盖宽度不应小于 100mm；

e. 金属泛水板与突出屋面墙体的搭接高度不应小于 250mm；

f. 金属滴水板伸入沥青瓦下的宽度不应小于 80mm。

6.37 常用的木屋架的形式有哪几种？如何进行制作？

目前农村建筑中木屋架的形式，常用的有两种，一种是桁架结构，称为豪式屋架；另一种是双梁式屋架，也有称为立字形屋架，如图 6-40 所示。

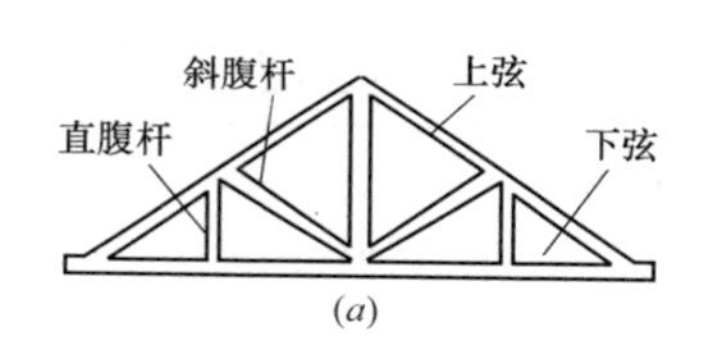

(*a*)

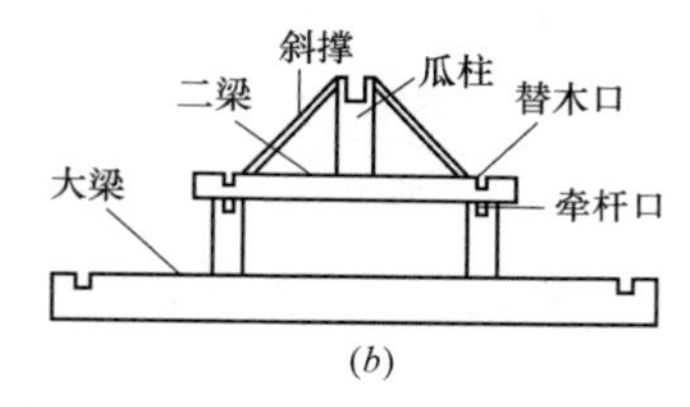

(*b*)

图 6-40 屋架形式

(*a*) 豪式屋架；(*b*) 双梁式屋架

(1) 豪式屋架的制作

这种屋架有木桁架和钢木组合桁架。在一般的情况下，多用木质桁架。这种桁架的上下弦斜杆用方木或圆木制作，它适用于 6～18m 的跨度。它的制作方法如下：

1) 放大样

当屋架全部对称时，可在地面上按照设计的尺寸放出半榀屋架的大样，各节点均按设计要求绘出足尺实样。

① 弹出杆件轴线。先弹出一条水平线，截取 1/2 的跨度长，在右端点作该线的垂直线，并截取长度为屋架的高度，加起拱后的总和，在垂线上量出起拱高度，此点与水平线的左端点连线即得下弦轴线。在下弦上分出节点长度，并由各点作垂线得竖杆轴线，连相邻两竖杆的上下点，得腹杆轴线，如图 6-41 所示。

② 弹杆件边线。按上弦断面高，由上弦轴线分中得上弦上下边线；按下弦断面高减去端节点齿深后的净截面高，由下弦轴线分中得上下边线，中竖杆、斜腹杆按圆木截面分中得两边线，如图 6-42 所示。

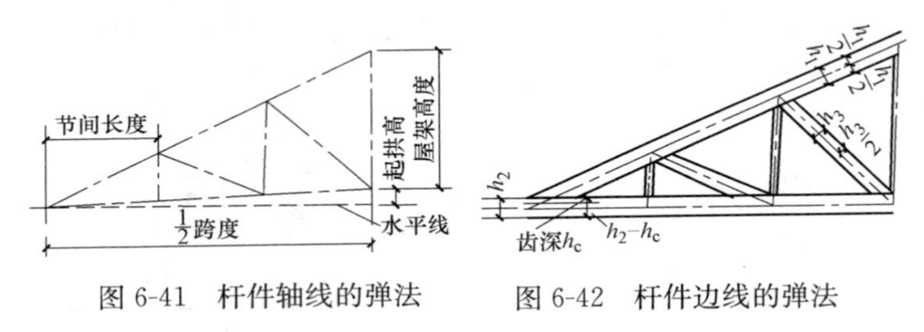

图 6-41 杆件轴线的弹法　　图 6-42 杆件边线的弹法

2）画节点大样

① 端节点大样。在下弦端头按齿槽深 h_c 及 h'_c 画出齿深线，由上弦上边及下弦上边的交点 a 作垂直上弦轴线的短线，与齿深 h'_c 交于 b，这时连接 b 与上弦轴线与下弦上边线的交点 c，由 c 作垂直上弦轴线的短线与第二齿深线交于 d，连接 d 和上弦下边线与下弦上边线的交点 e，即得端节点，如图 6-43 所示。

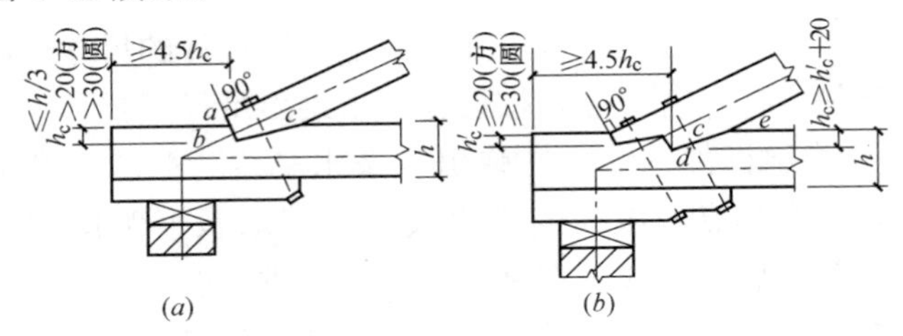

图 6-43 端节点

（a）单齿榫节点；（b）双齿榫节点

② 其他节点大样。两边上弦中线与中间杆件相交于中间杆件的两边线，这就是上弦中央节点，如图 6-44 所示；承压面与斜腹杆轴线垂直，中间杆件刻入下弦 20mm，形成下弦中央节点，如图 6-45 所示。

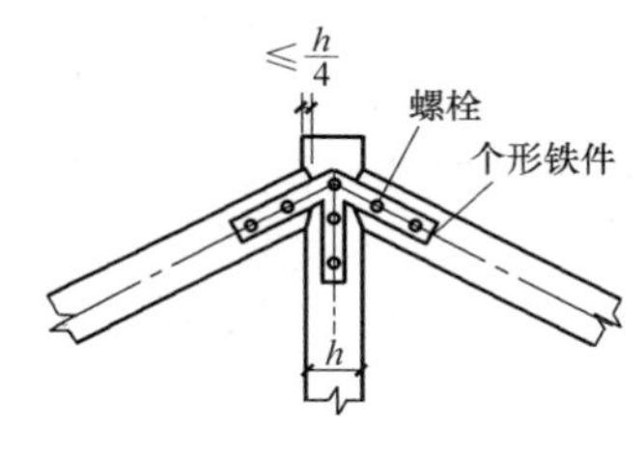

图 6-44　上弦中央节点

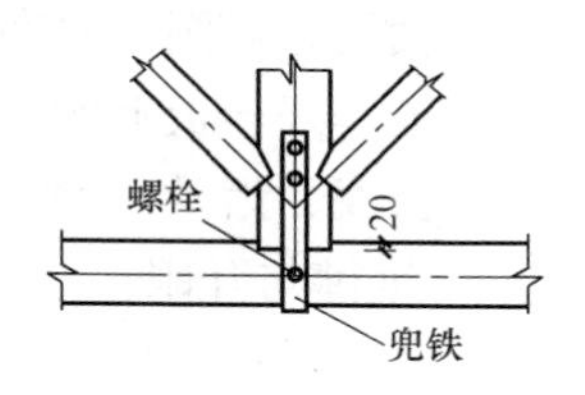

图 6-45　下弦中央节点

3）套样板

在地面放大样后，就可以采用样板进行套样。套样应按下列要求：

① 样板要用木纹平直、不易变形、干燥的木材制作。

② 套样板时，要先按照各杆件的高度或宽度和细部结构分别将样板开好，两边刨光，然后放于大样上，将杆件的榫齿、榫槽等位置及形状画到样板上。按形状正确锯割后再修光。

③ 样板配好后，放于大样上进行试拼，与大样一致且样板与大样的允许偏差在±1mm 范围内时，再在样板上弹出轴线。

④ 样板制好后，应将杆件名称标注在样板之上，并依次编号，妥善保管。

4）屋架制作

① 制作时的防湿材措施。当选用的木材为湿材时，最

好采用钢木屋架，以控制木材干燥的收缩。并且，为了防止端节点处不沿剪切面裂开，可在下弦端头下面 500mm 的长度内锯开一条深 20mm 的竖向锯口，使其沿此口裂开，而不降低剪切面的承载能力。

② 画线及下料。采用样板画线时，对方木杆件应先弹出杆件轴线，对圆木杆件，先砍平找正后弹十字线及中心线。将已套好样板上的轴线与杆件上的轴线对准，然后按样板画出长度、齿及齿槽等。

③ 锯榫与开眼。节点处的承压面应平整、严密。锯榫肩时，应比样板长出 50mm，以备拼装时修整。上下弦杆之间在支座节点处的非承压面宜留空隙，一般为 10mm；腹杆与上下弦杆结合处，亦应留 10mm 空隙。在下弦上开眼的深度不得大于下弦直径的 1/3。

除了上面放样制作的方法外，还有一种做法：将下弦弯起的一面朝上，并根据下弦木料的两端断面找中，按中弹出上弦上下面的中心线。然后将下弦翻转 90°后弹出下弦上下两边线。

依据设计的房间跨度，定出下弦的长度，然后分中，确定中间支撑的位置，并可确定两端节点，画出齿槽深度。将中间支撑下部开榫后装入下弦中间榫眼内，然后根据房屋的起架高度，确定中间支撑的长度。这时应注意，起架的高度因为包括檩条的断面高度，所以在确定中间支撑的高度时，则应减去檩条的断面高度。

中间支撑确定后，就可在中间支撑上部加工出上弦的齿槽，然后将上弦斜放于地面之上，将中间支撑平放于上弦之上，调整上弦两端分别跨于中间支撑齿槽和下弦齿槽，根据齿槽形状在上弦两端画线，然后每端按线平行外移 40mm 后将上弦多余端头锯去。

将加工好的上弦拼装于下弦与中间支撑上。根据下弦上分出的竖向杆件位置，进行比照加工拼装。

（2）双梁式屋架的制作

双梁式屋架在农村房屋中应用比较普遍，是传统式的屋架结构。此屋架适用于 6.00m 以下跨度的房间，并且属五檩结构。由于大梁与二梁的两端头直径不是相等的，所以该屋架是采用瓜柱的高低来调整梁头直径的大小，最终达到平行。

1）梁的弹线及画线

在截取二梁长度时，二梁的长度应为大梁长度的 1/2 并加 300mm。

对于大梁或二梁，经划方取圆后，在梁的上面和下面弹出中心线，并依线均分瓜柱位置。大梁上两瓜柱的位置一般在梁两边的 1/4 处；二梁上的脊瓜柱在梁的中间。

确定瓜柱位置后，应结合瓜柱的直径，从位置线中间向两边量出瓜柱眼边线。

量取大梁两端在墙上的支座中心，画出替木口边线，替木口一般为 80mm。口深应与大梁的上口线齐，如图 6-46 所示。二梁的画线应按图 6-47 所示。

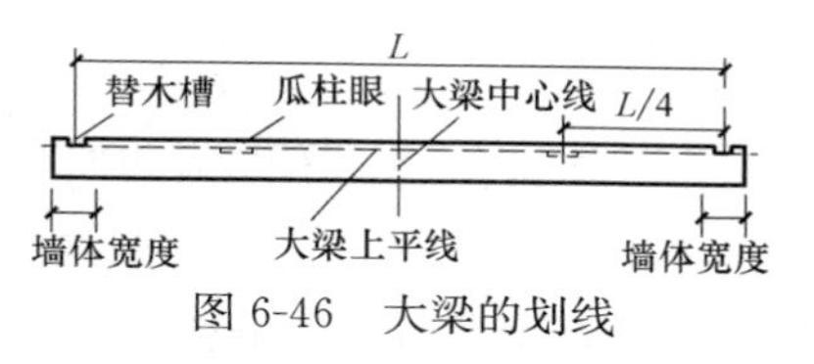

图 6-46　大梁的划线

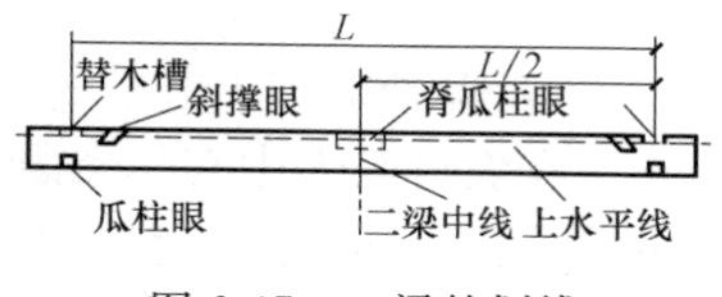

图 6-47　二梁的划线

2）梁的起架

梁的起架，也就是坡屋顶的高度。在一般情况下，屋顶高等于梁长的28%～30%，也就是农村匠人常说的28起架或30起架。

起架的高度，就是确定瓜柱高度的依据。按道理来讲，大梁上的两根瓜柱的高度应同脊瓜柱的高度相同。但是，由于檐檩、平檩和脊檩的直径不同，檐檩直径小、脊檩直径大，如按平分高度，就可能产生坡面中间凸起。在这种情况下，大梁上的瓜柱比脊瓜柱低些，一般为总高度的45%。

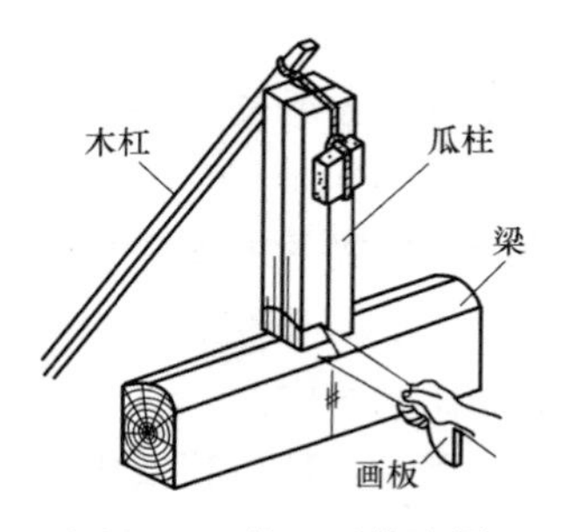

图6-48 岔口画线法图

在制作瓜柱时，先将脊瓜柱下边开短榫后插入梁上的瓜柱眼内，经吊线垂直后，用木杠将其稳固。然后用一薄木板，贴着瓜柱，并在木板的上边用笔进行岔口画线，如图6-48所示。

当岔口画线后按线锯去，然后将瓜柱打人瓜柱眼内，再按梁的上平线向上量取所需高度。对瓜柱圈线后锯去多余部分，再在瓜柱顶部画出瓜柱榫头和开出牵杆眼，牵杆眼为燕尾状眼。

3）檩条的加工

在农村匠人中有句俗语，叫作“檩条丈三，不断就弯”。也就是说，建房时的檩条不能大于4.00m。

檩条的加工，农村匠人称为“续檩条”，也就是将檩条按每间的尺寸进行续接。檩条续接是采用榫槽连接的。

将檩条加工成两端截面基本相同时，弹出中线和上下水平线。并依上下中线圈出标准长度线。但是要注意：凡是有榫头的檩条应加上榫头的长度100mm。榫头应留在檩条的小头端，榫眼在檩条的大头端。檩条上的榫头、榫槽和替木眼，如图6-49所示。

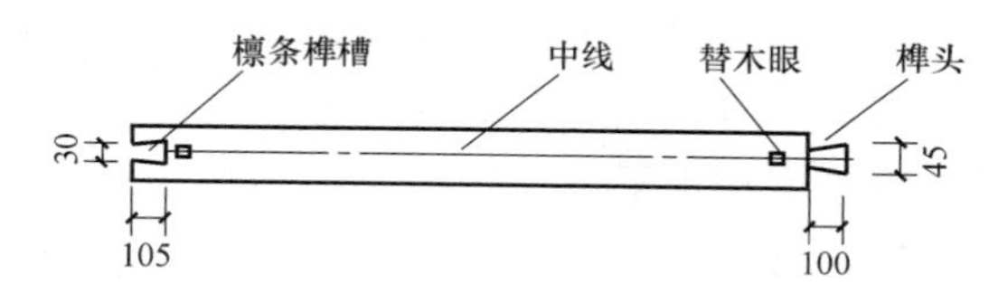

图6-49　檩条的画线与加工

4）其他配件

在这种屋架中，梁与梁之间的连接是采用牵杆作为稳定配件。一般脊牵杆比较讲究，多为圆木取方刨光后在其上写建房的时间。其他牵杆用圆木加工出榫头即可，一般直径均在80～100mm。

檩条之间的连接一方面是自身的榫头和榫槽连接，另一方面采用替木连接。替木长度一般为500mm的方木，在其两端开有一寸长的楔眼，并安装两个木楔，木楔外露30mm，放在梁头的替木槽内。木楔向上插入檩条的木楔眼中，这样就把檩条连成了一个整体，增加了檩条的稳定性。

6.38　木屋架的安装包括哪些方面？安装工序是什么？

屋架的安装包括梁的安装、檩条安装、木椽的安装以及挂瓦板的安装等。

（1）梁的安装

1）垂吊梁的垂直度。当梁吊装到支座上后，应使梁在支座上座中，然后根据梁两端截面上的垂线来调整梁的垂直度。

2）调整水平度。安装豪式屋架或双梁屋架时，梁的大头均应在前檐墙，并且，不论梁的大小头直径如何，均以梁的上平线为水平线。所以当梁吊放到支座上后，应用尺杆测量梁的上平线，使所有梁的上平线同在一个水平范围内。

当梁的垂直度和水平度全部调整结束后，应进行固定。对于豪式屋架，可在两榀梁上先安装一根檩条，使梁连接成为一个整体。对于双梁屋架可安装牵杆，将两梁进行连接。

（2）檩条的安装

在农村建房的檩条安装比较讲究，凡是坐北朝南或坐南面北的房屋，除西边一间檩条小头放在山墙外，其余各间的檩条小头均应朝向东边。而坐东向西或坐西向东的南北方向的房屋，除北边一间檩条小头放在山墙外，其余各间的檩条小头均朝向南方，形成了檩条小头均放在山墙之上的结构布局。这样的安装，是因为檩条小头在墙体支座上的支承长度较长，有利于檩条的受力。

檩条安装时，一般先安装脊檩，再安装平木檩，后安装檐檩。当在豪式屋架上安装檩条时，檩条与屋架相交处，需用三角檩托托住，每个檩托至少用 2 个钉子钉牢，檩托的高度不得小于檩条高度的 2/3。

安装双梁屋架檩条时，应先将替木的木楔安入檩条的楔眼中，然后再将檩条与替木安放于梁端的替木槽中，纵向必须同在一轴线上。

安装后的檩条，所有的上表面应在同一平面上。但平木檩条可根据坡面的长短稍向下低 50～100mm。如果平木檩条高于脊檩或檐檩时，应用截面较高的替木取代檐檩上的替木。

（3）木椽的安装

木椽安装有两种情况，一种是封檐，一种是不封檐。封檐用的椽短，不封檐用的椽长。

在安装木椽前，先在平木檩上号出每根木椽的位置。木椽的间距与上面所铺材料的长度有关。号线时，一般上坡木椽在下坡木椽的左边。木椽的位置确定后，先钉装房屋两边的边椽。如果是出檐，应留出挑檐的长度。然后依两边椽的下端为标准挂准线，如果线绳较长下坠时，则应在中间再钉一根木椽将线支平。

钉椽时如果使用方铁钉，则应先号钉眼，钻孔后再将椽钉上；当使用圆钉时，可不钻眼。一般情况下，木椽的大头朝下，小头钉在檩条上。钉过的木椽上表面应在同一平面上。

（4）其他配件安装

对于屋架上铺设小青瓦，如是椽头挑出檐口的，则应铺钉连檐和连檐板以及挡瓦条。

1）连檐的钉装。连檐是连接木椽的一种杆件。连檐的截面形状基本上是三角形，其宽度一般为 100～120mm，高度为 50～60mm。当有接头时，应开成楔形企口榫，并应搭接在木椽上。

钉装连檐时，首先在两端边椽上面挂通线，该线应距椽头 10mm，然后将连檐按线钉在木椽上。每根木椽上最少要有 2 颗钉。为了防止木椽的振动，应用木杆支撑在木椽的下边。

2）连檐板的钉装。离连檐 50mm 处，还应钉装连檐板。钉装连檐板的目的，就是要减轻前檐的重量，并使木椽的整体性得到加强。

连檐板一般厚 20～25mm，宽度为 250～300mm。钉装连檐板时，每根木椽上可按 2 个钉或 3 个钉交错进行。

3）挡瓦条。挡瓦条是阻挡木椽上合瓦的一种方木配件，一般钉装在连檐上和中间平木檩条上的木椽上。它的宽度有 35mm，高度有 25mm 左右。钉装在连檐上时，应距连檐边 5～8mm。

第7章 村镇装配式建筑

7.1 我国装配式建筑的发展现状

装配式建筑是指将工厂批量生产的结构部件运往施工现场拼接装配而成的建筑，作为建筑工业化发展的标志，引领建造方式的重大变革，为新型城镇化发展带来绿色契机，为“双碳”政策带来积极贡献。

改革开放初期，我国在大中城市大力推广大板式装配式建筑。但由于受当时机制、技术、管理等方面不足的影响，使当时的装配式建筑综合效益尚未凸显。进入21世纪以后，相关政策和建筑结构体系的建立和完善使得装配式建筑行业内生动力持续增强，试点示范成效明显，由此我国装配式建筑开始进入快速发展阶段。2013年，我国为加快推进建筑业转型升级并推动建筑产业化的发展，一系列有关部门联合发布了《绿色建筑行动方案》，该方案明确指出要把大力发展装配式建筑作为建筑业转型升级的一项重点任务来进行。

装配式建筑现阶段已经在我国进行了大量的实践，并且由于其本身所具有的一系列良好的综合效益，在我国少量的农村地区也进行了部分试点工程。例如，合肥市长丰县在当地三个村镇地区进行了装配式建筑项目试点，建造完成了十多栋具有江淮风貌的装配式钢结构项目，受到了当地农村居民的一致好评。绍兴市在 2017 年已经开展了农村装配式建筑试点项目。该项目总计开发 42 栋装配式建筑住房，从建造到交付给农村居民使用，仅仅花费了 2 年时间。重庆市荣昌区在当地农村地区进行了轻钢结构的农村装配式建筑建造。此外，邯郸市也开展了农村低层装配式建筑的试行。

7.2 村镇住房存在的问题有哪些?

我国村镇住房 90%以上都是由烧制土砖（红砖、灰砂砖）、混凝土空心砌块材料建成，如图 7-1 所示。常用的结构体系是砖混结构，即竖向承重结构的墙是采用砖砌，构造柱以及横向承重的梁、楼板、屋面板等采用钢筋混凝土的结构体系。优点是施工技术简单、工程造价低廉、耐久性好、缺点是结构自重大、高度受限制、抗震性能差、浪费资源。

图 7-1 村镇砖混结构

主要问题如下：

（1）住房建筑往往是居民自主建造，缺乏专业人士参与并缺少监督，仅凭工匠经验确定梁构造柱以及钢筋的配给，缺少抗震设计观念，工程质量不高，安全性能差。

（2）空间利用不充分，保温材料以及构造措施的缺失，造成资源浪费。

（3）厕所设计还是以传统的旱厕为主，采光通风不合理，不利于提升居民的生活舒适性。

（4）村镇住房建设经常会出现“千村一面”的现象，或者随意建设，缺乏规划，造成村镇风貌杂乱无章都不利于当地村镇的特色展示，不利于美丽村镇的建设。

（5）村镇住房建设时，经常会出现建筑垃圾随意堆放、运输、施工，对当地的生态环境造成一定破坏。

7.3 村镇住房装配式结构体系有哪些?

村镇预制装配式结构体系主要分为：预制混凝土结构体系、预制钢结构体系、预制木结构体系三种。

（1）预制混凝土结构体系

将传统的现场浇筑混凝土的施工方式转移到工厂中，直接将建筑结构构件在工厂浇筑成型，并进行养护，运送到施工现场，在现场进行吊装、连接、固定，最终再结合部分现浇成型的建筑结构，如图 7-2 所示。

（2）预制钢结构体系

一般指的是轻钢龙骨结构和轻钢框架体系两种，配合预制的复合保温墙板和屋面板等围护体系常用于独栋别墅、联排住房和临时用房等建设（图 7-3）。

（3）预制木结构体系

木材经过工厂的加工，性能得到大幅度提升，主要作为

图 7-2　预制混凝土结构体系

图 7-3　预制钢结构体系

梁柱结构性能，也可以在工厂将屋面、墙体和楼面结构拆分或者整体预制，运输到现场进行吊装，预制木结构多用于村镇多层和小高层的建设中（图 7-4）。

图 7-4 预制木结构体系

7.4 村镇装配式发展有哪些突破点？

发挥政府主导作用，制定装配式建筑企业在面向村镇时应建立相应的优惠奖励补贴或者绿色通道政策，再以市场为导向，企业配合，加快编制适合村镇装配式发展相应的规范、技术标准、图集、文件，建立完善的监理和竣工验收核准制度。以一些新农村住房建设为试点，做出一些经典案例、示范工程，借助广播、电视、互联网新媒体手段等宣传普及装配式建筑的基本知识，使村镇人民充分了解装配式建筑的节能环保、抗震性能等优点，建立装配式建筑的口碑，以增加村民的接受度，为接下来装配式建筑在村镇各个方面的推广奠定基础。

由于装配式建筑将大部分传统施工方式转移至预制构件加工厂中（图 7-5 ），急需建立适合村镇的装配式建筑规范标准，就需要大量地研发、设计、生产、安装以及维护的专

图 7-5 预制构件加工厂

业技术人才、产业工人以及管理人才，需在相应的大中专科院校开设装配式建筑课程，制定人才培养方案，并与装配式企业合作。此外，需要各级政府制定相关政策，大力开展装配式建筑技能工种的社会培训，将具备一定专业技能的农民工培养成为具有专业素质的新型产业工人。

通过推广 BIM（建筑信息模型）技术的运用，可对整个项目的开发、设计、建造、管理在内建筑全生命周期进行管理。通过 BIM 模型可以更直观了解村镇住房所在地理位置、建筑造型、建造进度和反馈信息；将建筑、结构、机电、后期装配式深化设计的模型整合在一起，在一个平台极大地减少了工作量，使各专业反馈更加及时，大幅提高了各专业的联动性和设计的精度和效率。并在后期深化设计进行碰撞检查时，便于在施工前发现问题，提高了施工的精度和速度，进而大幅提高装配式建筑对地形的适应能力和降低建设成本。

7.5 什么是村镇装配式承重复合墙结构?

村镇装配式承重复合墙结构，就是由预制复合墙板通过现浇边缘连接构件与叠合楼板及其他预制部品等整装而成的承重结构体系。按层数可分为低层村镇装配式承重复合墙结构（1～3 层）和多层村镇装配式承重复合墙结构（4～6 层）。

其中装配式承重复合墙体由预制复合墙板与连接柱、竖向现浇连接带及约束暗梁组合形成的墙体。而预制复合墙板是由截面及配筋较小的钢筋混凝土肋梁、肋柱构成肋格，内嵌轻质填充体，并与外侧细石混凝土面层整体预制而成的板式构件。

村镇装配式承重复合墙结构居住建筑是一种新型绿色工业化居住建筑体系，是适应我国墙体材料改革、建筑产业现代化要求的产物，是实现传统村镇建筑建造方式向现代工业化建造方式转变的重要途径之一。村镇装配式承重复合墙结构居住建筑应遵循建筑全寿命期的可持续性原则，并应标准化设计、工厂化生产、装配化施工、一体化装修、信息化管理和智能化应用。

村镇装配式承重复合墙体系构造形式如图 7-6 所示，结构中预制复合墙板、叠合楼板、女儿墙、楼梯等结构构件均采用工厂化生产方式，在提高预制构件品质的同时，也实现了关键构件规格化与多样化的统一。

装配式承重复合墙结构体系具有以下特点：

（1）装配式承重复合墙结构体系的结构自重较轻，抗震

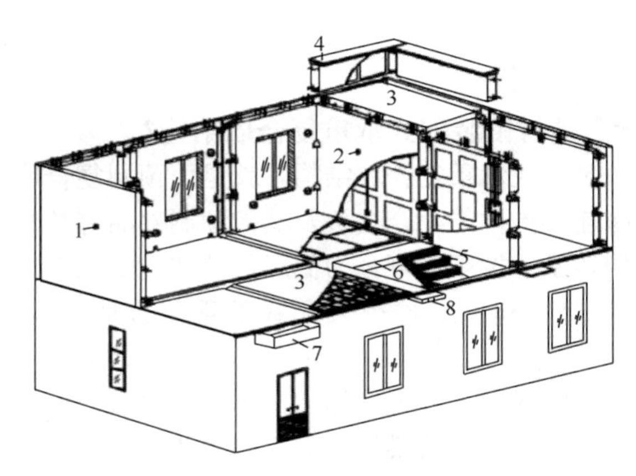

图 7-6　村镇装配式承重复合墙体系构造形式

1—预制复合外墙板（包括预制夹芯保温复合墙板或预制整体外保温复合墙板）；
2—预制复合墙板；3—叠合楼板；4—预制复合女儿墙；5—预制楼梯；
6—叠合梁；7—预制雨篷；8—预制空调板

性能优越。由于多道抗震防线的存在，使得结构具有良好的抗震性能，介于传统的框架与剪力墙结构之间；装配式承重复合墙体还可与叠合楼盖装配成整体结构。

（2）装配式承重复合墙结构节能效果佳，环境效益明显。由于承重复合墙板的夹芯保温处理，使结构具有优良的保温与隔声性能；同时，结构中填充材料的使用体现了变废为宝、节能减排的思想，该材料采用炉渣、粉煤灰等工业废料制作而成。

（3）装配式承重复合墙结构体系建造速度快，便于建筑工业化。结构中复合墙板的设计标准化，便于工厂化预制，大大降低了现场劳动强度，农民工转变为产业化工人，加快了施工进度。

7.6 新型装配式村镇住宅混凝土结构体系有哪些?

(1) 装配式全干接抗震墙结构体系

装配式全干接抗震墙结构体系是一种将墙板构件通过干式连接形成的新型全装配式混凝土结构体系。在预制墙板一侧端部预埋直锚螺栓，直锚螺栓一侧锚固于墙板内，一侧伸出墙板；在墙板另一侧端部预留 PVC 预埋管和连接手孔。待墙体对正后，将直锚螺栓插入预埋管内，通过连接手孔，使螺母与螺杆连接（图 7-7、图 7-8）。

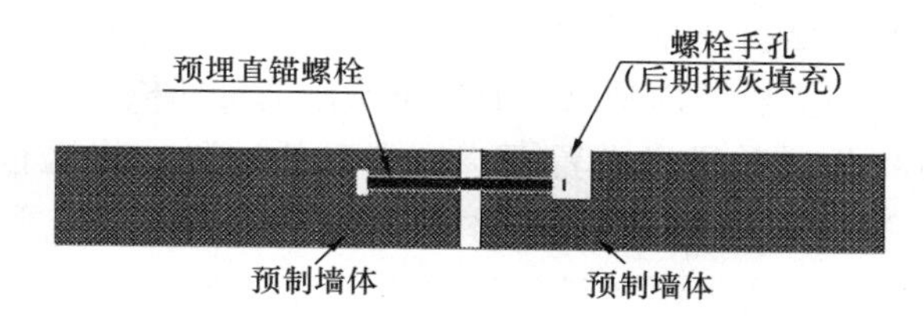

图 7-7　墙板水平连接示意图

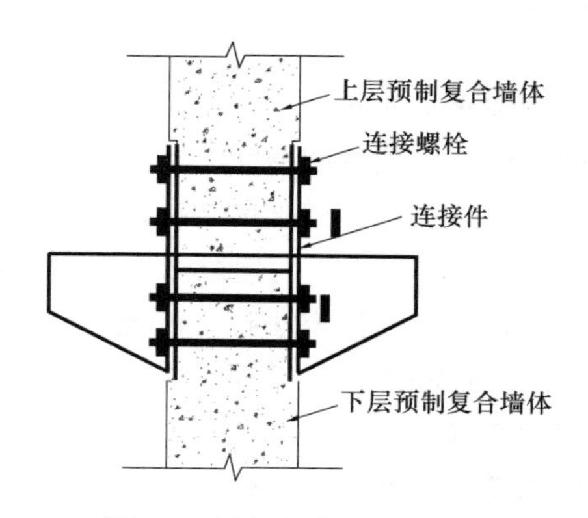

图 7-8　墙板竖向连接示意图

该结构体系的优势：1）墙体全预制，现场全装配，突破“等同现浇”的设计理念，可加快施工速度，减轻环境污染及材料浪费等问题，充分发挥装配式结构的优势；2）外墙采用保温夹芯墙板，实现保温结构一体化，保温及防水性能好；3）所有连接均为干式，避免了现场焊接、后浇等复杂作业，安装方法简单易懂，容易推广；4）安装孔采用较低强度砂浆填充，连接装置可实现震后可拆卸、可更换的目的，降低成本。

（2）预制凹槽板结构体系

预制凹槽板体系是由清华大学建筑设计研究院自主研发。承重凹槽板结构是以轻混凝土预制的带凹槽墙板作为主要承重构件，并通过设置现浇圈梁和构造柱，将墙板、楼板、屋面板等构件连接为整体而形成的一种新型装配式结构。该结构主要由预制双向凹槽墙板及凹槽内后浇混凝土，并辅以现浇边缘构件组成。作为预制双向孔空心墙的永久性模板，墙体内存在竖向及水平凹槽，有效改善现场支模和钢筋连接的工作效率。因此，墙体的竖向及水平分布钢筋分别布置于竖向凹槽和水平凹槽。

在连接的问题上，预制凹槽面上下采用预留插筋连接下层墙体预留插筋，当上层凹槽板吊装时，下层预留插筋伸入对应的凹槽内；吊装固定后，向预留凹槽内浇筑混凝土，实现墙体的竖向连接，该连接方法相比传统装配式剪力墙的节点连接更为便捷。预制凹槽板的独特之处在于：一是其胶凝材料采用“硅铝基绿色水泥”，成本低、性能高且绿色环保；二是顶部凹槽兼做墙顶连梁的模板，在凹槽中安放连梁钢筋笼架并与边缘构件一起浇筑混凝土后，形成填充构件与结构构件一体化的高性能、绿色、环保的复合墙体。该结构体系的优势：工地现场减少绑钢筋、支模板和浇筑混凝土的工作量、节省人工，据项目需求可进行装配式、模块化、智慧化作业等。

（3）叠合板式剪力墙结构体系

叠合板式混凝土剪力墙结构主要采用叠合式墙板及楼板，再加上传统的梁、柱等边缘构件装配整浇而成结构体系。其中叠合式墙板是由两块规格相同且对称等距设置的预制混凝土的单墙板叠合而成，在两块所述单墙板之间设撑板钢筋支撑，叠合墙板的端头节点连接加强钢筋，待墙板吊装定位后，混凝土浇灌于叠合板中并与预制墙板形成一个整体，共同分担竖向荷载与水平力作用。而叠合式楼板由两块规格相同且对称等距设置的预制混凝土的单楼板叠合而成。两块叠合单板作为模板，并在其中配置连接、构造及受力钢筋，通过在叠合层内后浇混凝土将叠合及现浇板形成一个整体，从而共同受力。

叠合墙板及楼板中的叠合钢筋有两个重要作用：1）作为拉结筋将两层预制混凝土部分与二次浇筑夹心混凝土形成有效连接；2）当作叠合构件的抗剪键，可有效提高结构的抗剪及整体性能。

该结构体系优势：叠合墙板及楼板的两块规格相同且对称的预制部分具有平整美观的优点；双侧预制构件的存在能有效减少了施工中大量的模板支设及钢筋作业；与此同时叠合板也不需要粉刷找平层，减少人工及装修成本；有效解决由于湿作业的砂浆找平层过厚导致墙面的空鼓以及开裂等难题。

（4）CS 板式结构

钢丝网架聚苯乙烯芯板源自 TID 板，是在其基础上，探索研发的一种新型轻质保温节能复合部品构件，即 CS 板。该结构体系的预制部分为 CS 承重墙板、楼板及屋面板，现浇部分为构造柱、圈梁及混凝土基础，通过装配整浇形成适合村镇建筑的住宅体系。

结构的主要受力构件为 CS 板。该墙板的钢筋骨架为三维空间钢丝网架、骨架中配置保温隔声材料，在保温材料的模板作用下内外浇筑细石混凝土形成 CS 板（图 7-9）。三维空间钢丝网架是由其中的斜插筋将平行的两片的钢丝网构成空间骨架，钢丝的直径及间距根据构造措施来保证；聚苯乙烯泡沫板作为 CS 板的保温隔声材料；35～50mm 厚的混凝土浇筑于 CS 板的内、外两侧，构成 CS 构件整体。

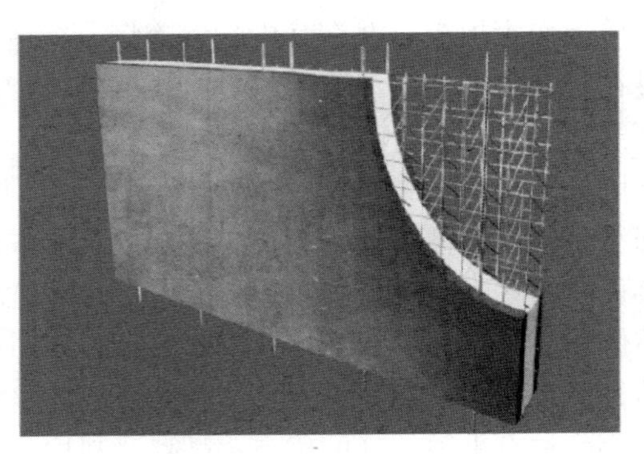

图 7-9　CS 板构造示意图

结合冷拔丝的受拉和混凝土受压性能的优点，在进行结构设计时，要将荷载施加到三维空间钢丝网架上。可根据冷拔钢丝直径或间距的调整、分布钢筋的添加、现浇混凝土层厚度等构造方式的处理保证承载力不足的情况。构造柱、圈梁作为 CS 板结构的现浇边缘构件，能与预制的 CS 板形成整体，共同受力工作。在 PKPM 建模时，可将 CS 板等效为采用平面抗侧力结构空间协同工作模型的现浇混凝土剪力墙。CS 板式结构体系拥有以下优点：工业化程度高，构件制作精度高、施工速度快、质量有保证，具有良好的隔声、耐火、保温性能；建筑体系住宅可根据用户的不同需求进行任意分割，提高住宅的使用效率。

（5）EPS 模块混凝土剪力墙结构

EPS 模块混凝土剪力墙结构体系是将工厂标准化生产的 EPS 空腔模块经积木式错缝插接拼装成保温一体化墙体。拼接时，在模块空腔内布置受力钢筋及浇筑混凝土形成整体。其中模块内外表面具有独特的构造措施——“燕尾槽”构造，内外“燕尾槽”分别于后浇混凝土及 20mm 厚抹灰面形成强力的机械咬合。其中 EPS 模块是采用全自动生产线模具化生产工艺制造；模块采用高温真空成型，在模腔内完成收缩变形；模块密度高、导热等热工性能具有较大优势；矩形插接企口存在于模块的四周，装配式时，插接企口不仅能有效保证拼接严密，还能减少热桥；其次，EPS 模块特有的“燕尾槽”构造措施可与厚抹面层和混凝土形成有机咬合，杜绝外饰面层与保温层之间的开裂。

EPS 模块混凝土剪力墙体系的优势：1）摒弃了传统的房屋建造组砌工艺，EPS 模块与剪力墙结构的组合，提高了房屋的抗震节能标准；2）能满足标准化、工厂化、装配化、精细化的建造方式；3）“燕尾槽”构造措施的布置能有效提高了模块墙体的耐火、耐久及抗冲击性，实现 EPS 模块墙体保温与建筑主体同寿命的要求。

7.7 村镇振兴背景下村镇装配式建筑有哪些发展对策?

(1) 创新装配式建筑形式，突出农村区域特色

装配式建筑虽然有效降低了农村建筑成本，但是其存在建筑形式单一的问题。村镇振兴战略要求突出农村特色文化，因此为了促进农村装配式建筑发展，需要从以下几个方面入手：一是结合地域文化，塑造特色风貌。装配式建筑具有不同的构造方式，在南方都以木质结构为主，在北方则多以钢筋结构为主。为了保留农村特色风貌，农村装配式建筑必须要融入村镇特色元素，将民族建筑元素、地域性人文、历史特点融入农房的立面和装饰部件，统一规划村镇的布局。二是要突出创新元素，提升装配式建筑的节能性。在生态环境保护意识不断提升的新常态环境下，农村装配式建筑必须要突出创新元素，结合农村特点突出节能环保元素。在农村装配式建筑设计施工时需要考虑到北方寒冷的特点，采取具有节能性的外部保温材料。根据调查，农村建筑门窗普遍采取的是木质结构或者铝合金材质，这两种材质的保温性能比较差，因此鼓励农村采取塑钢门窗，以此达到较好的保温效果。

(2) 设计轻便的、小型的建筑构件

运输成本问题同样是农村装配式建筑发展的一大难题。目前，装配式建筑构件体型较大，可以提高安装便捷性、减少安装工作量、提高施工效率。但是，体型较大的装配式建筑构件只适用于城市地区，而农村地区地理位置相对偏僻，交通基础设施尚不完善，缺乏良好的运输条件，不适合大型

建筑构件的运输。针对这些问题，设计人员应当结合农村实际情况，设计轻便的、小型的装配式建筑构件或者对大型建筑预制构件进行拆分设计，然后将小型构件运输至施工现场，最后连接成大的构件进行安装，以此来解决运输难题。

（3）装配式建筑剪刀墙结构体系设计

农村建筑施工中，住宅剪力墙施工技术是重中之重，因此设计人员必须实现剪力墙结构体系的合理设计。该系统主要由三个结构组成：板、剪力墙和梁，以及混凝土预制构件，如叠层梁、预制嵌板等。在施工过程中，应根据施工要求确定剪力墙的施工方式，并注意结构垂直墙、侧壁等的设计。纵向墙的设计必须符合项目实施要求。设计剪切强度时，应在墙的两端安装承重板，并根据剪切强度的计算和侧向强度的要求对其进行轻重量填充。在设计侧向强度时，应采用合理的现场投影方法，将钢筋块的垂直锚固与连接带结合起来，并对抗震设计和连接设计进行良好设计。设计元件时，主要使用预先设计的墙板、堆叠楼板、折边元件等进行设计。当构件相互连接时，必须从不同角度综合考虑构件，特别是受力因素对组合建筑剪力墙结构系统的影响，从而确保连接过程的科学性和合理性。在设计过程中，必须确保多个方向的动态性，使它们尽可能平坦，并确保机械操作的完整性和连续性。在设计截面时，应严格按照相关标准的连接方法进行施工。对于墙板水平拼写中的垂直钢筋，应采用注射针连接技术，以优化预制墙板水平拼写的执行过程。

（4）完善农村基础配套设施，降低装配式建筑建造成本

农村装配式建筑发展离不开完善的基础设施，通过完善

的基础设施可降低装配式建筑的建造成本：一是农村要加大对基础设施建设的投入力度，尤其是要完善农村基础道路设施，以此为装配式建筑预制件运输提供完善的基础设施。二是要完善农村装配式建筑供应链体系，降低农村装配式建筑的构件成本。农村要进一步完善上下游产业链，增加装配式建筑预制件工厂的数量，降低预制件成本，以此压缩农村装配式建筑的建造成本。三是要加强技术创新，优化农村装配式建筑的施工工序，创造新型的节点连接技术或材料来预制装配式建筑。在农村装配式建筑施工中可以采取轻小型装配式结构，减少工作量，提高施工效率。

7.8 村镇振兴装配式建筑如何与乡土材料相融合?

2021 年 4 月 29 日第十三届全国人民代表大会常务委员会第二十八次会议通过《中华人民共和国村镇振兴促进法》明确规定各级人民政府应当发挥农村资源和生态优势，支持红色旅游、村镇旅游、康养等村镇产业的发展；引导新型经营主体通过特色化、专业化经营，合理配置生产要素，促进村镇产业深度融合；支持休闲农业和村镇旅游重点村镇等的建设。

2021 年 1 月 4 日《中共中央 国务院关于全面推进村镇振兴加快农业农村现代化的意见》［1 号文件］中明确规定坚持农业现代化与农村现代化一体设计，积极有序推进“多规合一”实用性村庄规划编制，编制村庄规划要立足现有基础，保留村镇特色风貌，不搞大拆大建。积极探索实施农村集体经营性建设用地入市制度。完善盘活农村存量建设用地政策，实行负面清单管理，优先保障村镇产业发展、村镇建设用地。根据村镇休闲观光等产业分散布局的实际需要，探索灵活多样的供地新方式。探索宅基地所有权、资格权、使用权分置有效实现形式。

从2021年国家政策文件相关内容可以看出，建设市场由于土地政策的利好，市场也越来越大，建设也越来越规范。不搞大拆大建，保留村镇特色风貌将是乡建的主要基调。所以装配式建筑如何融合乡土材料及工艺是我们必须要考虑好的。乡土材料有火山石、木材、砖头、夯土、竹材、瓦、茅草及旧墙体等。

农村目前在建设方面仍处于比较粗放，缺乏监管的状态，很少跟现代化的装配式建造方式接轨。同时农村很多建筑在布局和使用功能上很难满足旅居的空间及舒适度要求，如结构安全、隔声、保温隔热、防潮及居住舒适度等方面有待于完善。考虑到传统建造建设周期长，传统工匠难求，不少项目在时间上耗不起。无论对政府还是村镇振兴投资运营方，时间就是成本、效益和利润，所以装配式建筑在村镇振兴中的应用迎来很好的切入点和机会。

7.9　村镇装配式住宅有哪些优势?

（1）提升质量

装配式住宅采用装配和集成，取代传统的现场湿式作业，有效地解决了现场施工带来的工程质量风险，提高了农宅质量。装配式构件一般采用标准模具在工厂生产，精度高误差小，为保证质量做了很好的铺垫。此外，传统的农村房屋大多没有考虑地震，装配式住宅的结构体系符合抗震设防的要求，以确保农民的生命财产安全。

（2）节能减排

装配式住宅建筑可以有效减少环境污染和建筑垃圾排放，有助于农村生态环境的恢复。

（3）提升速度

装配式建筑以工业化标准生产现场组装，施工效率高，无惧气候变化。装配式住宅建筑在设计、生产和施工过程中结合了现代化的生产模式，建设速度显著提高。

（4）提升风貌

装配式住宅建筑可以将该地区的传统建筑元素融入住宅建筑的设计中，充分利用区域人文主义和历史特色，创造一个传统风格的现代化城镇。

（5）居住舒适

村镇装配式建筑按照现代建筑标准设计，具有合理的空间布局和良好的照明、通风、保温等性能。建筑优美的外观、优化的设计，空间的合理布局使生活更加舒适。

（6）绿色环保

装配式住宅现场组装预制构件，从而减少了废水、灰尘和噪声的污染，并增加了环境效益，更合理地配置资源，实现节能环保。

第 8 章　村镇建筑防灾减灾

8.1　村镇建筑火灾防护的基本方针是什么?

村镇建筑防火要认真贯彻“预防为主，防消结合”的消防工作方针，预防农村火灾的发生，减少火灾危害，保护人身和财产的安全。

我国农村地域辽阔，各地的经济、文化、民俗、环境、气候等情况不同，建筑的结构、形式有较大差异，但应积极倡导建造一、二级耐火等级的建筑，严格控制建造四级耐火等级的建筑，建筑构件应尽量采用不燃烧体或难燃烧体；同时为了有效预防农村火灾的发生，应综合采取编制和落实消防规划、进行必要的防火分隔、科学设定建筑的耐火等级、有效控制火灾危险源、合理设置消防设施等综合性的消防安全措施。

农村消防安全布局应坚持从实际出发，综合考虑地理环境、生活习惯、气候条件、经济发展水平和建筑的耐火等级、结构形式、使用性质及其火灾危险性等因素合理布局，既有利于生产和方便生活，保持地方特色，又能保证消防安全。

8.2　建筑防火应达到怎样的目标要求? 符合哪些功能要求?

(1) 建筑防火应达到下列目标要求：

1）保障人身和财产安全及人身健康；

2）保障重要使用功能，保障生产、经营或重要设施运行的连续性；

3）保护公共利益；

4）保护环境、节约资源。

（2）建筑防火应符合下列功能要求：

1）建筑的承重结构应保证其在受到火或高温作用后，在设计耐火时间内仍能正常发挥承载功能；

2）建筑应设置满足在建筑发生火灾时人员安全疏散或避难需要的设施；

3）建筑内部和外部的防火分隔应能在设定时间内阻止火灾蔓延至相邻建筑或建筑内的其他防火分隔区域；

4）建筑的总平面布局及与相邻建筑的间距应满足消防救援的要求。

8.3 什么是建筑耐火等级？耐火等级是如何划分的？

建筑耐火等级是为了保证建筑物的安全，必须采取必要的防火措施，使之具有一定的耐火性，即使发生了火灾也不至于造成太大的损失而设定的。

耐火等级是衡量建筑物耐火程度的分级标度。它由组成建筑物的构件的燃烧性能和耐火极限来确定。规定建筑物的耐火等级是建筑设计防火规范中规定的防火技术措施中的最基本措施之一。

耐火极限是指在标准耐火试验条件下，建筑构件、配件或结构从受到火的作用时起，至失去承载能力、完整性或隔热性时止所用时间，用小时（h）表示，耐火极限取最小值，任一指标超标，即为耐火极限时间。

8.4 什么是分户墙、防火墙、防火隔墙？分户墙、防火墙、防火隔墙的设置要求如何？

分户墙是分隔相邻住户且双方共用使建筑相连的墙体，分户墙示意图见图 8-1。

为了防止建筑火灾在不同的户之间相互蔓延，规定三、四级耐火等级建筑之间的相邻外墙、相连建筑的分户墙须为不燃烧的实体墙。

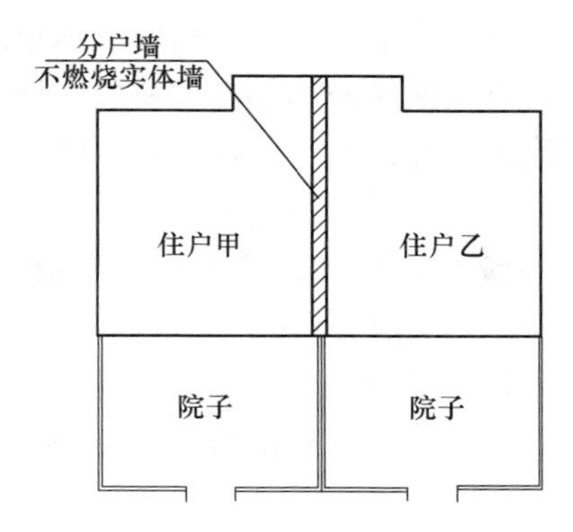

图 8-1　分户墙示意图

防火墙是防止火灾蔓延至相邻建筑或相邻水平防火分区且耐火极限不低于 3.00h 的不燃性墙体。

防火隔墙是建筑内防止火灾蔓延至相邻区域且耐火极限不低于规定要求的不燃性墙体。

《建筑防火通用规范》GB 55037—2022 中对防火墙、防火隔墙与住宅分户墙的设置要求作了相关规定。

（1）防火墙的设置要求

防火墙应直接设置在建筑的基础或具有相应耐火性能的框架、梁等承重结构上，并应从楼地面基层隔断至结构梁、楼板或屋面板的底面。防火墙与建筑外墙、屋顶相交处，防火墙上的门、窗等开口，应采取防止火灾蔓延至防火墙另一侧的措施。

要防止防火墙因其支承结构发生破坏而倒塌或失去阻止火势蔓延的作用，要保证防火墙在火灾时发挥作用，应确保防火墙的结构安全，相应支承框架的耐火极限不应低于防火墙的耐火极限。防火墙是否需要截断屋顶承重结构和高出屋面或凸出外墙，要根据屋面和外墙材料的燃烧性能而定，且对不同用途、建筑高度以及不同耐火极限的屋面板的建筑有所区别。

防火墙上一般不应开口。除本规范明确不允许开口的防火墙外，其他防火墙上为满足建筑功能要求，必须设置的开口应采取能阻止火势和烟气蔓延的措施，如设置甲级防火窗、甲级防火门、防火卷帘、防火阀、防火分隔水幕等。

防火墙任一侧的建筑结构或构件以及物体受火作用发生破坏或倒塌并作用到防火墙时，防火墙应仍能阻止火灾蔓延至防火墙的另一侧。

（2）防火隔墙的设置要求

防火隔墙应从楼地面基层隔断至梁、楼板或屋面板的底面基层，防火隔墙上的门、窗等开口应采取防止火灾蔓延至防火隔墙另一侧的措施。防火隔墙主要用于同一防火分区内不同用途或火灾危险性的房间之间的分隔，耐火极限一般低于防火墙的耐火极限要求。防火隔墙要尽量采用不燃性材料且不宜在墙体上设置开口，一、二级耐火等级建筑中的防火隔墙应为不燃性实体结构，木结构建筑和三、四级耐火等级建筑中的防火隔墙允许采用难燃性墙体。

（3）分户墙的设置要求

住宅分户墙、住宅单元之间的墙体、防火隔墙与建筑外墙、楼板、屋顶相交处，应采取防止火灾蔓延至另一侧的防火封堵措施。住宅建筑中的分户墙和单元之间的墙体是重要的防火隔墙，其他各类防火隔墙也是控制火灾在不同火灾危险性区域之间蔓延的主要设施，均需要确保其防火分隔的完整、有效。

8.5　什么是防火间距？如何设置安全的防火间距？

防火间距是一幢建筑物起火，相邻建筑物在热辐射的作用下，即使没有任何保护措施，也不会起火的最小距离。

不同耐火等级建筑之间设定的防火等级不同，不应小于图8-2的设定要求，《农村防火规范》GB 50039—2010规定

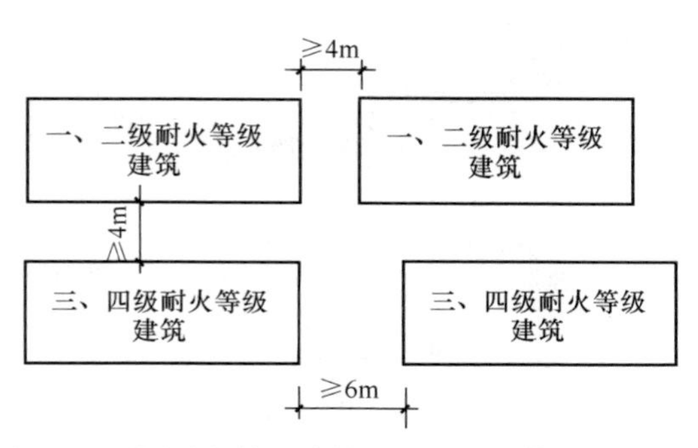

图8-2　不同耐火等级建筑之间的防火等级设定要求

了不同耐火等级建筑之间的防火间距。

农村建筑体量较小，根据限制火灾蔓延的实际需要，兼顾节约用地，参照国家标准《建筑设计防火规范（2018 年版）》GB 50016—2014 规定建筑之间的防火间距要求，在采取了规范规定的措施或等效的防止火灾蔓延的有关措施情况下，其防火间距可相应减小，但不应小于图 8-3 规定的建筑防火间距要求。

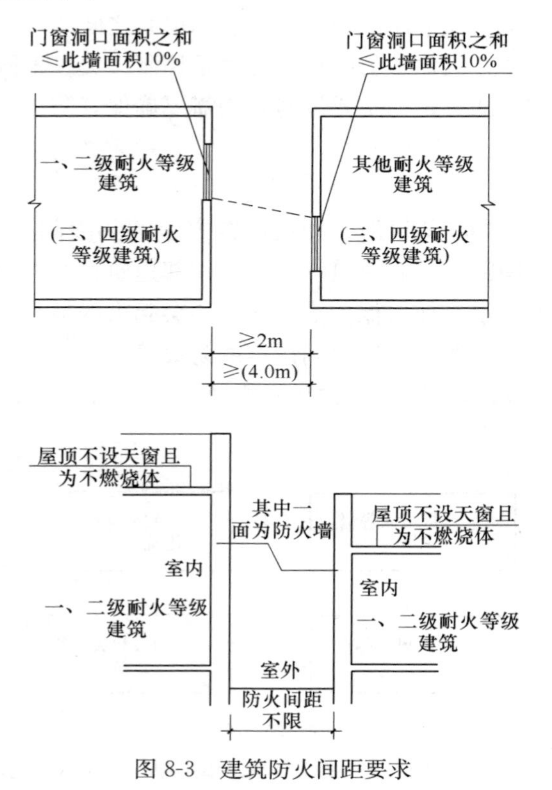

图 8-3　建筑防火间距要求

8.6　如何对厨房进行防火设置？

厨房作为用火频繁的场所，火灾危险性较大，一旦发生火灾，应尽量将火灾危害限制在一定区域内，防止其进行扩散和蔓延。建筑物内厨房的防火设置可参考图 8-4。

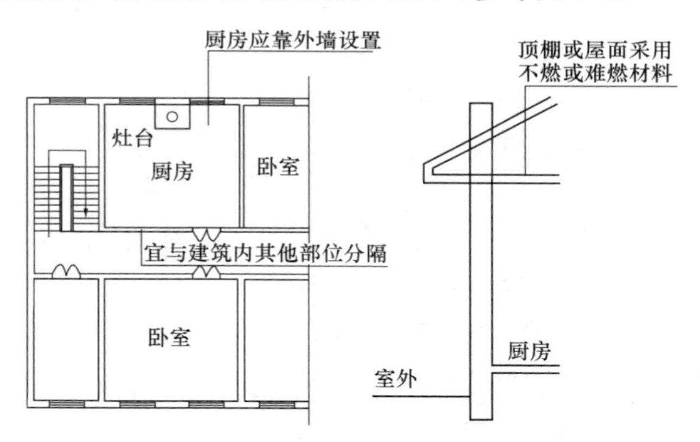

图 8-4　建筑物内厨房的防火设置参考示意图

8.7　如何对烟囱、烟道进行防护设置？

火灾能否蔓延到相邻建筑物，除建筑物间的距离外，还受建筑物发生火灾时的热辐射、热对流和飞火等三个因素的影响。在建筑物间距离一定的条件下，辐射热强度越高，相邻建筑物被烤燃的可能性越大；起火建筑物内外冷热空气对流速度越快，越容易把尚未燃的物件（即飞火）抛向邻近的可燃物体，从而导致火灾蔓延。

为防止烟囱、烟道、火炕等的辐射热或窜出的火焰、火星引燃附近可燃物，应对其建造材料和与周围可燃物的距离做出防火要求，如图 8-5 所示。

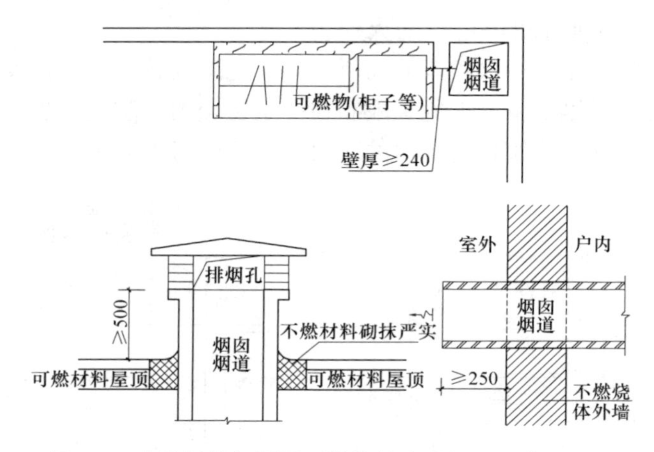

图 8-5 建造材料与周围可燃物的防火间距要求（mm）

烟囱、烟道、火炕应选择不燃材料，一般在黏土内掺入适量的砂子，防止因高温引起开裂漏火。当与可燃物体的安全距离达不到要求时，应用石棉瓦、砖墙、金属板等不燃材料隔开，细部构造示意图参考图 8-6。

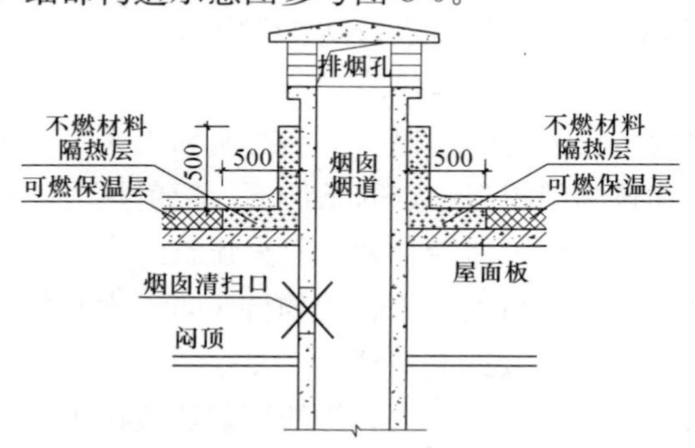

图 8-6 烟囱、烟道细部构造图（mm）

在闷顶内开设烟囱清扫孔容易造成火星或高温烟气窜入闷顶，造成闷顶内的可燃物起火，应采取相应的措施。

8.8 什么是“烟囱效应”？如何控制火灾竖向蔓延？

“烟囱效应”是指户内空气沿着有垂直坡度的空间向上升或下降，造成空气加强对流的现象。“烟囱效应”在日常生活中是很常见的，并且它是高层建筑火灾加剧的原因之一。

在火灾情况下，垂直排气管道能产生“烟囱”效应，为有效控制火灾的蔓延，应对排气管道采取必要的防止回流措施：增加各层垂直排气支管的高度，使各层排气支管穿越两层楼板；把排气竖管分成大小两个管道，总竖管直通屋面，小的排气支管分层与总竖管连通；将排气支管顺气流方向插入竖风道，且支管到支管出口的高度不小于 600mm；在支管上安装止回阀，如图 8-7 所示。

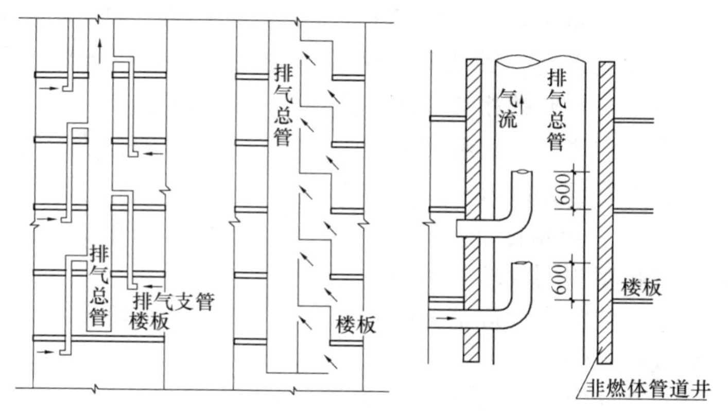

图 8-7　排气管道设置连接示意图

为预防烟囱逸出火星造成火灾，可在烟囱上采取加防火帽等措施，以熄灭火星，如图 8-8 所示。

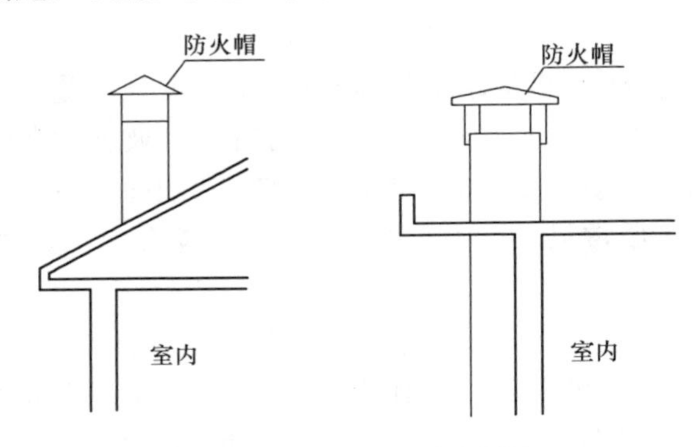

图 8-8　防火帽设置示意图

8.9　村镇建筑设计应遵循哪些相关法律、法规？村镇住宅建房安全控制要点有哪些？

（1）村镇住宅建设从属于土木建筑的范畴，因此必须遵照国家和地方的相关法律、法规、规范及相关技术标准进行，现列举主要的相关法律、法规、规范如下：

1）《中华人民共和国土地管理法》及各级地方政府的有关《土地管理办法》；

2）《镇规划标准》GB 50188—2007 及各级地方政府的有关《村镇规划管理条例》；

3）《住宅设计规范》GB 50096—2011、《村镇传统住宅设计规范》CECS 360：2013；

4）《建筑设计防火规范（2018 年版）》GB 50016—2014 及《农村防火规范》GB 50039—2010；

5)《建筑抗震设计规范(2016年版)》GB 50011—2010;

6)《混凝土结构设计规范(2015年版)》GB 50010—2010、《砌体结构设计规范》GB 50003—2011;

7)《建筑给水排水设计标准》GB 50015—2019及《民用建筑电气设计标准》GB 51348—2019;

8)《建筑工程施工质量验收统一标准》GB 50300—2013;

9)《关于加强村镇建设工程质量安全管理的若干意见》。

(2)施工安全控制要点:

1)村镇自建房的选址及房屋布局上应符合相关规范及设计的规定。

2)地基基础,房屋地基应该稳固,首选岩石与硬土,若软弱地基必须按要求进行处理,换填夯实地梁。基础埋深不能太浅,冻土地区要注意,基础须在冻土下。基坑开挖时需验槽,验完及时浇筑基础,浇筑完基础迅速回填。

3)主体结构施工:

① 雨篷和挑梁是常见的悬挑构件,其受力模式为上部受拉力,所以受力钢筋必须放置在顶部。其底部模板支撑须在混凝土强度达到95%以上才能拆除,施工中常见的错误就是把受力钢筋放置在底部,在模板拆除后导致梁板顶部出现裂缝,严重的出现倒塌。

② 构造柱主要起到拉结墙体作用,在结构上不承受结构荷载。框架柱主要承受结构荷载——竖向压力和弯矩。一般框架柱的截面尺寸比构造柱大,柱内配钢筋数量也比构造柱多。构造柱和墙体连接采取马牙槎型式,而框架柱和墙体连接采用竖向预留拉结钢筋型式。因此在施工中一定要注意二者区别。

③ 简支梁是两端支承在砖砌体等支座上的梁，其纵向受力钢筋放置在梁下部；框架梁是两端支承在框架柱等支座上的梁，其纵向受力钢筋在支座部位放置在梁上部，在跨中部位放置在梁下部。在现场施工时主要注意纵向受力钢筋的放置位置，防止材料用了，却没用对位置，造成安全隐患或浪费。

④ 现浇板在放置板钢筋时要注意：板顶和板底钢筋要均匀按设计间距放置。在绑扎钢筋过程中往往因踩踏而使板顶钢筋下弯，在浇筑混凝土前需把板顶钢筋位置校正。板底钢筋要按保护层厚度用小石块垫空，使钢筋和模板有一定的空隙，以免出现板底露筋现象。

⑤ 墙体在房屋中是承重和围护结构。外墙上有外脚手架拉结留下的孔，在粉刷前必须先将孔洞用砖和混凝土堵实，然后用水泥砂浆粉刷，否则该部位极易渗水。砌体应上下错缝、内外搭砌，采用一顺一丁的砌筑形式，砌体灰缝砂浆应饱满，对口缝砂浆要饱满，不可留有透亮孔。

8.10 村镇建筑的抗震设防目标是怎样的?

当遭受低于本地区抗震设防烈度的多遇地震影响时，一般不需修理可继续使用；当遭受相当于本地区抗震设防烈度的地震影响时，主体结构不致严重破坏，围护结构不发生大面积倒塌。

8.11 什么是抗震等级、地震烈度和抗震设防烈度？根据抗震设防烈度如何指导结构抗震设计?

（1）抗震等级

抗震等级是设计部门依据国家有关规定，按“建筑物重要性分类与设防标准”，根据设防类别、结构类型、烈度和房屋高度四个因素确定，而采用不同抗震等级进行的具体设计。以钢筋混凝土框架结构为例，抗震等级划分为一～四级，以表示其很严重、严重、较严重及一般的四个级别。在中国建筑业中，已经开始严格执行这个等级标准。

（2）地震烈度和抗震设防烈度

地震烈度是指地面及房屋等建筑物受地震破坏的程度。

按国家规定的权限批准作为一个地区抗震设防的地震烈度称为抗震设防烈度。一般情况下，抗震设防烈度可采用中国地震参数区划图的地震基本烈度（基本烈度，是指在今后一定时期内，在一般场地条件下，可能遭受的最大地震烈度），但还须根据建筑物所在城市的大小、建筑物的类别、高度以及当地的抗震设防小区规划进行确定。目前抗震设防烈度有6～9度四个等级。

抗震设防烈度为6度及以上地区的村镇建筑，必须采取抗震措施。

抗震设防烈度必须按国家规定的权限审批、颁发的文件确定。一般情况下，抗震设防烈度可采用中国地震动参数区划图的地震基本烈度；已编制抗震防灾规划的村镇，可按批准的抗震设防烈度进行抗震设防。

（3）根据抗震设防烈度划分设计基本地震加速度和特征周期

各地区遭受地震的影响大小不同，因此在结构抗震设计时，应根据抗震设防烈度和地震分组来选择加速度和周期等参数（表8-1、表8-2），用以指导抗震结构设计。

不同抗震设防烈度对应的基本地震加速度值　　表 8-1

抗震设防烈度	6度	7度		8度		9度
Ⅱ类场地设计基本地震加速度值	0.05g	0.10g	0.15g	0.20g	0.30g	0.40g

不同设计地震分组对应的基本地震加速度反应谱特征周期　　表 8-2

设计地震分组	第一组	第二组	第三组
Ⅱ类场地基本地震加速度反应谱特征周期	0.35s	0.40s	0.45s

8.12 什么样的结构体系抗震性能较好?

（1）纵横墙的布置宜均匀对称，在平面内宜对齐，沿竖向应上下连续；在同一轴线上，窗间墙的宽度宜均匀；

（2）抗震墙层高的1/2处门窗洞口所占的水平横截面面积，对承重横墙，不应大于总截面面积的25%；对承重纵墙，不应大于总截面面积的50%；

（3）烟道、风道和垃圾道不应削弱承重墙体；当承重墙体被削弱时，应对墙体采取加强措施；

（4）二层房屋的楼层不应错层，楼梯间不宜设在房屋的尽端和转角处，且不宜设置悬挑楼梯；

（5）不应采用无锚固的钢筋混凝土预制挑檐；

（6）木屋架不得采用无下弦的人字屋架或无下弦的拱形屋架。

总的来说：房屋体形应简单、规整，平面不宜局部突出或凹进，立面不宜高度不等；另外，同一房屋不应采用木柱与砖柱、木柱与石柱混合的承重结构；也不应在同一高度采用砖（砌块）墙、石墙、土坯墙、夯土墙等不同材料墙体混合的承重结构。

8.13　如何提高建筑结构抗震性能？

（1）建筑场地宜选择对建筑抗震有利的地段，宜避开不利地段（表 8-3）；当无法避开时，应采取有效措施；不应在危险地段建造房屋。

地段类型划分　　**表 8-3**

地段类型	地质、地形、地貌
有利地段	稳定基岩，坚硬土，开阔、平坦、密实、均匀的中硬土等
不利地段	软弱土，液化土，条状突出的山嘴，高耸孤立的山丘，非岩质的陡坡，河岸和边坡的边缘，平面分布上成因、岩性、状态明显不均匀的土层（如故河道、疏松的断层破碎带、暗埋的塘浜沟谷和半填半挖地基）等
危险地段	地震时可能发生滑坡、崩塌、地陷、地裂、泥石流等及发震断裂带上可能发生地表错位的部位

（2）要保证地基和基础牢固。同一结构单元的基础不宜设置在性质明显不同的地基土上；同一结构单元不宜采用不同类型的基础；当同一结构单元基础底面不在同一标高时，应按 1∶2的台阶逐步放坡；基础材料可采用砖、石、灰土或三合土等；砖基础应采用实心砖砌筑，对灰土或三合土应夯实。

（3）在建筑物建造时，应注意整体性连接，严格按照相关规范标准进行抗震构造措施施工。

8.14　不同结构类型的抗震措施和构造要求有哪些？

（1）混凝土结构房屋

1）钢筋混凝土结构房屋应根据设防类别、设防烈度、结构类型和房屋高度采用不同的抗震等级，并应符合相应的内力调整和抗震构造要求。

2）框架梁和框架柱的潜在塑性铰区应采取箍筋加密措施；抗震墙结构、部分框支抗震墙结构、框架-抗震墙结构等结构的墙肢、连梁、框架梁、框架柱以及框支框架等构件的潜在塑性铰区和局部应力集中部位应采取延性加强措施。

3）框架-核心筒结构、筒中筒结构等筒体结构，外框架应有足够刚度，确保结构具有明显的双重抗侧力体系特征。

4）板柱-抗震墙结构的抗震墙应具备承担结构全部地震作用的能力；其余抗侧力构件的抗剪承载能力设计值不应低于本层地震剪力设计值的 20%；板柱节点处，沿两个主轴方向在柱截面范围内应设置足够的板底连续钢筋，包含可能的预应力筋，防止节点失效后楼板跌落导致的连续性倒塌。

5）对钢筋混凝土结构，当施工中需要以不同规格或型号的钢筋替代原设计中的纵向受力钢筋时，应按照钢筋受拉承载力设计值相等的原则换算，并应符合《建筑与市政工程抗震通用规范》GB 55002—2021 规定的抗震构造要求。

（2）钢结构房屋

1）钢结构房屋应根据设防类别、设防烈度和房屋高度采用不同的抗震等级，并应符合相应的内力调整和抗震构造要求。

2）钢框架结构以及钢框架－中心支撑结构和钢框架－偏心支撑结构中的无支撑框架，钢框架梁潜在塑性铰区的上下翼缘应设置侧向支承或采取其他有效措施，防止平面外失稳破坏。当房屋高度不高于 100m 且无支撑框架部分的计算剪力不大于结构底部总地震剪力的 25%时，其抗震构造措施允许降低一级，但不得低于四级。钢框架-偏心支撑结构的消能梁段的钢材屈服强度不应大于 355MPa。

（3）钢-混凝土组合结构房屋

1）钢-混凝土组合结构房屋应根据设防类别、设防烈度、结构类型和房屋高度按下列规定采用不同的抗震等级，并应符合相应的内力调整和抗震构造要求。

2）各类型结构的框架梁和框架柱的潜在塑性铰区应采取箍筋加密等延性加强措施。

3）型钢混凝土抗震墙的墙肢和连梁以及框支框架等构件的潜在塑性铰区应采取箍筋加密等延性加强措施。

4）型钢混凝土框架-核心筒结构、筒中筒结构等筒体结构，外框架、外框筒应有足够刚度，确保结构具有明显的双重抗侧力体系特征。

5）钢-混凝土组合抗震墙结构、部分框支抗震墙结构、框架-抗震墙结构的钢筋混凝土抗震墙设计应符合《建筑与市政工程抗震通用规范》GB 55002—2021 的有关规定。

（4）砌体结构房屋

多层砌体房屋的层数和总高度不应超过表 8-4 规定：

多层砌体房屋的层数和总高度设计限值　　表 8-4

房屋类别		最小抗震墙厚度（mm）	烈度和设计基本地震加速度											
			6 度		7 度				8 度				9 度	
			0.05g		0.10g		0.15g		0.20g		0.30g		0.40g	
			高度	层数	高度	层数	高度	层数	高度	层数	高度	层数	高度	层数
多层砌体房屋	普通砖	240	21	7	21	7	21	7	18	6	15	5	12	4
	多孔砖	240	21	7	21	7	18	6	18	6	15	5	9	3
	多孔砖	190	21	7	18	6	15	5	15	5	12	4	/	/
	小砌块	190	21	7	21	7	18	6	18	6	15	5	9	3

续表

房屋类别		最小抗震墙厚度（mm）	烈度和设计基本地震加速度											
			6 度		7 度				8 度				9 度	
			0.05*g*		0.10*g*		0.15*g*		0.20*g*		0.30*g*		0.40*g*	
			高度	层数	高度	层数	高度	层数	高度	层数	高度	层数	高度	层数
底部框架-抗震墙砌体房屋	普通砖多孔砖	240	22	7	22	7	19	6	16	5				
	多孔砖	190	22	7	19	6	16	5	13	4				
	小砌块	190	22	7	22	7	19	6	16	5				

8.15　什么是地质灾害？地质灾害的类型一般有哪些？

地质灾害是指在自然或者人为因素作用下形成的，对人类生命财产造成损失、对自然环境造成破坏的地质作用或地质现象。地质灾害在时间和空间上的分布变化规律，既受制于自然环境，又与人类活动有关，往往是人类与自然界相互作用的结果。

地质灾害的类型一般包括：滑坡、崩塌、泥石流、地裂缝、地面沉降、地面塌陷等与地质作用有关的灾害。

8.16　各种地质灾害发生的现象是怎么样的？它们的成因是什么？类型又有哪些？

（1）滑坡

现象：斜坡岩土体在重力作用或有其他因素参与影响下，沿地质弱面发生向下向外滑动，以向外滑动为主的变形破坏。通常具有双重含义：一是指岩土体的滑动过程，另一是指滑动的岩土体及所形成的堆积体。滑坡的类型及成因和特征见表 8-5。

滑坡类型及成因和特征　　表 8-5

滑坡类型	亚类	特征描述
组成物质	土质滑坡	滑体物质主要由土体或松散堆积物组成的滑坡
	岩质滑坡	滑坡前滑体主要由各种完整岩体组成的滑坡，岩体中有节理裂隙切割
成因类型	工程滑坡	由人类工程活动引发的滑坡
	自然滑坡	由自然作用而产生的滑坡
受力形式	推移式滑坡	滑坡的滑动面前缓后陡，其滑动力主要来自于坡体的中后部，前部具有抗滑作用。来自坡体中后部的滑动力推动坡体下滑，在后缘先出现拉裂、下错变形，逐渐挤压前部产生隆起、开裂变形
	牵引式滑坡	坡体前部因临空条件较好，或受其他外在因素（如人工开挖、库水位升降等）影响，先出现滑动变形，使中后部坡体失去支撑而变形滑动，由此产生逐级后退变形，也称为渐进后退式滑坡

（2）崩塌

现象：陡坡上的岩土体在重力作用或其他外力参与下，突然脱离母体，发生以竖向为主的运动，并堆积在坡脚的动力地质现象。按崩塌物质组成和诱发因素及形成机理分类见表 8-6 和表 8-7。

按崩塌物质组成和诱发因素分类　　表 8-6

崩塌类型	分类因子	特征描述
土质崩塌	物质组成	发生在土体中的崩塌，也称为土崩
岩质崩塌		发生在岩体中的崩塌，也称为岩崩
自然动力型崩塌	诱发因素	由降雨、冲蚀、风化剥蚀、地震等自然作用形成的崩塌
人工动力型崩塌		由工程扰动、爆破、人工加载等人为作用形成的崩塌

按崩塌的形成机理分类 表 8-7

类型	倾倒式崩塌	滑移式崩塌	鼓胀式崩塌	拉裂式崩塌	错断式崩塌
岩性	黄土、直立或陡倾坡内的岩层	多为软硬相间的岩层	黄土、黏土、坚硬岩层下伏软弱岩层	多见于软硬相间的岩层	坚硬岩层、黄土
结构面	多为垂直节理、陡倾坡内～直立层面	有倾向临空面的结构面	上部垂直节理，下部为近水平结构面	多为风化裂隙和垂直拉张裂隙	垂直裂隙发育，通常无倾向临空的结构面
地貌	峡谷、直立岸坡、悬崖	陡坡通常大于 55°	陡坡	上部突出的悬崖	大于 45°的陡坡
受力状态	主要受倾覆力矩作用	滑移面主要受剪切力	下部软岩受垂直挤压	拉张	自重引起的剪切力
起始运动形式	倾倒	滑移、坠落	鼓胀伴有下沉、滑移、倾倒	拉裂、坠落	下错、坠落
示意图	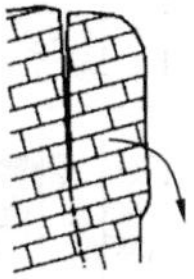	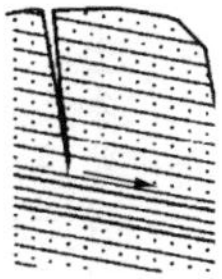	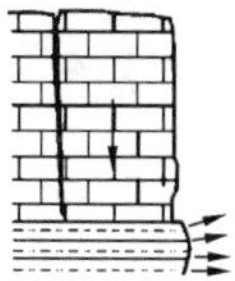	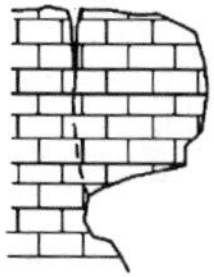	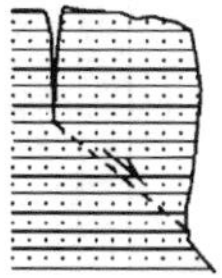

(3) 泥石流

现象：由降水（暴雨、冰川、积雪融化水等）诱发，在沟谷或山坡上形成的一种挟带大量泥沙、石块和巨砾等固体物质的特殊洪流。泥石流的一般类型见表 8-8。

按照集水区地貌特征进行分类　　表 8-8

类型	特征描述
坡面型泥石流	1）无恒定地域与明显沟槽，只有活动周界；轮廓呈保龄球形； 2）一般发育于 30°以上的斜坡，下伏基岩或不透水层顶部埋深浅，物源以坡残积层为主，活动规模小，物源启动方式主要为浅表层坍滑。西北地区的洪积台地、冰水台地边缘也常常发生坡面泥石流； 3）发生时不易识别，单体成灾规模及损伤范围小；若多处同时发生汇入沟谷也可转化为大规模泥石流； 4）坡面土体失稳，主要是地下水渗流和后续强降雨诱发；暴雨过程中的狂风可能造成林、灌木拔起和倾倒，使坡面局部破坏； 5）在同一斜坡面上可以多处发生，呈梳齿状排列
沟谷型泥石流	1）以流域为周界，受一定的沟谷制约。泥石流的形成、堆积和流通区较明显；轮廓呈哑铃形； 2）以沟槽为中心，物源区松散堆积体分布在沟槽两岸及河床上，崩塌滑坡、沟蚀作用强烈，活动规模大； 3）发生时有一定的规律性，可识别，成灾规模及损失范围大； 4）主要是暴雨对松散物源的冲蚀作用和汇流水体的冲蚀作用； 5）地质构造对泥石流分布控制作用明显，同一地区多呈带状或片状分布

(4) 地裂缝

现象：地表岩层、土体在自然因素或人为因素作用下产生开裂，并在地面形成具有一定长度和宽度裂缝的宏观地表破坏现象。地裂缝的成因及分类见表8-9。

地裂缝的成因及分类　　表8-9

类型	主导因素	分类描述
非构造型地裂缝	人类活动作用为主	由于过量开采地下油气资源及水资源引起地面沉降过程中的岩土体开裂而形成的不均匀沉降地裂缝； 地下工程开发与采掘活动形成的地裂缝，如采空区塌陷地裂缝； 由于地面建筑静荷载等附加作用以及动荷载附加作用致使地基土发生变形集中形成地面负重下沉地裂缝； 由于人类爆破和机械振动引起岩土体开裂形成的地裂缝等
	自然外营力作用为主	特殊土变形形成的地裂缝，如膨胀土胀缩作用形成的地裂缝；黄土湿陷作用形成的地裂缝；冻土冻融作用形成的地裂缝；盐丘盐胀作用形成的地裂缝；干旱地裂缝等； 自然外营力作用下，地表发生塌陷与陷落或者崩塌与滑坡产生的地裂缝等
构造型地裂缝	自然内应力作用为主	由地震活动作用产生的地裂缝； 断层运动作用引起的速滑地裂缝和蠕滑地裂缝等

（5）地面沉降

现象：因自然或人为因素，在一定区域内，产生的具有一定规模和分布规律的地表标高降低的地质现象。地面沉降的成因及分类见表8-10。

地面沉降的成因及分类　　表 8-10

类型	分类描述
土体固结（压密）型地面沉降	由于欠固结土层压密固结而引起的地面下沉，如土体自然固结作用形成的地面沉降；由于大量抽取地下液体与气体资源引起的抽汲型地面沉降；由于重大建筑及蓄水工程使地基土发生压密下沉引起的荷载型地面沉降；由大型机械、机动车辆及爆破等引起的地面振动导致土体压密变形而引起动力扰动型地面沉降等
非土体固结（压密）型地面沉降	由于自然作用形成的地面沉降，如构造活动型地面沉降；海面上升型地面沉降；地震型地面沉降；火山型地面沉降；冻融蒸发型地面沉降等； 由于采掘地下矿藏形成的大范围采空区以及地下工程开发引起的地面沉降等

（6）地面塌陷

现象：地表岩土体在自然或人为因素作用下，向下陷落，并在地面形成凹陷、坑洞的一种动力地质现象。

地面塌陷的成因及分类见表 8-11。

地面塌陷的成因及分类　　表 8-11

类型	分类描述
岩溶地面塌陷	岩溶地区由于隐伏下部岩溶洞穴扩大而致顶板岩体塌陷或上覆岩土层的洞顶板在自然或人为因素作用下失去平衡产生下沉或塌陷而引发的地面塌陷
采空地面塌陷	地下采掘活动形成的采空区，其上方岩、土体失去支撑，引发的地面塌陷
其他地面塌陷	由于自然作用（如水流入渗、水位涨落、重力作用、地震作用等）引起的地面塌陷；由于大量抽取地下水与气体资源引起的抽汲型地面塌陷

第 9 章　村镇建筑鉴定与加固

9.1　村镇房屋安全鉴定的意义是什么?

① 保障人身安全：在进行村镇房屋质量鉴定时，能够检测鉴定出房屋的质量是否达标，对于有问题的建筑需进行维修加固或者拆除，只有这样才能保障住户的人身安全。

② 规范建筑：目前许多村镇兴建的房子并没有按照国家相关的要求和标准进行建造，因此建造出来的房子形式多种多样，进行村镇房屋质量鉴定能够有效地使建筑更加地规范。

9.2　多层钢筋混凝土框架结构房屋的震害包括哪些?

震害现场见图 9-1～图 9-4。

图 9-1　结构体系引发的震害

图 9-2　梁、柱端部和梁柱节点的震害

图 9-3　砌体填充墙的震害

图 9-4　楼梯的震害

9.3　既有建筑在哪些情况下应进行鉴定？

① 建筑达到设计工作年限需要继续使用；

② 改建、扩建、移位以及建筑用途或使用环境改变前；

③ 原设计未考虑抗震设防或抗震设防要求提高；

④ 遭受灾害或者事故后；

⑤ 存在较为严重的质量缺陷或损伤、疲劳、变形、振动影响、毗邻工程施工影响；

⑥ 日常使用中发现安全隐患；

⑦ 有要求需进行质量评价时。

9.4　既有建筑地基基础现状的调查、检测与监测应符合哪些规定？

① 收集原始岩土工程勘察报告及有关地基基础设计的图纸；

② 检查地基变形在主体结构及建筑周边的反应；

③ 当变形、损伤有发展时，应进行检测和监测；

④ 当需通过现场检测确定地基的岩土性能或地基承载

力时，应对场地、地基岩土进行近位勘察。

9.5 主体结构现状的调查、检测与监测应包括哪些内容？

① 结构体系及其结构布置；
② 结构构件及其连接；
③ 结构缺陷、损伤和腐蚀；
④ 结构位移和变形；
⑤ 影响建筑安全的非结构构架。

9.6 主体结构的抗震措施鉴定，应根据规定的后续工作年限、设防烈度与设防类别，对哪些构造子项进行检查与评定？

① 房屋高度和层数；
② 结构体系和结构布置；
③ 结构的规则性；
④ 结构构件材料的实际强度；
⑤ 竖向构件的轴压比；
⑥ 结构构件配筋构造；
⑦ 构件及其节点、连接的构造；
⑧ 非结构构件与承重结构连接的构造；
⑨ 局部易损、易倒塌、易掉落部位连接的可靠性。

9.7 建筑抗震鉴定与加固的工作程序是怎样开展的？

① 原始资料的收集：包括建筑的勘察报告、施工和竣

工验收的相关原始资料，当资料不全时，应根据鉴定的需要进行补充实测；

② 建筑现状的调查：了解建筑实际情况与原始资料相符合的程度、施工质量和维护状况，并注意相关的非抗震缺陷；

③ 综合抗震能力分析：根据各类建筑结构的特点、结构布置、构造和抗震承载力等因素，采用相应的逐级鉴定方法，进行综合抗震能力分析；

④ 鉴定结论与治理：对现有建筑整体抗震性能做出评价，对符合抗震鉴定要求的建筑应说明其后续使用年限，对不符合抗震鉴定要求的建筑提出相应的维修、加固、改变用途或更新抗震减灾对策。

上述建筑抗震鉴定流程见图 9-5 所示。

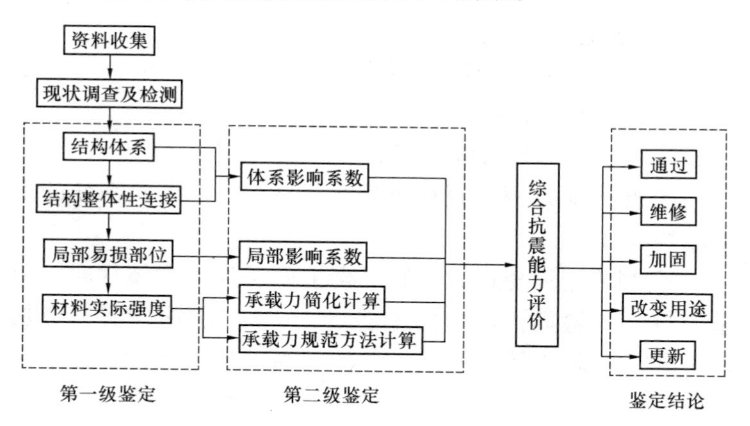

图 9-5 建筑抗震鉴定流程图

9.8 对于砌体结构出现房屋抗震承载力达不到要求，或者承重墙体开裂、倾斜等问题时，宜选择哪些加固方法?

① 拆除重砌或增设抗震墙；

② 采用高强水泥砂浆面层或高延性混凝土面层进行加固；

③ 对出现裂缝的实心墙体，可根据裂缝开展的宽度采用局部抹灰、压力灌浆、拆砌等方法进行修复；

④ 对于出现裂缝的空斗砖墙和小砌块墙，可根据裂缝开展宽度采用局部抹灰、拆砌等方法进行修复。

9.9 砌体构件外加钢筋混凝土面层加固的构造应符合哪些规定?

① 钢筋混凝土面层的截面厚度不应小于 60mm，当采用喷射混凝土施工时不应小于 50mm。

② 混凝土强度等级不应低于 C25。

③ 竖向受力钢筋直径不应小于 12mm，纵向钢筋的上下端均应锚固。

④ 当采用围套式的钢筋混凝土面层加固砌体柱时，应采用封闭式箍筋。柱的两端各 500mm 范围内，箍筋应加密，其间距应取为 100mm。若加固后的构件截面高度 $h \geqslant$ 500mm，尚应在截面两侧加设竖向构造钢筋，并应设置拉结钢筋。

⑤ 当采用对称的两侧面增设钢筋混凝土面层加固带壁柱墙或窗间墙时，应沿砌体高度每隔 250mm 交替设置不等

肢 U 形箍和等肢 U 形箍。不等肢 U 形箍在穿过墙上预钻孔后，应弯折焊成封闭箍。预钻孔内用结构胶填实。对带壁柱墙，尚应在其拐角部位增设竖向构造钢筋与 U 形箍筋焊牢。

9.10 当采用钢筋网水泥砂浆面层加固砌体构件时，原建筑构件应符合哪些要求？

① 对于受压构件，原砌筑砂浆的强度等级不应低于 M2.5；对于砌块砌体，原砌筑砂浆强度等级不应低于 M2.5；

② 对于块体严重风化的砌体，不应采用钢筋网水泥砂浆面层进行加固。

9.11 外包钢筋混凝土加固钢构件构造，应符合哪些规定？

① 采用外包钢筋混凝土加固法时，混凝土强度等级不应低于 C30，外包钢筋混凝土的厚度不应小于 100mm；

② 外包钢筋混凝土内纵向钢筋的两端应有可靠连接和锚固；

③ 采用外包钢筋混凝土加固时，对过渡层、过渡段及钢构件与混凝土间传力较大部位，应在原构件上设置抗剪连接件。

参考文献

[1] 中华人民共和国国家标准．房屋建筑制图统一标准 GB/T 50001—2017[S]. 北京：中国建筑工业出版社，2017.

[2] 中华人民共和国国家标准．建筑制图标准 GB/T 50104—2010[S]. 北京：中国建筑工业出版社，2011.

[3] 中华人民共和国国家标准．建筑结构制图标准 GB/T 50105—2010[S]. 北京：中国建筑工业出版社，2011.

[4] 中华人民共和国国家标准．民用建筑设计统一标准 GB 50352—2019[S]. 北京：中国建筑工业出版社，2019.

[5] 中华人民共和国国家标准．建筑防火通用规范 GB 55037—2022[S]. 北京：中国计划出版社，2023.

[6] 中华人民共和国国家标准．建筑设计防火规范(2018 年版)GB 50016—2014[S]. 北京：中国计划出版社，2019.

[7] 中华人民共和国国家标准．混凝土结构设计规范(2015 年版)GB 50010—2010[S]. 北京：中国建筑工业出版社，2016.

[8] 中华人民共和国国家标准. 混凝土结构通用规范 GB 55008—2021[S]. 北京：中国建筑工业出版社，2022.

[9] 中华人民共和国国家标准. 既有建筑鉴定与加固通用规范 GB 55021—2021[S]. 北京：中国建筑工业出版社，2022.

[10] 中华人民共和国国家标准. 混凝土结构工程施工质量验收规范 GB 50204—2015[S]. 北京：中国建筑工业出版社，2015.

[11] 中华人民共和国国家标准. 建筑地基基础工程施工质量验收标准 GB 50202—2018 [S]. 北京：中国计划出版社，2018.

[12] 中华人民共和国国家标准. 砌体结构工程施工质量验收规范 GB 50203—2011[S]. 北京：中国建筑工业出版社，2012.

[13] 中华人民共和国国家标准. 坡屋面工程技术规范 GB 50693—2011[S]. 北京：中国建筑工业出版社，2012.

[14] 中华人民共和国国家标准. 屋面工程技术规范 GB 50345—2012[S]. 北京：中国建筑工业出版社，2012.